高职高专建筑工程技术专业系列规划教材

建筑工程材料 （第三版）

主　编　杨光华

副主编　吴世龙　张雪梅

重庆大学出版社

内 容 简 介

本书为高职高专土建类专业教材。全书共分 12 章，主要内容包括建筑材料的基本性质，天然石材，气硬性胶凝材料，水泥，混凝土，建筑砂浆，墙体材料，建筑钢材，防水材料及沥青混合料，木材，建筑塑料与胶黏剂，建筑装饰材料等。主要介绍了常用建筑材料的基本组成，技术性能，技术要求，生产制造过程，合理运用，以及建筑材料试验和质量检测控制等内容。本书的编写采用了最新标准规范，尽可能地反映新材料，新工艺，新技术，新设备的应用。尽可能地做到理论联系实际，够用、实用为度。

本书可作为高职高专土建类专业的教材使用，也可供成人高校相关专业和建筑施工管理的技术人员参考。

图书在版编目(CIP)数据

建筑工程材料/杨光华主编.—3 版.—重庆:重庆大学出版社,2020.6
高职高专建筑工程系列教材
ISBN 978-7-5624-3204-3

Ⅰ.①建… Ⅱ.①杨… Ⅲ.①建筑材料—高等职业教育—教材 Ⅳ.①TU5

中国版本图书馆 CIP 数据核字(2020)第 078913 号

建筑工程材料
(第三版)

主 编 杨光华

副主编 吴世龙 张雪梅

责任编辑:曾显跃 谭 敏 版式设计:曾显跃
责任校对:刘志刚 责任印制:张 策

*

重庆大学出版社出版发行
出版人:饶帮华
社址:重庆市沙坪坝区大学城西路 21 号
邮编:401331
电话:(023) 88617190 88617185(中小学)
传真:(023) 88617186 88617166
网址:http://www.cqup.com.cn
邮箱:fxk@ cqup.com.cn (营销中心)
全国新华书店经销
重庆升光电力印务有限公司印刷

*

开本:787mm×1092mm 1/16 印张:15.75 字数:399 千
2020 年 6 月第 3 版 2020 年 6 月第 9 次印刷
印数:25 501—27 000
ISBN 978-7-5624-3204-3 定价:45.00 元

前　言

本书是在习近平新时代中国特色社会主义思想指导下，落实"新工科"建设要求，根据全国培养高职高专土建类专业（工程技术）毕业生业务要求规格，专业教学计划"建筑材料"课程教学大纲要求和适合各类专科层次的学员使用要求编写的。

本书在编写过程中注重基本理论，力求联系生产实际，着重叙述建筑工程中常用的各种主要材料的基本性质、技术性能、质量标准、检测方法以及合理使用保管等内容。并以材料的技术性能、质量检测和合理应用为重点，使学生通过学习，能正确地选择和使用建筑材料。

本书重点编写了水泥、混凝土、砂浆、钢材、防水材料，同时介绍了国内目前使用的新型建筑材料，对木材、石材、塑料、装饰材料也作了介绍。

全书按国家现行规范、标准、规程和法定计量单位编写，尽量按有关标准统一全书的符号和基本术语。力求内容精练，概念清楚，文字通顺，简明实用，便于自学。本书除满足土建类各大专层次的有关教学要求外，还可以供从事建筑工程施工管理的技术人员参考。

本书由昆明学院杨光华担任主编，山西工程职业学院吴世龙、湖北国土资源职业学院张雪梅担任副主编。参与编写的其他作者有：昆明学院魏屏、李丽蓉、吕增兴，中铁咸阳管理干部学院常丽，贵州大学祝代雄，山西大同大学樵志玲、张小平，河北工业职业技术学院袁影辉等。对本书作出贡献的还有昆明学院的徐春荣、彭亿等。

由于时间仓促及编写人员编著能力和学识水平所限，书中难免有不足和失误，恳望读者指正。

编　者

2020 年 3 月

2

目录

绪　论

(1) 建筑材料在国民经济建设中的作用

建筑业是我国国民经济的支柱产业,建筑材料是建筑生产经营活动的物质基础,与建筑设计,建筑结构,建筑施工和建筑经济一样,是建筑工程中很重要的组成部分。

随着社会生产力和科学技术的不断进步,建筑材料也在逐步地发展。建筑工程中很多技术问题的突破和创新,常决定了建筑材料的突破和创新,新的建筑材料的出现,又将促进结构设计及施工技术的革新。一种新材料的出现,会使结构设计理论大大地向前推进,使一些无法实现的构想变为现实,乃至使整个社会的生产力发生飞跃,建筑材料的发展史,是人类文明史的一部分。人类从不懂使用建筑材料到简单地使用土,石,树木等天然材料,进而掌握人造材料的制造方法。从烧制石灰、砖、瓦,发展到烧制水泥和大规模的炼钢。建筑结构也从简单的砖木结构发展到钢结构和钢筋混凝土结构,使现代建筑能够向高层,超高层发展。建筑材料科学技术的发展,不仅对建筑业有重要作用,而且会促进整个社会生产力和科学技术的发展。

在现代市场经济条件下,建筑业面临着新机遇,新挑战,同时也承受着市场竞争的压力。建筑业的生产经营活动总是围绕着降低造价,优质高效而进行。在这一过程中,建筑材料的费用直接影响工程造价的高低。建筑材料在建筑业生产过程中不仅用量大,品种和规格多,而且涉及加工、运输、储存等各个领域,直接影响工程造价。在土建工程中,一般建筑工程用于材料的费用占工程总造价的一半以上。因而,合理使用材料,对降低工程造价,提高工程的经济效益有相当重要的作用。

(2) 建筑材料的发展

建筑材料的发展史,是人类文明史的重要组成部分。我国是文明古国,古代劳动人民在建筑材料的生产和使用方面,有着悠久的历史,取得过重大的成就。始建于公元前 7 世纪的万里长城,其中砖石材料达 1 亿 m^3;山西五台山木结构佛光寺大殿,从建造至今已历经了 1 100 多年风霜雨雪和历次地震,仍然保存完好。距今 2 000 多年的都江堰水利工程,现在对成都平原的灌溉、排涝仍起着重要的作用。然而,建筑工程的规模和建筑材料的发展水平,受生产水平的限制。我国经历了较长的封建社会,尽管过去有悠久的历史,但现代材料的发展缓慢,近百年来建筑材料多属手工业生产,建筑材料的生产和研究一直处于较落后的状况。

1949 年以后,随着国家工业体系的建立和发展,以水泥、玻璃、陶瓷为代表的建材工业得到了快速的发展,增加品种,扩大产量。特别是改革开放以后,建材工业得到了飞速的发展。

据统计,我国1949年前水泥年产量不足100万t;2003年统计达到了8.23亿t,70余个品种,产量居世界第一位。现今,我国的平板玻璃,建筑卫生陶瓷、石墨、滑石等部分非金属建材70个产品产量位居世界第一位。轻质板材、装饰材料、防水材料、建筑涂料、绝热、吸音材料、金属及合金材料等新型的建材,其品种规格,数量及质量都有较大的发展和提高,同时,材料标准不断地提高,尽可能地与国际接轨,采用国际标准。技术标准规范不断完善和健全,检测手段不断地实现现代化。建材工业有了长足的进步,但进步的同时,应该看到建材工业存在的不足,集中表现在:产量大,质量标准低,精品少,能源消耗大,环境污染严重;劳动力密集,生产力低下;科技含量低;缺乏国际竞争力。与国际水平相比较,我国是建材大国不是强国。为此,建材工业应该走"可持续发展"之路,依靠科技进步,大力发展新技术、新工艺、新产品,使建材产品做到节能、绿色、环保、满足人性化的要求,以适应现代建筑业工业化,现代化,提高工程质量和降低工程造价的需要。

建筑材料的发展趋势是:

1)研制和生产高强度材料,以减小承重结构构件的截面,降低结构的自重。

2)发展轻质材料,减轻建筑物的自重,降低运输费用和工人的劳动强度。

3)发展高效无机保温,吸声材料,改善建筑物围护结构的质量。

4)发展适于机械化施工的材料和制品,进一步提高施工机械化程度和加快施工速度。

5)充分利用工农业废料生产建筑材料,综合利用,节约能源,改善环境。

(3)建筑材料及分类

建筑材料是指用于建造建筑物和构筑物的各种材料及制品的总称。

建筑材料的品种繁多,体系复杂,从单一材料到复合材料的生产,建筑材料的发展经历了漫长的社会生产实践和科学研究历程。最常见的建筑材料分类,是按材料的化学成分,分为无机材料、有机材料以及复合材料3大类,见表0.1。

表0.1

分　类			实　例
无机材料	金属材料	黑色金属	钢、铁及其合金
		有色金属	铜、铝及其合金等
	非金属材料	天然石材	砂、石及石材制品
		烧结黏土制品	黏土砖、瓦、陶瓷制品等
		胶凝材料及制品	水泥、石灰、石膏、水玻璃、砂浆、混凝土及制品、硅酸盐制品等
		玻璃	平板玻璃、特制玻璃等
		无机纤维材料	玻璃纤维、石棉、矿物棉等
有机材料	植物材料		木材、竹材、苇材、植物纤维及制品
	沥青材料		石油沥青、煤沥青及制品
	合成高分子材料		塑料、涂料、黏合剂、合成橡胶等
复合材料	有机与无机非金属材料复合		聚合物混凝土、玻璃纤维增强塑料
	金属与无机非金属材料复合		钢筋混凝土、钢纤维混凝土等
	金属与有机材料复合		铝塑水管、PVC钢板等

（4）建筑材料的产品标准

建筑材料的产品标准是生产和使用单位检验,确证产品质量是否合格的技术文件。为了保证材料的质量,生产和管理,必须对材料产品的技术要求制定统一的执行标准。其主要内容包括:产品规格、分类、技术要求、检验方法、检验规则、标志、运输和存储等方面。

目前,我国常用的建筑材料产品标准分为国家标准、行业标准、地方标准和企业标准4类。

1）国家标准

国家标准有强制性标准(代号 GB)和推荐性标准(代号 GB/T)。强制性标准是全国必须执行的技术指导文件,产品的技术指标都不得低于标准中的规定要求。推荐性标准在执行时也可采用其他相关的规定。

2）行业（或主管部门）标准

各行业（或主管部门）为了规范本行业的产品质量而制定的技术标准,也是全国性的指导文件。但它是由主管生产部门发布的,如建材行业标准(代号 JC)、建工行业标准(代号 JG)等。

3）地方标准

地方标准为地方主管部门发布的地方性技术文件(代号 DB)适宜在该地区使用。

4）企业标准

由企业制定发布的指导本企业生产的技术文件(代号 QB)仅适用于本企业。凡没有制定国家标准、部级标准的产品,均应制定企业标准。而企业标准所订的技术要求应高于类似（或相关）产品的国家标准。

标准的一般表示方法由标准名称、标准编号和颁布年份等组成。

（5）建筑材料课程的任务

建筑材料是一门专业基础课。它除了为后续的建筑结构,建筑施工技术等专业课提供必要的基础知识外,也为在工程实际中解决建筑材料问题提供一定的基本理论知识和基本试验技能。

通过建筑材料的学习,掌握建筑工程中常用的建筑材料的品种、原料、成分、生产过程、技术性能、质量检验、合理使用及运输储存。作为工程技术人员,在工程实践中,主要是使用建筑材料,应重点掌握材料的技术性能、质量检测,能够正确选择、合理使用建筑材料。

实验是建筑材料学科的一个重要组成部分。通过实验除能验证学生的理论知识、丰富感性知识外,还能学习基本的实验技能,提高动手能力和分析问题、解决问题的能力。所以必须十分重视实验课,要切实做到人人动手,按标准操作,仔细记录,准确计算,认真分析,并及时地完成实验报告。另外,在今后的教学及实践中,在接触材料问题时,要善于运用已学过的知识来分析、解决问题,进一步地巩固和深化对建筑材料的认识。

第1章
建筑材料的基本性质

在建筑物中,建筑材料要承受各种不同的作用,因而要求建筑材料具有相应的不同性质。如用于建筑结构的材料要受到各种外力的作用,因此,选用的材料应具有所需要的力学性能。又如,根据建筑物各种不同部位的使用要求,有些材料应具有防水、绝热、吸声等性能;对于某些工业建筑,要求材料具有耐热、耐腐蚀等性能。此外,对于长期暴露在大气中的材料,要求能经受风吹、日晒、雨淋、冰冻而引起的温度变化、湿度变化及反复冻融等引起的破坏作用。为了保证建筑物的耐久性,要求在工程设计与施工中正确地选择和合理地使用材料,因此必须熟悉和掌握各种材料的性质。

1.1 材料的基本性质

1.1.1 与质量有关的性质

(1)材料的密度、表观密度与堆积密度

1)密度

密度是指材料在绝对密实状态下,单位体积的质量,按下式计算:

$$\rho = \frac{m}{V} \tag{1.1}$$

式中,ρ——实际密度,g/cm^3;

m——材料的质量,g;

V——材料在绝对密实状态下的体积,cm^3。

绝对密实状态下的体积不包括孔隙在内的体积。除了钢材、玻璃等到少数材料外,绝大多数材料都有一些孔隙。在测定孔隙材料的密度时,应把材料磨成细粉,干燥后用李氏瓶测定其实体积。材料磨得越细,测得的密度数值就越精确。砖、石材等块状材料的密度就用此法测得。

在测量某些较致密的不规则的散粒材料(如卵石、砂等)的实际密度时,常用直接排水法测量其绝对体积的近似值(其体积中包括颗粒内部的封闭孔隙体积没有排除),这时所求得的

4

密度称为近似密度或视密度。

2)表观密度

又称容重,是指材料在自然状态下,单位体积的质量,按下式计算:

$$\rho_0 = \frac{m}{V_0}\tag{1.2}$$

式中,ρ_0——表观密度,g/cm^3;

m——材料的质量,g;

V_0——材料在自然状态下的体积,或称表观体积(cm^3 或 m^3)。

材料的表观体积是指包含内部孔隙的体积。当材料孔隙内含有水分时,其重量和体积均将有所变化,在测定表观密度时须注明其含水情况。一般是指材料在气干状态(长期在空气中干燥)下的表观密度。在烘干状态下的表观密度称为干表观密度。

3)堆积密度

堆积密度是指粉状、粒状或纤维状的材料在自然堆积状态下,单位体积(包含了颗粒内部的孔隙及颗粒之间的空隙)所具有的质量,按下式计算:

$$\rho'_0 = \frac{m}{V'_0}\tag{1.3}$$

式中,ρ'_0——堆积密度,kg/m^3;

m——材料的质量,kg;

V'_0——材料堆积体积,m^3。

测定散状材料的堆积密度时,材料的质量是指填充在一定容器内的材料的质量,其堆积体积是指所用容器的容积。在建筑工程中,计算材料的用量、构件的自重,配料计算以及确定堆放空间时经常要用到材料的表观密度和堆积密度等到数据。常用建筑材料的有关数据见表1.1。

表 1.1　常用建筑材料的密度、表观密度、堆积密度和孔隙率

材　料	密度 $\rho/(g \cdot cm^{-3})$	表观密度 $\rho_0/(kg \cdot m^{-3})$	堆积密度 $\rho'_0/(kg \cdot m^{-3})$	孔隙率/%
石灰岩	2.60	1 800~2 600	—	—
花岗岩	2.80	2 500~2 700	—	0.5~3.0
碎石(石灰岩)	2.60	—	1 400~1 700	—
砂	2.60	—	1 450~1 650	—
黏土	2.60	—	1 600~1 800	—
普通黏土砖	2.50	1 600~1 800	—	20~40
黏土空心砖	2.50	1 000~1 400	—	—
水泥	3.10	—	1 200~1 300	—
普通混凝土	—	2 100~2 600	—	5~20
轻骨料混凝土	—	800~1 900	—	—
木材	1.55	400~800	—	55~75
钢材	7.85	7 850	—	0
泡沫塑料	—	20~50	—	—
玻璃	2.55	—	—	—

（2）材料的密实度与孔隙率

1）密实度

密实度是指材料体积内被固体物质所充实的程度也就指固体物质的体积占总体积的比例。密实度反映了材料的致密程度，以"D"表示，即

$$D = \frac{V}{V_0} = \frac{\rho_0}{\rho} \times 100\% \tag{1.4}$$

含有孔隙的固体材料的密实度均小于 1。材料的很多性能如强度、吸水性、耐热性、耐久性等，均与密实度有关。

2）孔隙率

孔隙率是指材料体积内，孔隙体积与总体积之比，以 P 表示，可用下式计算：

$$P = \frac{V_0 - V}{V_0} = 1 - \frac{V}{V_0} = \left(1 - \frac{\rho_0}{\rho}\right) \times 100\% \tag{1.5}$$

孔隙率与密实度的关系为：

$$P + D = 1 \tag{1.6}$$

从上式中可以表明，材料的总体积是由该材料的固体物质与其所包含的孔隙所组成。孔隙率的大小直接反映了材料的致密程度。材料内部的孔隙又可分为连通的孔和封闭的孔，连通的孔隙不仅彼此贯通且与外界相通，因而又称为开口孔隙。封闭的孔隙彼此不相通且与外界隔绝。孔隙按其尺寸大小又分为粗孔和细孔。孔隙率大小及孔隙本身的特征与材料的许多重要性质有关，如强度、吸水性、抗渗性、抗冻性和导热性等都有密切的关系。一般而言，孔隙率较小，且连通孔较少的材料，其吸水性较小，强度较高，抗渗性和抗冻性较好。几种常用建筑材料的孔隙率见表 2.1。

（3）材料的填充率与空隙率

1）填充率

填充率是指散状材料在某容器的堆积体积中，被其颗粒填充的程度，以 D' 表示。可用下式计算：

$$D' = \frac{V}{V_0'} = \frac{\rho_0'}{\rho_0} \times 100\% \tag{1.7}$$

2）空隙率

空隙率是指散状材料在某容器的堆积体积中，颗粒之间的空隙体积所占比例，以 P' 表示。可用下式计算：

$$P' = \frac{V_0' - V_0}{V_0'} = 1 - \frac{V_0}{V_0'} = \left(1 - \frac{\rho_0'}{\rho_0}\right) \times 100\% \tag{1.8}$$

即 $\qquad\qquad P' + D' = 1 \qquad$ 或 $\qquad P' = 1 - D' \tag{1.9}$

空隙率的大小反映了散状材料的颗粒之间相互填充的致密程度。在混凝土骨料级配与计算含砂率时，就采用空隙率来进行控制。

1.1.2 材料与水有关的性质

（1）亲水性与憎水性

建筑物常与水或是大气中的水汽接触。然而水分与不同固体材料表面之间相互作用的情

况是不同的。我们根据材料是否能被水润湿,可将材料分为亲水性与憎水性(疏水性)两大类。

材料被水润湿的程度可以用润湿角表示。如图1.1所示。润湿角是材料、水、空气三相的交点处,沿水滴表面切线与水和固体接触面之间的夹角。该角越小,则材料能被水所润湿的程度越高。一般认为,润湿角[图中1.1(a)所示]的材料为亲水性材料。反之,图中1.1(b)所示,表明该材料不能被水润湿,称为憎水性材料。

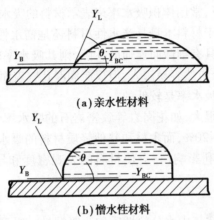

(a) 亲水性材料

(b) 憎水性材料

图 1.1 材料的润湿示意图

大多数建筑材料,如石料、砖、混凝土、木材等都属于亲水性材料,表面均能被水润湿,且能通过毛细管作用将水吸入材料的毛细管内部。

沥青、石蜡等属于憎水性材料,表面不能被水润湿。这类材料一般能阻止水分渗入毛细管中,因而能降低材料的吸水性。憎水性材料不仅可用做防水材料,而且可以作为亲水材料的表面处理,以降低其吸水性,从而保护材料避免受到破坏。

(2)吸水性

材料在水中能够吸收水分的性质称为吸水性。吸水性的大小用吸水率表示,由下式计算:吸水率分为质量吸水率和体积吸水率。质量吸水率是指材料所吸收的水分的质量占材料干燥状态下的质量的百分数,可按下式计算:

$$W_质 = \frac{m_湿 - m_干}{m_干} \times 100\% \tag{1.10}$$

式中,$W_质$——材料的质量吸水率,%;

$m_湿$——材料吸水饱和后的质量,g;

$m_干$——材料烘干到恒重时的质量,g。

体积吸水率是指材料体积内被水充实的程度。即材料吸收水分的体积占干燥材料自然体积的百分数,可按下式计算:

$$W_体 = \frac{V_水}{V_1} = \frac{m_湿 - m_干}{V_1} \times \frac{1}{\rho_{H_2O}} \times 100\% \tag{1.11}$$

式中,$W_体$——材料的体积吸水率,%;

$V_水$——材料在吸水饱和时,水的体积,cm^3;

V_1——干燥材料在自然状态下的体积,cm^3;

ρ_{H_2O}——水的密度，g/cm^3。

质量吸水率与体积吸水率存在如下关系：

$$W_{体} = W_{质} \times \rho_0 \times \frac{1}{\rho_{H_2O}} \times 100\% \qquad (1.12)$$

多数情况下是按质量吸水率表示材料的吸水性，但对于某些轻质材料，如加气混凝土、软木等，由于具有很多开口而细小的孔隙，所以它的质量吸水率往往超过 100%，即湿质量为干燥质量的几倍，在这种情况下，常用体积吸水率来表示材料的吸水性。

材料的吸水性不仅取决于材料本身是亲水性材料还是憎水性材料，也与其孔隙率的大小及孔隙的特征有关。如材料具有细微而连通的孔隙，则其吸水率较大，若是封闭孔隙，水分不容易渗入，粗大的孔隙率水分虽然容易渗入，但仅能润湿孔壁表面而不易在材料孔内存留。所以，封闭或粗大孔隙材料，其吸水率是较低的。

各种材料的吸水率相差很大，如花岗岩等致密岩石的吸水率仅为 0.5%~0.7%，普通混凝土为 2%~3%，黏土砖为 8%~20%，而木材和其他轻质材料的吸水率则常常大于 100%。水在材料中对材料性质将产生不利影响，它会使材料的表观密度和导热性增大，强度降低，体积膨胀。

(3)吸湿性

材料在潮湿空气中吸收空气中水分的性质称为吸湿性。吸湿性大小用含水率表示，它是指材料所含水质量占材料干燥质量的百分数，可按下式计算：

$$W_{含} = \frac{m_{含} - m_{干}}{m_{干}} \times 100\% \qquad (1.13)$$

式中，$W_{含}$——材料的含水率，%；

　　$m_{含}$——材料含水时的质量，g；

　　$m_{干}$——材料烘干到恒重时的质量，g。

材料的含水率随着空气湿度的大小而变化，也就是水分可以被吸收，又可以向外界扩散，最后与空气湿度达到平衡，这时的含水率称为平衡含水率。木材的吸湿性特别明显，它能大量吸收水汽而增加质量，降低强度和改变尺寸。木门窗在潮湿环境往往不易开头就是由于吸湿所引起的。保温材料如果吸收水分之后，将很大程度上降低其隔热性能，所以对于这类材料要特别注意采取有效的防护措施。

(4)耐水性

材料在长期饱和水作用下而且不破坏，其强度也不显著降低的性质称为耐水性。一般材料随着含水量的增加，会减弱其内部的结合力，强度都有不同程度的降低，即使是致密的材料也不能完全避免这种影响，花岗岩长期浸泡在水里，强度将下降 3%，普通黏土砖和木材所受影响更为显著。材料的耐水性用软化系数表示。可用下式表示：

$$K_{软} = \frac{f_{饱}}{f_{干}} \times 100\% \qquad (1.14)$$

式中，$K_{软}$——材料的软化系数；

　　$f_{饱}$——材料在饱和水状态下的抗压强度，MPa；

　　$f_{干}$——材料在干燥状态下的抗压强度，MPa。

软化系数的范围波动在 0~1。软化系数的大小表明材料浸水后强度降低的程度。软化系数越小,其材料吸水饱和后强度降低越多,所以耐水性越差。对于经常位于水中或受潮严重的重要结构物的材料,其软化系数不小于 0.85,受潮较轻的或次要结构物的材料,其软化系数不宜小于 0.70。软化系数大于 0.80 的材料可以认为是耐水性材料。

（5）抗渗性

材料抵抗压力水渗透的性质称为抗渗性（或不透水性）。可以用渗透系数 K 表示,即

$$W = K\frac{H}{d}At \quad \text{或} \quad K = \frac{Wd}{AtH} \quad\quad (1.15)$$

式中,K——渗透系数,$mL/(cm^3 \cdot s)$;

　　W——透过材料试件的水量,mL;

　　t——透水时间,s;

　　A——透水面积,cm^3;

　　H——静水压力水头,cm;

　　d——试件的厚度,cm。

渗水系数越大,材料的抗渗性越差。

材料抗渗性的好坏,与材料的孔隙率和孔隙特征密切相关,孔隙率很低而且是封闭孔隙的材料就具有较高的抗渗性能。对于地下工程及水工构筑物,因常受到压力水的作用,所以要求材料具有一定的抗渗性能,对于防水材料,则要求更高的抗渗性。材料抵抗其他液体渗透的性质也属于抗渗性,如贮油罐则要求材料具有很好的不渗油性。

（6）抗冻性

材料在吸水饱和状态下,能够经受多次冻结和融化作用（冻融循环）而不破坏,同时也不严重降低强度的性质称为抗冻性。通常采用 −15° 的温度（水在微小的毛细管中低于 −15° 才能冻结）,再在 20° 的水中融化,这样一个过程为一次循环。

材料经过多次冻融交替作用后,表面将出现剥落、裂纹,产生质量损失,强度也会随之降低。这是由于材料孔隙内结冰所引起的。水在结冰时体积膨胀约 9%。当材料孔隙内充满水时,由于水结冰对孔壁产生很大压力（约 100 MPa）,致使孔壁开裂。冰在融化时,是从表面先开始融化,然后向内进行。无论是结冰还是融化的过程,都会在材料的内外层产生明显的应力差和温度差。冻融循环次数越多,对材料的破坏作用越严重。材料受冻破坏的程度与水分在孔隙中充满的程度有关,如果孔隙内吸水后还留有一定空间,就可以缓和冰冻的破坏作用,对材料的抗冻有利。

1.1.3　与热有关的性质

（1）导热性

材料传导热量的性质称为导热性。材料导热能力的大小可用热导率 λ 表示。它在数值上等于厚度为 1 m 的材料,当其相对表面的温度差为 1 K 时,其单位面积（1 m^2）,单位时间（1 s）所通过的热量。可用下式表示:

$$\lambda = \frac{Q\delta}{At(T_2 - T_1)} \quad\quad (1.16)$$

式中,λ——热导率,$W/m \cdot K$;

　　Q——传导的热量,J;

A——热传导面积，m^2；

δ——材料的厚度，m；

t——热传导时间，s；

T_2-T_1——材料两侧温差，K。

材料的热导率越小，绝热性能越好。在建筑热工中常用 $1/\lambda$ 称为材料的热阻，用 R 表示，热导率和热阻都是评定建筑材料保温隔热性能的重要指标。人们习惯把防止室内热量的散失称为保温，把防止外部热量的进入称为隔热，将保温隔热统称为绝热。各种建筑材料的热导率差别很大，大致在 $0.035\sim3.5$ W/(m·K)。如泡沫塑料，而大理石热导率与材料内部孔隙构造有密切关系。由于密闭空气的热导率很小，所以材料的孔隙率较大且为封闭细小的孔隙构造时，其相应热导率较小，保温性能较好。相反如孔隙粗大或贯通，由于对流作用的影响，材料的导热率将增大。当材料受潮或受冻时，其导热性会大大提高，这是因为水和冰的热导率比空气中的热导率高得多，(空气的热导率为 $\lambda=0.023$ W/(m·K))，水的热导率为 $\lambda=0.58$ W/(m·K) 及冰的热导率为 $\lambda=2.20$ W/(m·K))。因此绝热材料应经常处干燥状态，以利于发挥材料的绝热性能。

（2）比热容与热容量

材料加热时吸收热量，冷却时放出热量的性质，称为热容量。热容量的大小用比热容(简称比热)表示。比热容表示 1 g 材料温度升高 1 K 时所吸收的热量，或降低 1 K 时放出的热量。材料吸收或放出的热量可以用下式计算：

$$Q=cm(T_2-T_1)$$

$$c=\frac{Q}{m(T_2-T_1)} \tag{1.17}$$

式中，Q——材料吸收或放出的热量，J；

c——材料的比热，J/(g·K)；

m——材料的质量，g；

T_2-T_1——材料受热或冷却后的温差，K。

比热是反映材料的吸热或放热能力大小的物理量。不同材料的比热不同，即使是同一种材料，由于所处的物态不同，比热也不相同。例如水的比热 4.186 J/(g·K) 而结冰后的比热则是 2.093 J/(g·K)。

材料的比热，对保持建筑物内部温度稳定有很大的意义，比热大的材料，能在热流变动或采暖设备供热不均匀时，缓和室内的温度波动。常用建筑材料的比热见表 1.2。

表 1.2　几种典型材料的热性质指标

材料名称	钢材	混凝土	松木	烧结普通砖	花岗石	密闭空气	水
比热容/[J·(g·K)$^{-1}$]	0.48	0.84	2.72	0.88	0.92	1.00	4.18
热导率/[W·(m·K)$^{-1}$]	58	1.51	1.17~0.35	0.80	3.49	0.023	0.58

1.2 材料的基本力学性质

1.2.1 材料的强度、比强度

材料在外力(荷载)作用下抵抗破坏的能力称为强度。当材料承受外力作用时,内部就产生应力。外力逐渐增加,应力也相应增大,直到质点间的作用力不再能够承受时,材料即破坏,此时的极限应力值就是材料的强度。

根据外力作用方式不同,材料的强度有抗压强度、抗拉强度、抗弯强度及抗剪强度等。这些强度一般都是通过静力实验来测定的,因而总称为静力强度。表1.3列出了各种强度的分类和计算公式。

表 1.3 静力强度分类

强度的类别	举 例	计算式	附 注
抗压强度 f_C/MPa		$f_C = \dfrac{F}{A}$	
抗拉强度 f_t/MPa		$f_t = \dfrac{F}{A}$	F——破坏荷载,N; A——受荷面积,mm^2; l——跨度,mm; h——断面高度,mm; b——断面宽度,mm
抗剪强度 f_v/MPa		$f_v = \dfrac{F}{A}$	
抗弯强度 f_{tm}/MPa		$f_m = \dfrac{3Fl}{2bh^2}$	

不同种类的材料具有不同的抵抗外力的特点。相同种类的材料,随着其孔隙率及构造特征的不同,使材料的强度也有较大的差异。一般孔隙率越大的材料强度越低,其强度与孔隙率具有近似直线的反比例关系。

为了对不同的材料强度进行比较,可以采用比强度。比强度是按单位质量计算的材料强度,其值等于强度与其表观密度之比,它是衡量材料轻质高强的一个主要指标。砖、石材、混凝土和铸铁等材料的抗压强度较高,而其抗拉和抗弯强度很低。木材则顺纹抗拉强度高于抗压强度。钢材的抗拉强度和抗弯强度都很高。因此,砖、石材、混凝土等多用在墙和基础,钢材则适用于承受各种外力构件。现将常用材料的强度值列于表 1.4。

表 1.4 钢材、木材、混凝土的强度比较

材　料	表观密度/(kg·m^{-3})	抗压强度/MPa	比强度
低碳钢	7 860	415	0.053
松　木	500	34.3(顺纹)	0.069
普通混凝土	2 400	29.4	0.012

大部分建筑材料是根据其强度大小来将材料划分为若干不同的等级(标号)。将建筑材料划分为若干标号,对掌握材料的性质,合理选择材料,正确进行设计和控制工程质量都是非常重要的。

1.2.2　材料的变形

(1)材料的弹性与塑性

材料在外力作用下产生变形,当外力取消时,能够完全恢复原来形状的性质称为弹性。这种完全恢复的变形为弹性变形(或瞬时变形)。材料在外力作用下产生变形,当外力取消时,仍保持变形后的形状和尺寸,并不产生裂缝的性质称为塑性。这种不能恢复的变形为塑性变形(或永久变形)。

实际上,单纯的弹性材料是没有的。有的材料在受力不大的情况下,表现为弹性变形,但受力超过一定的限度后,则表现为塑性变形。建筑钢材就是这样。有的材料在受力后,弹性变形及塑性变形同时产生。如果取消外力,则弹性变形可以恢复,而塑性变形则不能恢复,混凝土材料受力后的变形就属于这种类型。

(2)脆性和韧性

当外力达到一定的限度后,材料突然破坏,而破坏时并无明显的塑性变形,材料这种性质称为脆性。脆性材料的变形曲线如图所示,其特点是材料在外力作用下,达到破坏荷载时的变形值很小的。脆性材料的抗压强度比其抗拉强度往往要高出很多倍。它对承受震动作用和抵抗冲击荷载是很不利的。砖、石材、陶瓷、玻璃、混凝土、铸铁等都属于脆性材料。

在冲击、震动荷载作用下,材料能够吸收较大的能量,同时也能产生一定的变形而不致破坏的性质称为韧性(冲击韧性)。建筑钢材、木材等属于韧性材料。用做路面、桥梁、吊车梁以及有抗震要求的结构都要考虑材料的韧性。

1.2.3　材料的硬度和耐磨性

硬度是材料表面能抵抗其他较硬物体压入或刻画的能力。不同的材料的硬度测定方法不同。按刻度法,矿物硬度分为 10 级(莫氏硬度),其硬度递增的顺序为:滑石 1;石膏 2;方解石 3;萤石 4;磷灰石 5;正长石 6;石英 7;黄玉 8;刚玉 9;金刚石 10。木材、混凝土、钢材等的硬度常用钢球压入法测定(布氏硬度 HB)。一般硬度大的材料耐磨性较强,但不容易加工。耐磨性是材料表面抵抗磨损的能力。常用磨损率 B 来表示。

$$B = \frac{m_1 - m_2}{A} \tag{1.18}$$

式中，m_1，m_2——试件被磨损前、后的质量，g；

A——试件受磨损的面积，cm²。

建筑工程中，用于道路、地面、踏步等部位的材料均应考虑其硬度和耐磨性。一般来说，强度较高且密实的材料，其硬度较大，耐磨性好。

1.3 材料的耐久性

1.3.1 侵蚀作用的主要类型

材料在建筑之中，除了要受各种外力的作用之外，还要经常受到环境中许多自然因素的破坏作用。这些破坏作用包括物理的、化学的以及生物的。物理作用可有干湿变化、温度变化、冻融变化等。这些作用将使材料发生体积的胀缩，或导致内部裂缝的扩展。时间长久后会使材料逐渐破坏。在寒冷冰冻地区，冻融变化对材料会起显著的破坏作用。在高温环境中下，经常处于高温状态的建筑物或构筑物，选用建筑材料要具有耐热性能。在民用和公共建筑中考虑防火要求，须选用具有抗火性能的难燃或不燃的材料。化学作用包括酸、碱、盐等物质的水溶液以及有害气体的侵蚀作用。这些作用会使材料逐渐变质而破坏。生物作用是指虫、菌的作用。它将使材料由于虫蛀、腐朽机时破坏。如木材在潮湿环境中使用时，必须事先进行防腐处理。砖、石料、混凝土等矿物材料，多是由于物理作用而破坏的，同时也可能受到化学的破坏作用。金属材料主要是由于化学作用引起的腐蚀。木材等有机材料常因生物作用而破坏。沥青材料、高分子材料在阳光、空气和热的作用下，会逐渐老化而变脆或开裂。

1.3.2 提高材料的耐久性

材料的耐久性是指材料在上述多种因素的作用之下，能够经久不变质、不破坏，而尚能保持原有的性能的性质。材料的耐久性实际上是一项综合性质。包括抗冻性、抗风化性、耐化学腐蚀性等，此外材料的强度、抗渗性、耐磨性等也与材料的耐久性有关。检查建筑材料的耐久性，通常要做一些专门的实验外，一般可以用材料的抗冻性表示材料的耐久性，因为材料的抗冻性与其他多种破坏作用下的耐久性有较为密切的关系。

为了提高材料的耐久性，以有利于延长建筑物的使用寿命和养活维修费用，可以根据使用情况和材料的特点采取相应的措施。例如：

①设法减轻大气或周围介质对材料的破坏作用，如降低湿度，排除侵蚀性物质等；

②提高材料本身对外界的抵抗能力，如提高材料的密实度，采取防腐措施等；

③采用其他一些憎水性材料保护文体材料免受破坏，如覆盖、抹灰、刷涂料等。

总之，研究和提高建筑材料的耐久性，必须根据材料所处的环境情况做具体的分析，才能得出正确的结论。

1.4 材料的组成、结构及构造

1.4.1 材料的组成

材料的组成是指材料的化学成分或矿物成分而言。它不仅影响着材料的化学性质,而且也是决定材料物理力学性质的重要因素。

(1)化学组成

当材料与外界自然环境以及各类物质相接触时,它们之间必然要按照化学变化规律发生作用。如材料受到酸、碱、盐类物质的侵蚀作用时,如材料遇到火焰时的耐燃、耐火性能,以及钢材与其他金属材料的锈蚀等等都是属于化学反应。建筑材料有关这方面的性质都是材料的化学组成所决定的。

(2)矿物组成

某些建筑材料如天然石油、无机胶凝材料等,其矿物组成是决定其材料性质的主要因素。水泥所含有的熟料矿物不同或其含量不同,则所表现出的水泥性质就各有差异。例如,在硅酸盐水泥中,熟料矿物硅酸三钙含量高的,其硬化速度较快,强度也较高。

1.4.2 材料的结构及构造

建筑材料的性质与基结构、构造有着密切的关系。它可以说材料的结构、构造是决定建筑材料性质的极其重要的因素。因此,要掌握建筑材料的性质,合理使用材料并能解决某些工程问题的话,就需要具备材料结构、构造的有关知识。

研究材料的结构大体上可以划分为:宏观结构、亚微观结构和微观结构3个层次。

(1)宏观结构(构造)

建筑材料的宏观结构是指用肉眼或放大镜能够分辨的粗大组织。其尺寸可以约为毫米级大小,以及更大尺寸的构造情况。因此,这个层次的结构也可以称为宏观构造。

建筑材料的宏观结构(构造),按孔隙尺寸可以分为:

①致密结构 基本上是无孔隙存在的材料。例如钢铁、有色金属、致密天然石材、玻璃、玻璃钢、塑料等。

②多孔结构 是指具有粗大孔隙的结构。如加气混凝土、泡沫混凝土、泡沫塑料及人造轻质材料等。

③微孔结构 是指微细的孔隙结构。在生产材料时,增加拌和水量或掺入可燃性掺料,由于水分蒸发或烧掉某些可燃物而形成微孔结构。如石膏制品、黏土砖瓦等。

按构成形态可分为:

①聚集结构 是由骨料与胶凝材料结合而成的材料。它所包括的范围很广,如水泥混凝土、砂浆、沥青混凝土、增强塑性等材料均可属于此类结构。

②纤维结构 是指木材纤维、玻璃纤维及矿物棉等纤维材料所具有的结构。其特点是平行纤维方向与垂直纤维方向的强度及导热性等性质都具有明显的方向差异,即各向异性性质。使用方式有散铺、制成毡片或织物和胶结成板材等。

③层状结构 采用黏结或其他方法将材料叠合成层状的结构。如胶合板、木质叠合人造板等。

④散粒结构 是指松散颗粒状结构。如混凝土骨料、用做绝热材料的粉状或粒状的填充料等。

(2)亚微观结构

亚微观结构也称为细观结构。一般是指用光学显微镜所能观察到的材料结构。仪器的放大倍数可达到一千倍左右,能的几千分之一毫米的分辨力,可仔细观察分析天然岩石的矿物组织,分析金属材料晶粒的粗细及其金相组织。

(3)微观结构

微观结构是指物质的原子、分子层次的结构。研究材料的微观结构要借助于电子显微镜,其分辨程度是以"埃"($1\text{Å}=10^{-10}$ m)来计算的。材料的许多基本性质,如:强度、导热性、硬度、导电性、熔点等都是材料的微观结构所决定的。

材料的微观结构,基本上可分为晶体与非晶体。

①晶体

晶体的结构特征是其内部质点按照特定的规则与周期性排列在空间的。

晶体本身具有固定的几何外形,由于其各自方向的质点排列情况和数量不同,故晶体具有各向异性的性质。然而,晶体又是由大量排列不规则的晶粒所组成,因此又形成了各向同性的性质。根据晶体质点及结合键的特性,晶体可分为如下各类晶体:

a.原子晶体 是由中性原子构成的晶体,其原子之间是由共价键来联系的,具有很大的结合能,结合比较牢固,因而此种晶体的硬度、强度与熔点也是较高的。石英、金刚石、碳化硅等都属于原子晶体。

b.离子晶体 是由正、负离子所构成的晶体。因为离子是带电荷的,它们之间靠静电吸引力,即库仑引力,所形成的离子键来结合。离子晶体一般是比较稳定的其强度、硬度、熔点也很高。如 KCl、NaCl 等。

c.分子晶体 中性的分子由于电荷的非对称分布而产生分子极化,或是由于电子运动而发生的短暂极化所形成的一种结合力,即范德化力。因为这种键结合比较弱,故其硬度小、熔点也低。一般分子晶体大部分属于有机化合物。

d.金属晶体 是由金属阳离子排列成一定形式的晶体,在晶体间隙中有自由运动的电子,这些电子称为自由电子。金属键是通过自由电子的库仑引力而结合的。自由电子可使金属具有良好的导热性及导电性。

②非晶体

非晶体也称玻璃体或无定形体,如无机玻璃。非晶体的结合键为共价键与离子键。玻璃体是化学不稳定的结构,容易与其他物质起化学反应,如火山灰、炉渣、粒化高炉矿渣能与石灰在有水的条件下起硬化作用,而被利用作为建筑材料。

从宏观、亚微观和微观 3 个不同层次的结构上来研究建筑材料的性质才能深入其本质,对改进与提高材料的性能以及创新材料都有重要的意义。例如将几种材料叠合在一起,可以避免单一材料的缺点,而制成具有特殊性能的建筑材料,像具有绝热、隔声、防水多功能的复合板材料等。建筑工程中使用最广泛的钢筋混凝土材料,可以认为是钢筋与混凝土复合材料,它弥补了混凝土抗拉强度低的不足,使其抗拉强度得以充分发挥和利用。以后又进一步发展若干品种纤维增强水泥与混凝土材料,或掺入不同效能的外加剂,可以大大改善混凝土的性质,扩大了应用的范围。

随着材料科学理论的日益发展,不断深入探索材料的组成、结构、构造与材料的性质之间的关系和规律,则不久的将来可以研究发明更多新型材料来满足人民的各种各样需求。

复习思考题

1.何谓材料的实际密度、表观密度、堆积密度?如何计算?

2.何谓材料的密实度和孔隙率?两者之间的什么关系?

3.建筑材料的亲水性和憎水性在实际工程中的意义是什么?

4.何谓材料的吸水性、吸湿性、耐水性、抗渗性和抗冻性?各用什么指标表示?

5.简述弹性材料和塑性材料的区别。

6.简述材料的组成、结构及构造和材料的性质之间的关系。

第**2**章
天然石材

石材是指具有一定的物理、化学性能,可用做建筑材料的岩石。它分天然形成的和人工制造的两大类。由天然岩石开采的,经过或不经过加工而制得的材料,称为天然石材。天然石材资源丰富,使用历史悠久,是古老的建筑材料之一。国外有许多著名的古建筑是由天然石材建造而成的,如意大利的比萨斜塔,古埃及的金字塔,古罗马的可里西姆大斗兽场等。我国对天然石材的使用也有悠久的历史和丰富的经验。例如:河北的隋代赵州永济桥、江苏洪泽湖大堤、北京人民英雄纪念碑等,都是使用石材的典范。由于天然石材具有抗压强度高、耐久性和耐磨性良好,资源分布广,便于就地取材等优点而至今仍被广泛应用。但岩石也具有性质较脆、抗拉强度低、表观密度大、硬度高的特点,因此开采和加工都比较困难。

2.1 建筑用石材

2.1.1 岩石的形成及分类

岩石是由各种不同地质作用所形成的天然固态矿物组成的集合体。矿物是在地壳中受各种不同地质作用所形成的具有一定组成和物理性质的单质(如石英、方解石等)或化合物(如云母、角闪石等)。而组成岩石的矿物称为造岩矿物。目前,已发现的矿物有 3 300 多种,绝大多数是固态无机物。主要造岩矿物有 30 多种。

天然岩石按矿物组成不同可分为单矿岩和多矿岩(或复矿岩)。

凡是由单一的矿物组成的岩石叫单矿岩,如石灰岩就是由 95% 以上的方解石组成的单矿岩。凡是由两种或两种以上的矿物组成的岩石叫多矿岩(复矿岩)。如主要由长石、石英、云母组成的花岗岩。

天然岩石按形成的原因不同可分为岩浆岩(火成岩)、沉积岩、变质岩 3 大类。

(1)岩浆岩

岩浆岩又称火成岩,是由地壳内部熔融岩浆上升冷凝结晶而成的岩石,它是组成地壳的主要岩石。具有结晶构造而没有层理。根据岩浆冷凝情况的不同,岩浆岩又分为以下 3 种:

1)深成岩

深成岩是地壳深处的岩浆在受上部覆盖层压力的作用下,经缓慢冷凝而形成的岩石。其特点是矿物全部结晶而且晶粒较粗,呈块状结构,构造致密,具有抗压强度高、吸水率小,表观密度大及抗冻性好等性质。建筑上常用的深成岩有花岗岩、正长岩、橄榄岩、闪长岩等。

2)喷出岩

喷出岩是岩浆冲破覆盖层喷出地表时,在压力骤减和迅速冷却的条件下而形成的岩石。由于其大部分岩浆喷出后还来不及完全结晶即凝固,因而常呈隐晶质(细小的结晶)或玻璃质结构。当喷出的岩浆形成较厚的岩层时,其岩石的结构和性质与深成岩相似;当形成较薄的岩层时,由于冷却速度快及气压作用而易形成多孔结构的岩石,其性质近似于火山岩。建筑上常用喷出岩有玄武岩、辉绿岩、安山岩等。

3)火山岩

火山岩是火山爆发时,岩浆被喷到空中而急速冷却后形成的岩石。呈多孔玻璃质结构,且表观密度小。建筑上常用的火山岩有火山灰、浮石、火山凝灰岩等。

(2)沉积岩

沉积岩又称水成岩。它是由露出地表的各种岩石经自然界的风化、搬运、沉积并重新成岩而形成的岩石。主要存在于地表及不太深的地下。其特点是层状结构,外观多层理,表观密度小,孔隙率和吸水率大,强度较低,耐久性较差,由于分布较广,加工较容易,在建筑上应用也较广。根据沉积岩的生成条件,可分为以下 3 种:

1)机械沉积岩　它是由自然风化而逐渐破碎松散的岩石及砂等,经风、雨、冰川、沉积等机械力的作用而重新压实或胶结而成的岩石,如砂岩、页岩等。

2)化学沉积岩　由溶解于水中的矿物质经聚积、沉积、重结晶、化学反应等过程而形成的岩石,如石膏、白云石等。

3)有机沉积岩　由各种有机体的残骸沉积而成的岩石,如石灰岩、硅藻土等。

(3)变质岩

变质岩是地壳中原有岩浆岩或沉积岩在地层的压力或温度作用下,原岩石在固体状态下发生再结晶作用,使其矿物成分、结构构造乃至化学成分发生部分或全部改变而形成的新岩石。其性质决定于变质前的岩石成分和变质过程。沉积岩形成变质岩后,其建筑性能有所提高,如石灰岩和白云岩变质后得到的大理岩,比原来的岩石坚固耐久。而岩浆岩经变质后产生片状构造,性能反而下降,如花岗岩变质后成为片麻岩则易于分层剥落、耐久性差。

2.1.2　常用石材

由于天然石材具有抗压强度高、耐久性、耐磨性及装饰性好等优点,因此,目前在建筑工程中的使用仍然相当普遍。

(1)花岗岩

花岗岩是岩浆岩中分布最广的一种岩石,是一种典型的深成岩。主要由长石、石英和少量云母(或角闪石等)组成。具有致密的结晶结构和块状构造,其颜色一般为灰白、微黄、淡红、深青等。

花岗岩致密坚硬,表观密度为 2 500~2 700 kg/m³,孔隙率小(0.04 %~2.8%),吸水率小(0.11%~0.7%),抗压强度高达 120~250 MPa,材质坚硬,莫氏硬度 6 以上。具有优异的耐磨性,对酸具有高度的抗腐性,对碱类侵蚀也有较强的抵抗力,耐久性很高,使用年限达 75~200 年,但花岗岩的耐火性较差,当温度达 800 ℃以上,花岗岩中的二氧化硅晶体产生晶形转化,使体积膨胀,故发生火灾时,花岗岩会发生严重开裂而破坏,某些花岗岩含有微量放射性元素,应进行放射性元素含量的检验,若超过标准,则不能用于室内。花岗岩石材常用于重要的大型建筑物的基础、勒脚、柱子、栏杆、踏步等部位以及桥梁、堤坝等工程中,是建造永久性工程、纪念性建筑的良好材料。经磨切等加工而成的各类花岗岩建筑板材,质感坚实,华丽庄重,是室内外高级装饰装修板材。

目前,我国花岗岩的产地主要有:山东泰山和崂山、北京西山、江苏金山、安徽黄山、陕西华山及四川峨眉山等,其中著名产品有"济南青""泉州黑"等。近年又开发出山东"樱花红"、广西"岭溪红"、山西"贵妃红"等高档品种。

(2)石灰岩

石灰岩俗称"青石",是沉积岩的一种。主要化学成分为 $CaCO_3$,主要矿物成分为方解石,但常含有白云石、菱镁矿、石英及黏土等。因此,石灰岩的化学成分、矿物组成、致密程度以及物理性质等差别甚大。

石灰岩通常为灰白色、浅灰色,常因含有杂质而呈现深灰、灰黑、浅黄、浅红等颜色。质地致密的石灰岩表观密度为 2 000~2 600 kg/m³ 抗压强度为 80~160 MPa,吸水率为2%~10%。若岩石中黏土含量不超过 3%~4%时,也有较好的耐水性和抗冻性,但也有松散状的或多孔状的石灰岩。

石灰岩来源广,硬度低,易劈裂,便于开采,具有一定的强度和耐久性,因而广泛用于建筑工程中,其块石可作为建筑物的基础、墙身、阶石及路面等,其碎石是常用的混凝土骨料。此外,它也是生产水泥和石灰的主要原料。

由石灰岩加工而成的"青石板"造价不高,表面能保持劈裂后的自然形状,加之多种色彩的搭配,作为墙面装饰板材,具有独特的自然风格。

(3)砂岩

砂岩属沉积岩,它是由石英砂或石灰岩等的细小碎屑经沉积并重新胶结而形成的岩石。砂岩的主要矿物为石英,次要矿物有长石、云母及黏土等。根据胶结物的不同,砂岩可分为:硅质砂岩、钙质砂岩、铁质砂岩、黏土质砂岩,硅质砂岩由氧化硅胶结而成,常呈淡灰色;钙质砂岩由碳酸钙胶结而成,呈白色;铁质砂岩由氧化铁胶结而成,常呈红色;黏土质砂岩由黏土胶结而成,常呈黄灰色。各种砂岩因胶结物质和构造的不同,其抗压强度(5~200 MPa),表观密度(2 200~2 500 kg/m³),孔隙率(1.6%~28.3%),吸水率(0.2%~7.0%),软化系数(0.44~0.97)等性质差异很大。建筑工程中,砂岩常用于基础、墙身、人行道、踏步等。纯白色砂岩俗称白玉石,可用做雕刻及装饰材料。

(4)大理岩

大理岩又称大理石,因最早产于云南大理而得名,它是由石灰岩或白云岩变质而成,主要矿物组成是方解石或白云石。主要化学成分为碳酸盐类。

大理石具有等粒或不等粒的变晶结构,结构较致密,表观密度为 2 600~2 700 kg/m³,抗压强度为 50~140 MPa,但硬度不大(莫氏硬度为 3~5),较易进行锯解,雕琢和磨光等加工。大理石有着极佳的装饰效果,纯净的大理石为白色,俗称汉白玉。多数因含其他深色矿物质而呈红、黄、棕、绿等多种色彩,磨光后光洁细腻,纹理自然,美丽典雅,常用做地面、墙面、柱面、栏杆、踏步等室内的高级饰面材料。但其抗风化性能差,大多数大理石的主要化学成分是碳酸钙等碱性物质,会受到酸雨及空气中酸性氧化物(如 SO_3 等)遇水形成的酸类侵蚀而失去光泽,变得粗糙多孔,从而降低装饰性能,一般不宜做室外装修。此外,还应注意,当用做人员较多的活动场所的地面装饰板材时,由于大理石的硬度较低,因而板材的磨光面易损坏。

国内大理石生产厂家较多,主要分布在云南大理、北京房山、湖北大冶和黄石、河北曲阳、山东平度、广西桂林、浙江杭州等地。

2.2 建筑石材的选用

2.2.1 技术性质

天然石材的技术性质可分为物理性质、力学性质和工艺性质。

天然石材因生成条件不同,常含有不同种类的杂质,矿物成分也会有所变化,所以,即使是同一类岩石,他们的性质也有可能有很大差别,因此在使用前都必须进行检验和鉴定,以保证工程质量。

(1)物理性质

1)表观密度

岩石的表观密度由其矿物质组成及致密程度所决定。天然岩石按表观密度大小可分为:

轻质石材:表观密度小于 1 800 kg/m^3;

重质石材:表观密度不小于 1 800 kg/m^3。

表观密度的大小常间接地反映石材的致密程度和孔隙多少,一般情况下,同种石材表观密度越大,则抗压强度越高,吸水率越小,耐久性、导热性越好。

2)吸水性

天然石材的吸水性一般较小,但由于形成条件、密实程度等情况的不同,石材的吸水率波动也较大,如花岗岩吸水率通常小于0.5%,而多孔的贝类石灰岩吸水率可达15%,石材吸水后强度降低,抗冻性、耐久性下降。

根据石材吸水率的大小分为:

低吸水性岩石:吸水率小于1.5%;

中吸水性岩石:吸水率为1.5%~3%;

高吸水性岩石:吸水率大于3%。

3)耐水性

石材的耐水性用软化系数表示。当石材含有较多的黏土或易溶物质时,软化系数则较小,其耐水性较差,根据各种石材软化系数大小,可将石材分为高、中、低3个等级。

当软化系数小于0.90时,称为高耐水性石材;

软化系数为0.7~0.90时,称为中耐水性石材;

软化系数为0.60~0.7时,称为低耐水性石材。

而软化系数小于0.8者,则不允许用于重要建筑物中。

4)抗冻性

抗冻性是指石材抵抗冻融破坏的能力。是衡量石材耐久性的一个重要指标,其值是根据石材在吸水饱和状态下按规范要求所能经受的冻融循环次数来表示,能经受的冻融循环次数越多,则抗冻性越好,石材抗冻性与吸水性有着密切的关系,吸水性大的石材其抗冻性也差,根据经验,吸水率小于0.5%的石材,则认为是抗冻的。

5) 耐热性

石材的耐热性与其化学成分及矿物组成有关,石材经高温后,由于热胀冷缩,体积变化而产生内应力或因组成矿物发生分解和变异等导致结构破坏。如含有石膏的石材,在100 ℃以上开始破坏;含有碳酸镁的石材,温度高于725 ℃会发生破坏;含有碳酸钙的石材,温度达827 ℃时开始破坏。由石英与其他矿物所组成的结晶石材如花岗岩等,当温度达到700 ℃以上时,由于石英受热发生膨胀,强度会迅速下降。

(2) 力学性质

1) 抗压强度

石材的抗压强度是以3个边长为70 mm的立方体试块的抗压破坏强度的平均值表示,是划分石材强度等级的依据。根据抗压强度值的大小,将石材分成如下几个强度等级:MU100、MU80、MU60、MU50、MU40、MU30、MU20、MU15。

抗压试件边长可采用表2.1所列各种边长尺寸的立方体,但应对其测定结果乘以相应的换算系数。

表 2.1　石材强度等级的换算系数

立方体边长/mm	200	150	100	70	50
换算系数	1.43	1.28	1.14	1	0.86

石材的抗压强度与其矿物组成,结构与构造特征等有密切的关系,如:组成花岗岩的主要矿物成分中石英是很坚强的矿物,其含量越多,则花岗岩的强度也越高,而云母为片状矿物,易于分裂成柔软薄片,因此,若云母含量越多,则其强度越低。另外,结晶质石材的强度较玻璃质的高,等粒状结构的强度较斑状结构的高,构造致密的强度较疏松多孔的高。

2) 冲击韧性

石材的冲击韧性决定于岩石的矿物组成与构造,石英岩、硅质砂岩脆性较大,含暗色矿物较多的辉长岩、辉绿岩等具有较高的韧性。通常,晶体结构的岩石较非晶体结构的岩石具有较高的韧性。

3) 硬度

石材的硬度取决于石材的矿物组成的硬度与构造,凡由致密、坚硬矿物组成的石材,其硬度就高,岩石的硬度以莫氏硬度表示。

4) 耐磨性

耐磨性是石材抵抗摩擦、边缘剪切以及撞击等复杂作用的能力。石材的耐磨性包括耐磨损(石材受摩擦作用)和耐磨耗性(石材同时受摩擦与冲击作用)两个方面。耐磨损性以单位摩擦面积的质量损失表示;耐磨耗性以单位摩擦质量所产生的质量损失的大小来表示。石材的耐磨性质与石材内部组成矿物的硬度、结构、构造有关。石材的组成矿物越坚硬,构造越致密以及其抗压强度和冲击韧性越高,则石材的耐磨性越好。

(3) 工艺性质

石材的工艺性质,主要指其开采和加工过程的难易程度及可能性,包括以下几个方面:

1）加工性

石材的加工性，是指对岩石开采、锯解、切割、凿琢、磨光和抛光等加工工艺的难易程度。凡强度、硬度、韧性较高的石材，不易加工，质脆而粗糙，有颗粒交错结构，含有层状或片状结构以及已风化的岩石，都难以满足加工要求。

2）磨光性

磨光性指石材能否磨成平整光滑表面的性质。致密、均匀、细粒的岩石，一般都有良好的磨光性，可以磨成光滑亮洁的表面，疏松多孔有鳞片状构造的岩石，磨光性不好。

3）抗钻性

抗钻性指石材钻孔难易程度的性质。影响抗钻性的因素很复杂，一般与岩石的强度、硬度等性质有关，当石材的强度越高，硬度越大时，越不易钻孔。

2.2.2 加工类型

建筑工程中所使用的石材，按加工后的外形分为块状石材、板状石材、散粒石材和各种石制品等。

（1）块状石材

块状石材多为砌筑石材。分为毛石和料石两类。

1）毛石（又称片石或块石）

毛石是在采石场爆破后直接得到的形状不规则的石块，依其外形的平整程度分为乱毛石和平毛石两种：乱毛石是形状不规则的毛石，干毛石是由乱毛石略经加工后，形状较整齐，基本上有六个面，但表面粗糙，建筑用毛石，一般要求石块中部厚度不小于 150 mm，长度为 300～400 mm，质量均为 20～30 kg，其强度不宜小于 10 MPa，软化系数不应小于 0.75。毛石常用于砌筑基础、勒脚、墙身、堤坝、挡土墙等，也可配制毛石混凝土等，平毛石还可以用于铺筑小径石路。

2）料石

料石（又称条石）是经人工或机械开采加工出的较为规则，具有一定规格的六面体石材，按料石表面加工的平整程度可分为以下 4 种：

①毛料石——表面不经加工或稍加修饰的料石；

②粗料石——正表面的凹凸相差不大于 20 mm 的料石；

③半细料石——正表面的凹凸相差不大于 10 mm 的料石；

④细料石——经过细加工，外形规则，正表面的凹凸相差不大于 2 mm 的料石。

料石常用致密砂岩、石灰岩、花岗岩等开采凿制，应无风化剥落和裂纹，至少应有一面边角整齐，以便相互合缝。料石主要用于砌筑基础，墙身、踏步、地坪、拱和纪念碑；形状复杂的料石制品用于柱头、柱脚、楼梯、窗台板、栏杆和其他装饰品等。

（2）板材

板材是用结构致密的岩石经凿平、锯断、磨光等加工方法制作而成的厚度一般为 20 mm 的板状石材。饰面用的板材常用大理石或花岗石加工制成。饰面板材要求耐久、耐磨、色泽美观、无裂缝。

1）大理石板材

大理石板材是用大理石荒料经锯切、研磨、抛光等加工后的石板。所谓荒料，是指由毛料经加工而成的具有一定规格的大块石料,是加工饰面板材的基料。大理石板材主要用于建筑物室内饰面,如墙面、地面、柱面、台面、栏杆、踏步等。当用于室外时,因大理石抗风化能力差,易受空气中二氧化硫的腐蚀,而使其表面层失去光泽,变色并逐渐破损。通常,只有汉白玉、艾叶青等少数几种致密质纯的品种可用于室外。

2)花岗石板材

花岗石板材是由火成岩中的花岗岩,闪长岩等荒料加工而成的石板,该板材的品种质地、花色繁多。由于花岗石板材质感丰富,具有华丽高贵的装饰效果,且质地坚硬,耐久性好,所以是室内外高级饰面材料,可用于各类高级建筑物的墙、地、楼梯、台阶等表面装饰及服务台,展示台及家具等。

(3)散粒状石料

1)碎石

天然岩石经人工或机械破碎而成的粒径大于 5 mm 的颗粒状石料。其性质决定于母岩的品质,主要用做混凝土的粗骨料或做道路、基础等的垫层。

2)卵石

卵石是母岩经自然条件的长期作用(如风化、磨蚀、冲刷等)而形成表面较光滑的颗粒状石料。

用途同碎石、还可以作为装饰混凝土(如粗露石混凝土等)的骨料和园林庭院地面的铺砌材料等。

3)石渣

石渣是用天然大理石或花岗石等残碎料加工而成,具有多种颜色和装饰效果,可作为人造大理石、水磨石、水刷石、斩假石、干黏石及其他饰面的骨料之用。

2.2.3 石材的选用

建筑工程中应根据建筑物的类型,环境条件等慎重选用石材,使其即符合工程要求,又经济合理,一般应从以下几方面选用:

(1)力学指标

根据石材在建筑物中不同的使用部位和用途,选用满足强度、硬度等力学性能要求的石材,如承重用的石材(基础、墙体、柱等)主要应考虑其强度等级,而对于地面用石材则应要求其具有较高的硬度和耐磨性能。

(2)耐久性

要根据建筑物的重要性和使用环境,选择耐久性良好的石材。如用于室外的石材要首先考虑其抗风化性能的优劣;处于高温高湿,严寒等特殊环境中的石材应考虑所用石材的耐热,抗冻及耐化学侵蚀性等。

(3)质感和色彩

装饰用石材应注意石材的质感和色彩与建筑物类型及其周围环境相协调相融合,以取得最佳的装饰效果。

(4)经济性

由于天然石材的密度大、开采困难、运输不便、运费高,应综合考虑地方资源,尽可能做到就地取材,以降低成本。难于开采和加工的石材,将使材料成本提高,选材时应加注意。

(5)环保性

在选用室内装饰用石材时,应注意其放射性指标是否合格。

复习思考题

1.按生成原因,岩石可分为哪几类? 举例说明。

2.石材有哪些主要的技术性质?

3.花岗岩、大理岩各有何特性及用途?

4.选择天然石材应注意什么?

第 **3** 章
气硬性胶凝材料

工程中凡能将散粒材料(如石、砂)或块状材料(如砖、石块)黏结成一个整体的材料称为胶凝材料。按化学成分分类,常用的胶凝材料可分为:

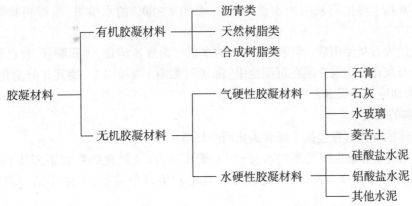

本章介绍气硬性胶凝材料,该材料只能在空气中(干燥条件下)硬化,也只能在空气中保持并发展其强度。

3.1 石 灰

3.1.1 石灰的原料及烧制

(1)石灰的原料

石灰的原料是以碳酸钙为主要成分的石灰石、白云质石灰石、白垩等天然岩石或矿物。

此外,石灰的另一来源是化学工业副产品,如用电石(碳化钙)制乙炔时的电石渣,其主要成分是氢氧化钙,即消石灰。

(2)石灰的烧制

石灰石原料在高温下烧制成生石灰,其化学反应式如下:

$$CaCO_3 \xrightarrow{900℃} CaO + CO_2 \uparrow$$

生石灰的主要成分是氧化钙,白色、呈疏松多孔结构,其表观密度为 800~1 000 kg/m³。

烧制石灰时,温度过低,或烧制时间过短,则生成内部含未分解的石灰石内核的欠火石灰,降低了石灰的利用率。若煅烧温度过高或煅烧时间过长,将生成结构过于致密、颜色较深、颗粒表面被釉状物包覆的过火石灰,对使用非常不利。

3.1.2 石灰的消化和硬化

(1)石灰的消化

石灰的消化(又称熟化),是生石灰加水生成熟石灰(氢氧化钙),其化学反应为:

$$CaO + H_2O \longrightarrow Ca(OH)_2 + 64.9 \text{ kJ}$$

石灰消化过程中,放出大量的热,体积膨胀 1~2.5 倍。按消化的方法和加水量的不同可得到以下两种产品:

①石灰膏 将生石灰用加水量为其质量 3~4 倍的水消化而成的膏状物即为石灰膏。石灰膏的含水率为 50%,表观密度为 1 300~1 400 kg/m³。1 kg 生石灰可熟化成 2.0~3.0 L 的石灰膏。

②消石灰粉 将生石灰用加水量为其质量 60%~80% 的水喷淋,所得粉状物称为消石灰粉。

为避免过火石灰使用后,因吸收空气中的水蒸气而逐步消化,体积膨胀,使已硬化的浆体隆起、开裂,石灰在使用前必须在沉淀池中"陈伏"(贮存)两周以上,使其充分消化,为防止其碳化,在其表面应留一层水。

(2)石灰的硬化

石灰浆体的硬化过程包括干燥和碳化两个环节:

干燥过程中,毛细孔隙逐渐失水,产生毛细孔压力,氢氧化钙颗粒紧密接触,有了一定的强度。同时由于水分蒸发,氢氧化钙会在过饱和溶液中结晶,但由于结晶数量少,强度不高。

氢氧化钙在有适量水的条件下与空气中的二氧化碳产生碳化反应,其化学反应为:

$$Ca(OH)_2 + CO_2 + nH_2O \longrightarrow CaCO_3 + (n+1)H_2O$$

生成的 $CaCO_3$ 晶体使硬化浆体的强度有所提高,但由于空气中的二氧化碳的浓度很低,因此碳化过程极慢,同时当表层生成的碳酸钙达到一定的厚度时,阻碍二氧化碳向内部碳化,也阻碍了内部水分向外部蒸发,在相当长的时间内,仍是表面为 $CaCO_3$,内部为 $Ca(OH)_2$,故石灰浆体硬化速度慢,强度低。

3.1.3 石灰的质量标准与应用

(1)石灰的质量标准

按石灰中氧化镁的含量分类,将生石灰和生石灰粉分为钙质石灰(MgO 含量低于 5%)和镁质石灰(MgO 含量不低于 5%);将消石灰分为钙质消石灰(MgO 含量低于 4%),镁质消石灰粉(MgO 含量为 4%~24%)和白云质消石灰粉(MgO 含量为 24%~30%)。

按建筑行业标准将石灰分成 3 个等级,各等级的技术要求见表3.1、表3.2 及表3.3。

表 3.1　建筑生石灰各等级的技术指标（JC/T 479—92）

项　目	钙质生石灰			镁质生石灰		
	优等品	一等品	合格品	优等品	一等品	合格品
（CaO+MgO）含量/%，不小于	90	85	80	85	80	75
未消化残渣含量（5 mm 圆孔筛余），%，不大于	5	10	15	5	10	15
CO_2 含量，%，不大于	5	7	9	6	8	10
产浆量/（L·kg^{-1}），不小于	2.8	2.3	2.0	2.8	2.3	2.0

表 3.2　建筑生石灰粉各等级的技术指标（JC/T 480—92）

项　目		钙质生石灰粉			镁质生石灰粉		
		优等品	一等品	合格品	优等品	一等品	合格品
（CaO+MgO）含量/%，不小于		85	80	75	80	75	70
CO_2 含量/%，不大于		7	9	11	8	10	12
细度	0.90 mm 筛筛余/%，不大于	0.2	0.5	1.5	0.2	0.5	1.5
	0.125 mm 筛筛余/%，不大于	7.0	12.0	18.0	7.0	12.0	18.0

表 3.3　建筑消石灰粉各等级技术指标（JC/T 481—92）

项　目		钙质消石灰粉			镁质消石灰粉			白云质消石灰粉		
		优等品	一等品	合格品	优等品	一等品	合格品	优等品	一等品	合格品
（CaO + MgO）含量/%，不小于		70	65	60	65	60	55	65	60	55
游离水/%		0.4~2	0.4~2	0.4~2	0.4~2	0.4~2	0.4~2	0.4~2	0.4~2	0.4~2
体积安定性		合格	合格	—	合格	合格	—	合格	合格	—
细度	0.90 mm 筛筛余/%，不大于	0	0	0.5	0	0	0.5	0	0	0.5
	0.125 mm 筛筛余/%，不大于	3	10	15	3	10	15	3	10	15

（2）石灰的应用

①砂浆和涂料

由于石灰的保水性及可塑性好，建筑上常用石灰膏、磨细生石灰粉或消石灰粉配制石灰砂浆或石灰混合砂浆，用于抹灰和砌筑，但应注意石灰浆硬化后体积收缩大，为避免抹灰层较大的收缩裂缝，往往在石灰砂浆中掺入麻刀、纸筋等纤维增强材料。

磨细生石灰粉不经陈伏直接加水使用，消化和凝结硬化同时进行，但当它用于抹灰砂浆时，消化时间应大于 3 h。该石灰消化放出的热会大大加快凝结硬化的速度，且需水量较少，硬化后强度较高，提高了石灰的利用率，节约施工场地，缺点是成本较高。

用石灰膏加水稀释成的石灰乳涂料用于要求不高的室内粉刷。

还须注意的是石灰未硬化前就处于潮湿的环境中,石灰中的水分不能及时蒸发出去,其硬化会停止,且长期受潮后吸湿或被水浸泡,氢氧化钙易溶于水致使石灰溃散,故石灰不应在潮湿的环境中应用。

②灰土和三合土

消石灰粉与黏土按一定的比例配合后可制成灰土或称石灰土,若再与黏土、砂(或石屑、炉渣)按1:2:3的比例配合后就制成三合土。灰土和三合土主要用于建筑物的基础垫层、地面道路的垫层。

③硅酸盐制品

石灰与硅质材料(如石英砂、粉煤灰和矿渣等)为主要原料,经磨细、配料、拌和、成型、养护(蒸汽养护或压蒸养护)等工序制成硅酸盐制品,如蒸养(压)的粉煤灰砖及砌块、灰砂砖及砌块和加气混凝土等。

④碳化石灰板

磨细生石灰粉与纤维材料(如玻璃纤维)或轻质骨料加水拌和成型后制成坯体,然后通入二氧化碳进行人工碳化(12~24 h),制成碳化石灰板。为减轻自重,提高碳化效果,通常制成薄壁或空心制品。该板的加工性能好,可用做非承重的内隔墙板、顶棚等。

在长期存放的过程中,生石灰会吸收空气中的水分和二氧化碳,生成碳酸钙粉末,从而失去黏结力,故应防水、防潮。另外,石灰消化时要放出大量的热,因此应将石灰与易燃物分开,以免引起火灾。通常进场后可立即陈伏,把储存期变为消化期。

3.2　石　膏

3.2.1　石膏的原料、生产及品种

石膏的原料,主要是天然二水石膏(又称生石膏或软石膏)。此外,还有富含硫酸钙的工业副产物或废渣,即化学石膏,如磷石膏、硼石膏、氟石膏等。

将二水石膏加热到适当的温度能部分或全部失水,因加热的条件和程度不同,可得到不同品种的石膏,如建筑石膏、高强石膏、无水石膏(又称硬石膏)、高温煅烧石膏等。

建筑石膏,是由二水石膏在107~170 ℃温度下,结晶水以气态析出,得到 β 型半水硫酸钙为主要成分、经磨细制成粉末状、白色材料。其反应为:

$$CaSO_4 \cdot 2H_2O \xrightarrow{107 \sim 170 \text{ ℃}} CaSO_4 \cdot \frac{1}{2}H_2O + 1\frac{1}{2}H_2O$$

3.2.2　建筑石膏的凝结硬化

建筑石膏的凝结硬化主要是由于半水石膏与水发生水化反应,还原成二水石膏,其反应为:

$$CaSO_4 \cdot \frac{1}{2}H_2O + 1\frac{1}{2}H_2O = CaSO_4 \cdot 2H_2O$$

半水石膏极易溶于水,并很快达饱和状态,生成溶解度小得多的二水石膏,二水石膏以胶

体微粒从过饱和溶液中析出,破坏了原有的二水石膏的平衡浓度,为补充溶液的浓度,半水石膏不断地溶解和水化,如此反复,直至半水石膏完全溶解。同时也加速了二水石膏胶体微粒的增加,浆体中的自由水因水化和蒸发逐渐减少,其稠度增大,胶体微粒间互相搭接,摩擦力增大,黏结增强,浆体渐失可塑性,这一过程称为"凝结"。其后,浆体继续变稠,胶体微粒逐渐形成晶体,晶体逐渐长大、共生并互相交错搭接,使浆体产生强度,并不断增长,直至完全干燥,强度停止发展,这个过程称为"硬化"。整个凝结硬化过程进行较快,需 7~12 min。

3.2.3　建筑石膏的技术性质

建筑石膏根据强度、细度和凝结时间三项指标分为优等品、一等品和合格品 3 个等级,见表 3.4。

表 3.4　建筑石膏的技术指标(GB 9776—88)

技术指标		优等品	一等品	合格品
强度	抗折强度/MPa,不小于	2.5	2.1	1.8
	抗压强度/MPa,不小于	4.9	3.9	2.9
细度(0.2 mm 方孔筛筛余)/%,不大于		5.0	10.0	15.0
凝结时间/min	初凝不小于	6		
	终凝不大于	30		

建筑石膏按产品名称、抗折强度及标准号的顺序进行产品标记,如抗折强度为 2.5 MPa 的建筑石膏表示为:建筑石膏 2.5GB 9776。

建筑石膏的密度为 2.6~2.75 g/cm³,堆积密度为 800~1 000 kg/m³。建筑石膏水化的理论用水量仅为其质量的 18.6%,而实际调浆时,需加水 60%~80%,多余水分蒸发后,使硬化的石膏具有多孔性,呈微孔构造,使制品孔隙率高、表观密度小、强度较低、隔热保温性及吸声性较好。

石膏硬化后,体积膨胀 1%左右,且不开裂,充满模型的能力较好,可制得形状复杂、饱满、表面光洁的制品。

硬化后以二水石膏为主要成分的石膏遇火时,吸收能量并且结晶水蒸发,生成的无水石膏为良好的热绝缘体,同时表面形成蒸汽膜,可阻止火势蔓延。其制品越厚,防火性能越好。

石膏硬化后,具有很强的吸湿性和吸水性,导致强度明显下降。若在温度过高的环境中使用,二水石膏脱水分解也会造成强度下降。因此建筑石膏不宜用于潮湿和温度过高的环境中。但建筑石膏的热容量和吸湿性大,可均衡地调节室内的温度和湿度。

此外,石膏着色容易,加工性能好,可锯、可钉、可刨,生产艺简单,成本较低,但怕水、怕潮、强度较低的缺点,不仅给使用范围受限,还给贮、运带来诸多不便。然而这些缺点正不断被克服,在石膏制品的增强及抗水方面已取得很多成效,石膏仍不失为一种高效节能材料。

3.2.4　建筑石膏的应用

(1)室内抹灰及粉刷
建筑石膏掺入部分石灰,加水调制的浆体,作为室内粉刷涂料,粉刷后的墙壁光滑细腻、洁白美观、调温调湿、不产生冷凝水。

建筑石膏加水拌成石膏砂浆,用于室内抹灰,抹灰墙面具有绝热、防火、隔声、舒适、美观等效果。抹灰后的墙面和顶棚可直接刷其他涂料及粘贴墙纸。

(2)装饰制品

建筑石膏配以纤维增强材料、胶料和水拌和成浆,利用石膏硬化时体积微膨胀的性能,制成各种雕塑、饰面板、线条、线角等艺术装饰品。

(3)石膏板

①纸面石膏板　以建筑石膏为原料,配以适量的纤维材料、缓凝剂等为芯材料,两面用纸板做增强护面材料制成,长度一般为 1 800～3 600 mm,宽度为 900～1 200 mm,厚度为9～12 mm,主要用于室内墙、隔墙和顶棚等处。此外为提高石膏板的防水、防火性还制成耐水纸面石膏板和耐火纸面石膏板。

②石膏空心条板　以建筑石膏为原料,掺以适量的轻质多孔材料、纤维材料和水制成,7～9 孔,孔洞率为 30%～40%,规格为:(2 500～3 500)mm×(450～600)mm×(60～100)mm。该板材强度较高,主要用于内墙和隔墙,安装时,不需龙骨。

③纤维石膏板　以建筑石膏、纸板和短切玻璃纤维为原料制成,该板材抗弯强度高,可用于内墙和隔墙,也可用来代替木材制作家具。

此外还有石膏蜂窝板、吸声用穿孔石膏板、石膏夹层墙板等新型石膏板。

建筑石膏板在存放中,需防雨、防潮,存放期不宜超过 3 个月,一般在存放 3 个月后,其强度将下降 30%左右。

3.3　水　玻　璃

3.3.1　水玻璃的生产及性质

水玻璃(俗称泡花碱)是一种溶于水的,由碱金属氧化物和二氧化硅结合而成的硅酸盐。其化学通式为 $R_2O \cdot nSiO_2$,式中 R_2O 为碱金属氧化物,n 为二氧化硅与碱金属氧化物摩尔数比值,称为水玻璃的摩数。n 值越大,水玻璃的胶体组分越多,黏度越大,黏结力、强度、耐酸及耐热性越高,也较难溶于水,且黏度增大,不便于施工;同一模数的水玻璃,其浓度降低,则黏度减小,黏结力、强度、耐酸及耐热性均下降。

建筑上常用的水玻璃是硅酸钠($Na_2O \cdot nSiO_2$)的水溶液,呈青灰或淡黄色的黏稠液体,常用的水玻璃的密度为 1.3～1.5 g/m^3,n 值多为 2.5～2.8。有时也使用钾水玻璃($K_2O \cdot nSiO_2$)。

水玻璃的主要生产方法是将石英砂和纯碱磨细拌匀后,在温度 1 300～1 400 ℃的熔炉内熔融成固体水玻璃,然后再加热溶解于水成为液体水玻璃。其反应为:

$$Na_2CO_3 + nSiO_2 \xrightarrow{\text{1 300～1 400 ℃}} Na_2O \cdot nSiO_2 + CO_2 \uparrow$$

水玻璃溶液在空气中吸收二氧化碳,形成无定形硅酸凝胶(又称二氧化硅凝胶),并逐渐干燥而硬化。这一过程进行得极缓慢,实际使用时,常将水玻璃加热或加入掺量为水玻璃质量的 12%～15%氟硅酸钠(Na_2SiF_6)作为促硬剂,以加快水玻璃的硬化速度。

凝结硬化后的水玻璃具有以下特性:

(1)强度较高、黏结力强

水玻璃硬化后,析出硅酸凝胶和氧化硅,具有较高的强度和黏结力。水玻璃胶泥的抗拉强度大于 2.5 MPa,水玻璃配制的混凝土抗压强度可达 15~40 MPa。

(2)耐酸性好

由于水玻璃硬化后的主要成分是二氧化硅,具有很强的耐酸性,能抵抗除了氢氟酸、过热磷酸以外的几乎所有的无机酸和有机酸。常以水玻璃为胶结材料,加耐酸骨料、粉料,配制水玻璃耐酸混凝土、耐酸砂浆及耐酸胶泥等。

(3)耐热性好

硬化后形成的空间网状骨架,在长期高温作用下,强度不降低,甚至提高,具有良好的耐高温性。可以配制成水玻璃耐热混凝土、耐热砂浆和耐热胶泥。

(4)耐碱性和耐水性差

硬化后的水玻璃中仍有一定量的 $Na_2O \cdot nSiO_2$,由于 $Na_2O \cdot nSiO_2$ 和 SiO_2 均可与碱反应,且 $Na_2O \cdot nSiO_2$ 可溶于水,故水玻璃硬化后不耐碱、不耐水。为提高耐水性,常采用中等浓度的酸对已硬化的水玻璃进行酸洗。

3.3.2　水玻璃的应用

水玻璃除用作耐酸和耐热材料外,还有以下主要用途:

(1)涂刷材料表面,提高抗风化能力

用水玻璃涂刷或浸渍含石灰的材料,因能生成硅酸钙胶体而堵塞制品表面孔隙,以提高制品抗风化的能力。

(2)加固土壤

将水玻璃和氯化钙溶液交替压入土壤中,生成的硅酸凝胶和硅酸钙凝胶使土壤固结,阻止水分的渗透,增加土壤的密实度,避免地基下沉。

(3)配制防水堵漏材料

将水玻璃按一定的比例与各种矾的水溶液配合,可制成水泥砂浆或混凝土的防水剂。另外,将水玻璃掺入砂浆或混凝土中,配制成裂缝修补材料,能迅速地凝结硬化,用于结构物的补缝,起到黏结和补强作用。

水玻璃应在密封的条件下保存,以免水玻璃与空气中的二氧化碳反应而分解,且避免落入尘埃。

3.4　镁质胶凝材料

3.4.1　镁质胶凝材料的生产及硬化

镁质胶凝材料,包括菱苦土和苛性白云石,其主要成分为氧化镁,是将含有碳酸镁的菱镁矿煅烧后磨细制成的白色或浅黄色粉末材料。其反应为:

$$MgCO_3 \xrightarrow{600\sim650\ ℃} MgO+CO_2\uparrow$$

使用时,镁质胶凝材料一般不用水调和,而多用氯化镁溶液,因为氧化镁加水后,生成的氢氧化镁溶解度极小,很快达到饱和状态而析出,且呈胶膜包裹了未水解的氧化镁微粒,阻碍了水化的进行,硬化后结构疏松,强度很低。再则,氧化镁水化过程中产生大量的热,致使拌和水沸腾,导致制品裂缝。而采用氯化镁溶液拌和,则无上述危害,并能加快凝结,显著提高制品的强度,28 d 的强度值可达 40~60 MPa,但吸湿性强、耐水性差。其硬化后的主要水化产物为氯氧镁水化产物($x\mathrm{MgO} \cdot y\mathrm{MgCl}_2 \cdot z\mathrm{H}_2\mathrm{O}$)。

3.4.2 镁质胶凝材料的应用

镁质胶凝材料的密度为 3.0~3.40 g/cm³,堆积密度为 800~900 kg/m³。其显著特点是,能与加入浆体中的竹、木质等植物纤维类材料紧密黏结,且长期不腐;但会锈蚀铝、铁等金属,不能与金属直接接触。另外,该材料加色容易,加工性能优良,可以得到美观而光洁的制品表面。常用做木丝板、刨花板、人造大理石及现制地板。该类板材弹性好、防静电、防火、保温隔热性好,不产生噪声和尘土。有些地区用该材料制成瓦、门窗、构件和家具等,在代木、代钢方面,颇有成效。

镁质胶凝材料须保持干燥,储运中应避免受潮,而且应注意不可用铁制容器存放该材料。

复习思考题

1. 什么是气硬性胶凝材料,什么是水硬性胶凝材料,二者有何区别?

2. 什么是石灰的消化(熟化)与硬化? 石灰硬化后,其体积如何变化,应采取何种措施来减小这种变化?

3. 过火石灰、欠火石灰对石灰的性能有何影响? 怎样避免?

4. 建筑石膏的化学成分是什么? 是怎样生产的?

5. 建筑石膏有哪些特性? 它为何是一种很好的室内装饰材料?

6. 菱苦土可单独用水拌和吗? 在工程中有何用途?

7. 水玻璃的主要特性和用途有哪些?

第 4 章
水 泥

水泥，是一种加水拌和成塑性浆体，能胶结砂、石等适当材料并能在空气和水中硬化的粉状水硬性胶凝材料，是一种矿物胶凝材料。水泥浆体既能在空气中硬化，又能更好地在水中硬化，保持和继续增长其强度。在土木建筑工程中应用十分广泛，主要应用于砂浆、混凝土及混凝土制品，是最主要的建筑材料之一。

我国水泥生产 2003 年统计达 8.23 亿吨，可提供水泥品种达 70 余种。根据水泥命名原则（GB/T 4131—1997）的规定，水泥按其用途及性能可分为通用水泥、专用水泥、特性水泥 3 类：按其主要水硬物质名称分为硅酸盐水泥（即波特兰水泥）、铝酸盐水泥、硫铝酸盐水泥、氟铝酸盐水泥及以火山灰性或潜在水硬性材料以及其他活性材料为主要组成成分的水泥。通用水泥有硅酸盐水泥、普通硅酸盐水泥、矿渣硅酸盐水泥、火山灰质硅酸盐水泥、粉煤灰硅酸盐水泥、复合硅酸盐水泥。专用水泥有大坝水泥、油井水泥、砌筑水泥、道路硅酸盐水泥等。特性水泥具有一些特殊性能，如快硬硅酸盐水泥、抗硫酸盐硅酸盐水泥、膨胀水泥等。

4.1 硅酸盐水泥

硅酸盐水泥是硅酸盐类水泥的一个基本品种，其他品种的硅酸盐类水泥都是在它的基础上加入一定量的混合材料或适当改变熟料中的矿物成分的含量而制成的。

根据国家标准 GB 175—1999《硅酸盐水泥、普通硅酸盐水泥》硅酸盐水泥的定义是：凡由硅酸盐水泥熟料、0%~5%石灰石或粒化高炉矿渣、适量石膏磨细制成的水硬性胶凝材料，称为硅酸盐水泥（即国外通称的波特兰水泥）。硅酸盐水泥分两种类型，不掺加混合材料的称 I 型硅酸盐水泥，代号 P·I。在硅酸盐水泥熟料粉磨时掺加不超过水泥质量 5%的石灰石或粒化高炉矿渣混合材料的称 II 型硅酸盐水泥，代号 P·II。

凡由硅酸盐水泥熟料、6%~15%的混合材料、适量石膏共同磨细制成的水硬性胶泥材料，称为普通硅酸盐水泥（简称普通水泥），代号 P·O。

掺活性混合材料时，最大掺量不得超过 15%，其中允许用不超过水泥质量 5%的窑灰或不超过水泥质量 10%的非活性混合材料来代替。

掺非活性混合材料时，最大掺量不得超过水泥质量的 10%。

4.1.1 硅酸盐水泥的原料及生产

生产硅酸盐水泥的原料分为主要原料与辅助原料两大类。主要原料有石灰质原料和黏土质原料。石灰质原料主要提供 CaO，它以石灰石、白垩、大理石等以 $CaCO_3$ 为主要成分的原料。黏土质原料主要提供 SiO_2、Al_2SO_3、Fe_2O_3，它可以采用黏土、黄土、页岩等。主要原料经过配合，某些化学成分仍不满足要求时，可以加入适量的辅助原料加以调整，如含氧化铁的黄铁矿粉、含氧化铝的钒土废料及含氧化硅的石英砂、砂岩、硅藻土等。经过配料，使生料粉（干法生产）或生料浆（湿法生产）中的 CaO 含量为 64%~68%，SiO_2 的含量为 21%~23%，Al_2O_3 的含量为 5%~7%，Fe_2O_3 的含量为 3%~5%。此外，为改善煅燃条件，常加入少量矿化剂如萤石等。

硅酸盐水泥的生产过程可归结为"两磨一烧"，即生料的配制磨细；生料高温煅烧成熟料；熟料掺适量石膏或少量石灰石、粒化高炉矿渣共同磨细制成硅酸盐水泥，其生产工艺过程如图4.1 所示。

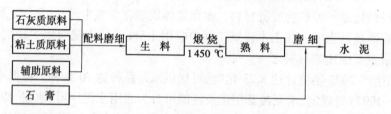

图 4.1 硅酸盐水泥的生产过程

各种原料按比例配合，磨细成生料，生料可制备成生料浆（加水磨细）或生料球（加无烟煤磨细后成球）。煅烧是水泥生产的关键环节，可在立窑或回转窑中进行。生料入窑后被加热，水分逐渐蒸发。当温度升至 500~800 ℃时，有机质被烧尽，黏土中高岭石脱水并分解出无定形的 SiO_2、Al_2O_3、Fe_2O_3，温度升至 800~1 000 ℃时，石灰质原料中的 $CaCO_3$ 分解出 CaO，并与 SiO_2、Al_2O_3、Fe_2O_3 在固相反应，生成硅酸二钙、铝酸三钙及铁铝酸四钙，温度升至 1 300 ℃时固相反应结束。在 1 300~1 450 ℃温度区中，铝酸三钙及铁铝酸四钙熔融，出现液相，硅酸二钙及剩余的氧化钙溶于其中，在液相中硅酸二钙继续吸收氧化钙，生成硅酸三钙。水泥熟料烧成。若煅烧时达不到此温度或保持时间不够长，熟料中的硅酸三钙含量少且有较多的游离氧化钙（f-CaO），将会使水泥的强度及安定性受到影响。

熟料烧成后，存放 1~2 周，加入 2%~5%的天然石膏共同磨细，即为水泥。加石膏的目的在于调节水泥的凝结时间，使水泥不致发生急凝现象。

4.1.2 硅酸盐水泥熟料的矿物组成

生料中所含的 CaO、SiO_2、Al_2O_3 及 Fe_2O_3 等 4 种氧化物经高温煅烧后，生成硅酸盐水泥熟料中的 4 种主要矿物成分，它们的名称、分子式及含量见表4.1。

表 4.1　硅酸盐水泥熟料的矿物成分

名　　称	分子式	简写符号	含　量
硅酸三钙	$3CaO \cdot SiO_2$	C_3S	33%~62%
硅酸二钙	$2CaO \cdot SiO_2$	C_2S	17%~41%
铝酸三钙	$3CaO \cdot Al_2O_3$	C_2A	6%~12%
铁铝酸四钙	$4CaO \cdot Al_2O_3 \cdot Fe_2O_3$	C_4AF	10%~18%

这 4 种矿物成分有各自不同的特性,当它们单独与水作用时,表现的特性如表 4.2 所示。

表 4.2　硅酸盐水泥熟料矿物成分的特性

性　质 矿物名称	凝结硬化速度	强　度	水化热	搞侵蚀	干　缩
硅酸三钙	快	高	大	中	中
硅酸二钙	慢	早期高、后期低	小	最好	中
铝酸三钙	最快	增长快,但不高	最大	差	大
铁铝酸四钙	快	低	中	好	小

　　铝酸三钙的凝结速度最快,水化时的放热量也最大,其主要作用是促进水化早期(1~3 d 或稍长的时间内)强度的增长,而对水泥石后期强度的贡献较小。硅酸三钙凝结硬化较快,水化时放热量也较大,在凝结硬化的前 4 周内,它是水泥石强度的主要贡献者。硅酸二钙水化反应的产物与硅酸三钙基本相同,但它水化反应速度很慢,水化放热量也小,在水泥石中大约 4 周之后才发挥其强度作用,经 1 年左右,它对水泥石强度与硅酸三钙发挥相同的作用。铁铝酸四钙凝结硬化的速度也较快,水化时的放热量较小,目前认为它对水泥石强度的贡献居中等。

　　由于各种矿物成分的性质不同,所以若改变它们在熟料中的相对含量,水泥的性质也将随之改变。如适当提高 C_2S 及 C_3A 的含量,水泥就具有快硬高强性能;若控制 C_3A 的含量,适当提高 C_2S 及 C_4AF 的含量,就可得到低热水泥。

　　除以上 4 种主要矿物成分外,水泥中尚有少量其他成分,如:

　　游离氧化钙(f-CaO),即煅烧中未能与其他氧化物结合,成为游离状的 CaO,当含量超过 1%~2% 时,会使水泥的体积安定性不良。

　　氧化镁(MgO)也会使水泥体积安定性不良。国家标准规定,硅酸盐水泥中 MgO 的含量不宜超过 5.0%。

　　三氧化硫(SO_3)是粉磨时掺入石膏带入的。若石膏掺量过多,水泥中 SO_3 含量过多,会影响体积安定性。国家标准规定硅酸盐水泥中,SO_3 含量不得超过 3.5%。

　　此外,水泥中碱分(K_2O,Na_3O)也是有害成分,其含量也应限制。

4.1.3　硅酸盐水泥的凝结与硬化

　　水泥加水拌和成可塑的水泥浆体,水泥浆体逐渐变稠失去塑性,开始产生强度,这一过程称为凝结。随着时间推移,开始产生强度并逐渐提高,变为坚硬的水泥石,这一过程称为硬化。

水泥的凝结硬化是一个连续的复杂的物理化学变化过程。

（1）硅酸盐水泥的水化

硅酸盐水泥遇水后，熟料中各矿物成分与水发生水化反应，生成新的水化产物，并放出热量。

①硅酸三钙与水反应，生成水化硅酸钙并析出氢氧化钙：

$$2(3CaO \cdot SiO_2)+6H_2O = 3CaO \cdot 2SiO_2 \cdot 3H_2O+3Ca(OH)_2$$

②硅酸二钙与水反应，生成水化硅酸钙并析出少量氢氧化钙：

$$2(3CaO \cdot SiO_2)+4H_2O = 3CaO \cdot 2SiO_2 \cdot 3H_2O+Ca(OH)_2$$

③铝酸三钙与水反应，生成水化铝酸钙：

$$3CaO \cdot Al_2O_3+6H_2O = 3CaO \cdot Al_2O_3 \cdot 6H_2O$$

④铁铝酸四钙与水反应，生成水化铝酸钙及水化铁酸钙：

$$4CaO \cdot Al_2O_3 \cdot Fe_2O_3+7H_2O = 3CaO \cdot Al_2O_3 \cdot 6H_2O+CaO \cdot Fe_2O_3 \cdot H_2O$$

水泥中加入的少量石膏，与水化生成的水化铝酸钙化合，生成水化硫铝酸钙（钙矾石）：

$$3CaO \cdot Al_2O_3 \cdot 6H_2O+3(CaSO_42H_2O)+19H_2O=3CaO \cdot Al_2O_3 \cdot 3CaSO_4 \cdot Al_2O_3 \cdot 31H_2O$$

生成的水化硫铝酸钙难溶于水，沉积在水泥颗粒表面，阻碍水泥颗粒与水接触，使水泥水化延缓，达到调节水泥凝结之目的。它生成的柱状或针状晶体，起骨架作用，对水泥的早期强度发展有利。

上述反应是在饱和的石膏溶液中进行的，生成的是高硫型水化铝酸钙。水化后期，石膏耗尽后，水化硫铝酸钙又与铝酸三钙反应并转化为低硫型水化硫铝酸（$3CaO \cdot CaSO_4 \cdot 12H_2O$）晶体。

硅酸盐水泥水化后，生成的水化产物有：氢氧化钙、水化硅酸钙、水化铝酸钙、水化铁酸钙及水化硫铝酸钙。其中，氢氧化钙、水化铝酸钙及水化硫铝酸钙比较容易结晶，而水化硅酸钙及水化铁酸钙则长期以胶体形式存在。

此外，在空气中，水泥表层的氢氧化钙还会与空气中的二氧化碳反应，生成碳酸钙，被称为碳化。

（2）硅酸盐水泥的凝结硬化

水泥在水化同时，发生着一系列的物理化学变化，水泥浆逐渐凝结硬化。这个过程的一般解释是：水泥加水拌成水泥浆。在水泥浆中，水泥颗粒与水接触，并与水发生水化反应。水化反应从水泥颗粒表层开始，生成的水化产物溶于水中，水泥颗粒暴露出新的表面，使水化反应继续进行。这个时期称为"初始反应期"，一般可持续 5~10 min。

由于开始阶段水泥水化很快，生成的水化产物很快使水泥颗粒周围的溶液成为水化产物的饱和溶液。继续水化生成的氢氧化钙、水化铝酸钙及水化硫铝酸钙逐渐结晶，而水化硅酸钙则以大小为 1.0~100 nm 的微粒析出，形成凝胶。水化硅酸钙凝胶中夹杂着晶体，它包在水泥颗粒表面形成半渗透的凝胶体膜。这层膜减缓了外部水分向内渗入和水化物向外扩散的速度，同时膜层不断增厚，使水泥水化速度变慢。此阶段称为"潜伏期"或"诱导期"。

由于水分渗入膜层内部的速度大于水化物向膜层外扩散的速度，产生的渗透压力使膜层向外胀大，并最终破裂。这样，周围饱和程度较低的溶液能与未水化的水泥颗粒内核接触，使水化反应速度加快，直至新的凝胶体重新修补破裂的膜层为止。水泥凝胶膜层向外增厚和随后的破裂伸展，使原来水泥颗粒间被水所占的空间逐渐变小，包有凝胶体膜的颗粒逐渐接近，以至相互黏结。水泥浆的黏度提高,塑性逐渐降低,直至完全失去塑性,开始产生强度,水泥凝结。这个阶段称为"凝结期"。

继续水化生成的各种水化产物,特别是大量的水化硅酸钙凝胶进一步填充水泥颗粒间的毛细孔,使浆体强度逐渐发展,而经历"硬化期"。

由上述可知,水泥的水化反应是由颗粒表面逐渐深入内层的。这个反应开始时较快,以后由于形成的凝胶体膜使水分透入越来越困难,水化反应也越来越慢。实际上,较粗的水泥颗粒,其内部将长期不能完全水化。因此,水化后的水泥石由凝胶体(包括凝胶及晶体)、未完全水化的水泥颗粒内核及毛细孔(包括其中的游离水分及水分蒸发后形成的气孔)等组成。

水泥的凝胶也并非绝对密实,其中有大小为 1.5~2.0 nm,占总体积 28% 左右的凝胶孔(胶孔)。胶孔较毛细孔小得多,胶孔中的水称为胶孔水,也是可蒸发的水分。

水泥的凝结硬化与水泥熟料的矿物组成有关。硅酸三钙、铝酸三钙水化速度快,硅酸三钙、铝酸三钙含量高时,水泥的凝结速度快,早期强度高;硅酸二钙水化速度较慢,但对水泥的后期强度增长起重要作用。

同时可知,水泥石的强度是随龄期的增长而增长的,一般在起初的 3~7 d 内强度发展甚快,28 d 后明显变慢,3 个月后更慢。但只要在一定的温度湿度条件下,强度增长可延续几年甚至几十年。温度对凝结硬化影响很大,温度高,水泥水化速度快,凝结硬化速度就快。采用蒸汽养护是加速凝结硬化的方法之一。温度低时,凝结硬化速度变慢。温度低于 0 ℃,硬化完全停止,低于 -3 ℃时,水泥中的水冻结,会产生冻裂破坏。因此,冬季施工时要采取防冻措施。

水泥凝结硬化需要水分,若完全干燥,水泥的凝结硬化无法进行,水泥石的强度将停止增长。

水泥颗粒越细,与水接触的表面积越大,水化就越快,凝结硬化速度也越快。在水泥浆中掺入调节凝结的外加剂(缓凝剂、速凝剂)可调节水泥的凝结硬化速度。

4.1.4 硅酸盐水泥的技术性质

(1)密度与堆积密度

硅酸盐水泥的密度,一般为 3.1~3.2 g/cm³。松散状态时的堆积密度,一般为 900~1 300 kg/m³,紧密状态时,堆积密度可达 1 400~1 700 kg/m³。

(2)细度

细度是指水泥颗粒的粗细程度。

水泥颗粒越细,水化作用就越迅速、越充分,水泥的早期和后期强度就越高。但磨得过细,粉磨消耗的能量大,成本高;而且在空气中硬化时,干缩较大;在空气中易吸收水分及二氧化碳而变质。

硅酸盐水泥的细度用比表面积表示,国家标准 GB 175—1999《硅酸盐水泥、普通硅酸盐水泥》规定,硅酸盐水泥的比表面积大于 300 m²/kg,普通水泥 80 μm 方孔筛筛余量不得超过 10.0%。

(3)标准稠度用水量

水泥浆的稠度对水泥某些技术性质(如凝结时间、体积安定性)的测定有较大的影响,所以必须在规定的稠度下进行测定,这个规定的稠度称为标准稠度。水泥净浆达到标准稠度时,所需的用水量占水泥质量的百分数,即标准稠度用水量。

标准稠度用水量可用水泥净浆标准稠度用水量测定仪测定和《水泥标准稠度用水量、凝结时间、安定检测方法》(GB 1346 规定的方法测定,详见水泥试验)。硅酸盐水泥的标准稠度用水量一般为 24%～30%。标准稠度用水量与水泥熟料的矿物成分及细度有关。熟料中 C3A 的含量多,标准稠度用水量大;磨得越细,标准稠度用水量也越大。

国家标准中,对水泥的标准稠度用水量虽未提具体要求,但标准稠度用水量大的水泥,拌制一定稠度的砂浆或混凝土时,需加较多的水,故硬化时收缩较大,硬化后强度及密实度也较差。因此,同样条件下,以标准稠度用水量小的水泥为较好。

(4) 凝结时间

水泥的凝结时间分初凝时间与终凝时间。

自水泥加水至水泥浆开始失去塑性所经历的时间,为水泥的初凝时间。自水泥加水至水泥浆完全失去塑性并开始产生强度所经历的时间,为水泥的终凝时间。

水泥的初凝时间不宜过短,以保证在初凝前完成各施工过程;终凝时间又不宜过长,以保证施工完毕后能尽早凝结硬化,有一定的强度,便于后续施工过程的进行。

水泥的凝结时间是以标准稠度水泥净浆,在规定的温度湿度下,用水泥净浆凝结时间测定仪测定的(详见水泥试验)。国家标准 GB 175—1999《硅酸盐水泥、普通硅酸盐水泥》规定,硅酸盐水泥初凝时间不得早于 45 min,终凝时间不得迟于 6.5 h。

(5) 体积安定性

水泥浆体在凝结硬化过程中,体积均匀变化的性质称为体积安定性。体积安定性不良的水泥,硬化时会由于局部膨胀而产生裂缝。

造成水泥体积安定性不良的原因是水泥中含过多的游离氧化钙(f-CaO)或过多的氧化镁及三氧化硫。水泥煅烧时,未与其他氧化物化合而单独存在的氧化钙称为游离氧化钙。它因过烧而组织致密,熟化速度慢,当水泥浆已经凝结硬化后,它才熟化,体积膨胀,破坏水泥石结构。氧化镁是从石灰原料中带入的,它熟化速度更慢,含量过多时,也会造成安定性不良。如磨细水泥时,掺入石膏过多,则三氧化硫含量过多,水泥凝结硬化后,继续与水化铝酸钙反应生成高硫型水化硫铝酸钙,体积膨胀引起水泥石开裂。

国家标准规定水泥中氧化镁的含量不宜超过 5.0%,如果水泥经压蒸安定性试验合格,则水泥中氧化镁的含量允许放宽到 6.0%;水泥中三氧化硫的含量不得超过 3.5%。国家标准 GB 175—1999《硅酸盐水泥、普通硅酸盐水泥》规定,硅酸盐水泥的安定性用沸煮法检验必须合格。沸煮法检验水泥的体积安定性时,可用试饼法也可用雷氏法,有争议时以雷氏法为准。试饼法是将标准稠度水泥净浆,按规定的方法做成试饼并养护,然后沸煮 3 h±5 min,以加速游离氧化钙熟化。若煮后,试饼不弯、不裂为安定性合格。另外可用压蒸法加速氧化镁熟化来检验它对安定性的影响,用水浸法检验三氧化硫对安定性的影响。如水泥中氧化镁、三氧化硫的含量不超过规定,一般可不进行这两项检验。

(6) 强度与强度等级

水泥的强度是指水泥胶结能力的大小,是水泥力学性质的重要指标,用硬化一定龄期的水泥胶砂试件的强度表示。根据水泥胶砂的抗压、抗折强度划分水泥的强度等级。

国家标准 GB/T 17671—1999《水泥胶砂强度检验方法》(ISO 法)规定,按质量计,将一份水泥、三份中国 ISO 标准砂用 0.5 的水灰比,按规定方法拌制成塑性水泥胶砂,制成 40 mm×40 mm×160 mm 的棱柱试体,在标准条件[(20 ±1)℃水中]下养护,测其 3 d、28 d 的抗折、抗压强度。根据 28 d 抗压强度确定水泥的强度等级。其 3 d 的抗压强度及 3 d、28 d 的抗折强度,也均不得低于规定的强度指标。

硅酸盐水泥强度等级分为 42.5、42.5R、52.5、52.5R、62.5、62.5R。其中,R 为早强型。各强度等级硅酸盐水泥的各龄期强度不得低于表 4.3 中的数值。

表 4.3 硅酸盐水泥强度

强度等级	MPa		抗折强度/MPa	
	3 d	28 d	3 d	28 d
42.5	17.0	42.5	3.5	6.5
42.5R	22.0	42.5	4.0	6.5
52.5	23.0	52.5	4.0	7.0
52.5R	27.0	52.5	5.0	7.0
62.5	28.0	62.5	5.0	8.0
62.5R	32.0	62.5	5.5	8.0

(7) 水化热

水泥在水化过程中放出的热量,称为水泥的水化热,单位为 J/kg。

水化热的大小及放热速度与熟料的矿物成分、水泥细度有关,还与掺混合材料及外加剂的品种、数量有关。通常水泥强度等级高,水化热也大;熟料中 C_3A 及 C_3S 含量高,水化热大;水泥细,水化反应快且充分,水化热大而且放热速度快;掺入混合材料能降低水泥水化热;加入促凝的外加剂,可提高早期的水化热;加入缓凝的外加剂,可降低早期的水化热。

水化热大部分是在水化初期(7 d 内)放出的,以后逐渐减少。

大体积混凝土,由于水化热积聚在内部不易散出,使混凝土内外或建筑物与地基间产生较大的温差,并由此产生较大的温度应力,造成混凝土裂缝。因此,在大体积混凝土工程中,应采用发热量低的水泥。

4.1.5 水泥石的腐蚀与防止

硬化后的水泥石,受到环境中某些腐蚀液体或气体的作用,强度降低,结构遭到破坏或完全崩溃,这种现象称为水泥石腐蚀。

引起水泥石腐蚀的原因很多,主要有以下几种类型:

(1) 溶出型侵蚀(软水侵蚀)

水泥石中的水化产物,必须在一定浓度的石灰溶液中才能稳定存在,如溶液中的石灰浓度低于该水化产物的极限石灰浓度,该水化产物就会被溶解或分解。如水化硅酸钙和水化铝酸钙,会分解成胶结能力较差的硅胶 $SiO_2 \cdot NH_2O$ 和铝胶 $Al(OH)_3$。

水泥石处于水中(尤其是软水中)时,氢氧化钙首先被溶解,若水流动,氢氧化钙溶解后被带走,使其不断被溶解。若水渗过水泥石,氢氧化钙溶解后被带出,情况则更为严重。这样水泥石中的石灰浓度降低,其他水化产物分解,水泥石结构破坏。

溶出型侵蚀的强弱,与环境水的硬度有关。当水质较硬,即水中重碳酸盐含量较高时,氢氧化钙溶解度较小。同时,重碳酸盐与水泥中的氢氧化钙反应,生成几乎不溶于水的碳酸钙:

$$Ca(OH)_2 + Ca(HCO_3)_2 = 2CaCO_3 + 2H_2O$$

生成的碳酸钙积聚于已硬化的水泥石孔隙中,使水不易渗过水泥石,氢氧化钙不易被溶解带出,侵蚀作用变弱。反之,水质越软侵蚀作用越强。

(2)碳酸性侵蚀

当水中 CO_2 浓度较高时,CO_2 与水泥石中的 $Ca(OH)_2$ 发生反应,对水泥石产生侵蚀。其反应如下:

$$Ca(OH)_2 + CO_2 + nH_2O = CaCO_3 + (n+1)H_2O$$
$$CaCO_3 + CO_2 + H_2O = Ca(HCO_3)_2$$

生成的 $Ca(HCO_3)_2$ 易溶于水。如含碳酸的水渗过水泥石,生成 $Ca(HCO_3)_2$,溶于水并被水带出,使上述反应始终向生成 $Ca(HCO_3)_2$ 的方向进行,造成水泥石中石灰浓度降低,使水泥石结构破坏。

(3)一般酸性侵蚀

地下水或工业废水中常含有机酸或无机酸,这些酸类与水泥石中的 $Ca(OH)_2$ 发生反应,如:

$$Ca(OH)_2 + 2HCl = CaCl_2 + 2H_2O$$
$$Ca(OH)_2 + H_2SO_4 = CaSO_4 \cdot 2H_2O$$

生成的 $CaCl_2$ 易溶于水;石膏($CaSO_4 + 2H_2O$)在水泥石孔隙中结晶时,体积膨胀,使水泥石破坏,而且还会进一步造成硫酸盐侵蚀;同时,水泥石中石灰浓度降低,使水泥石结构破坏。

(4)硫酸盐侵蚀

地下水、海水、盐沼水等矿化水中,常含有硫酸盐,如硫酸镁、硫酸钠、硫酸钙等,它们对水泥都会产生侵蚀。

首先,硫酸盐与水泥石中的 $Ca(OH)_2$ 反应生成石膏,石膏结晶,体积膨胀。石膏进一步与水泥石中的水化铝酸钙反应,生成水化硫铝酸钙:

$$3CaOAl_2O_3 \cdot 6H_2O + 3(CaSO_4 \cdot 2H_2O) + 19H_2O = 3CaO \cdot Al_2O_3 \cdot 3CaSO_4 \cdot 31H_2O$$

由于水化硫铝酸钙含大量结晶水,结晶时体积胀大至水化铝酸钙体积的 2.5 倍左右,对已硬化的水泥石起极大的破坏作用。水化硫铝酸钙(钙矾石)的结晶呈针状,故常称为"水泥杆菌"。

(5)镁盐侵蚀

海水、地下水等矿化水中,常含有镁盐,如硫酸镁、氯化镁。这些镁盐与水泥石中的 $Ca(OH)_2$ 发生反应,如:

$$Ca(OH)_2 + MgSO_4 + 2H_2O = CaSO_4 \cdot 2H_2O + Mg(OH)_2$$
$$Ca(OH)_2 + MgCl_2 = CaCl_2 + Mg(OH)_2$$

这些生成物中,$CaCl_2$ 易溶于水,$CaSO_4 \cdot 2H_2O$ 会进一步发生硫酸盐侵蚀,$Mg(OH)_2$ 松软无胶结力,而且使水泥石中的石灰浓度降低,都将使水泥石结构破坏。

为了防止水泥石被侵蚀,保证建筑物的耐久性,要查清环境水、气中是否有侵蚀性的有害物质及其类型,当确认有侵蚀的可能时,可采取以下措施:

1)根据侵蚀环境特点,选择合适的水泥品种。

2)提高水泥石的密实程度,减少水的渗透,以减轻侵蚀的程度或减慢侵蚀的速度。

3)侵蚀作用较强时,可考虑在建筑物表面用耐腐蚀不透水材料做保护层,如沥青防水层、水泥喷浆、塑料防水层等。

4.1.6 硅酸盐水泥的应用及质量评定

(1)硅酸盐水泥的应用

由于硅酸盐水泥中不掺或只掺极少量的混合材料,所以强度较高,主要用于高强混凝土和预应力混凝土结构。

硅酸盐水泥凝结硬化速度较快,抗冻性好,可用于要求凝结快、早期强度高、冬季施工及严寒地区受反复冻融的工程。

因硅酸盐水泥的水泥石中有较多的 $Ca(OH)_2$。抗软水及化学腐蚀性差,故硅酸盐水泥不适用于与流动的淡水接触及有压力水作用的工程,也不适用于受海水、矿化水作用的工程。

当环境温度达到 250~300 ℃时,水泥石中的水化物开始脱水分解,使水泥石体积收缩,强度降低,水泥石中的 $Ca(OH)_2$ 在 547 ℃以上脱水分解成 CaO,水泥石的结构破坏,强度降低。硅酸盐水泥的耐热性较差,不能用于温度较高的环境。

硅酸盐水泥水化热大,不宜用于大体积混凝土工程。

(2)硅酸盐水泥的质量评定

国家标准规定,凡氧化镁、三氧化硫、初凝时间、安定性中任一项不符合标准规定时,均为废品。

凡细度、凝结时间、不溶物和烧失量中的任一项不符合标准规定或混合材料掺加量超过最大限量和强度低于商品强度等级的指标时,均为不合格品。水泥包装标志中水泥品种、强度等级、生产者名称和出厂编号不全的也属于不合格品。

4.2 混合材料及掺混合材料的水泥

4.2.1 混合材料

为了改善水泥的某些性质,调节水泥的强度等级,提高产量,增加品种,扩大水泥的使用范围,降低水泥成本,综合利用工业废料,节约能耗,保护环境,可在硅盐水泥熟料中掺入一定数量的天然或人工矿物质材料,称为水泥混合材料。

混合材料根据其性质可分为活性混合材料及非活性混合材料两大类。

(1)活性混合材料

具有火山灰性或潜在水硬性,以及兼有火山灰性和潜在水硬性的矿物材料,称为活性混合材料。火山灰性指材料本身不具有水硬性,但磨成细粉与石灰混合,加水拌和后,能在常温下形成具有水硬性化合物的性质,如火山灰、粉煤灰、硅藻土等。潜在的水硬性,指该类矿物材料,只有在激发剂如石灰、石膏的作用下,才能生成具有水硬性化合物的性质,如粒化高炉矿渣等。

1)粒化高炉矿渣

高炉炼铁时的熔渣经骤冷处理而成的质地疏松、多孔的细小颗粒称为粒化高炉矿渣。通常熔融的矿渣直接流入水池中急冷,故又称水淬矿渣,俗称水渣。

矿渣的主要化学成分为氧化钙、氧化铝及氧化硅,它们占总量的90%以上,还有少量的氧化镁、氧化铁及一些硫化物。以氧化钙、氧化铝含量高而氧化硅含量低者,活性较大,质量较好。

矿渣的活性大小,除与其化学成分有关外,还取决于骤冷处理。熔融的矿渣在骤冷时来不及结晶,大部分形成玻璃体结构,而具有较大的化学内能,在激发剂作用下,表现出较强的活性。

常用的激发剂有碱性激发剂(石灰或水泥熟料)及硫酸盐激发剂(石膏)。石灰或水泥熟料水化析出的 $Ca(OH)_2$ 与矿渣中的活性 SiO_2、活性 Al_2O_3 反应,生成水化硅酸钙及水化铝酸钙:

$$x Ca(OH)_2 + SiO_2 + m_1 H_2O = x CaO \cdot SiO_2 \cdot n_1 H_2O$$
$$y Ca(OH)_2 + Al_2O_3 + m_2 H_2O = y CaO \cdot Al_2O_3 \cdot m H_2O$$

石膏与水化铝酸钙反应,生成水化硫铝酸钙。

2)火山灰混合材料

凡天然的或人工的以氧化硅、氧化铝为主要成分的矿物质材料,本身磨细加水拌和并不硬化,但与气硬性石灰混合后,再加水拌和,则不但能在空气中硬化,而且能在水中继续硬化者,称为火山灰质混合材料。

火山灰质混合材料中的主要活性成分为活性 SiO_2 和活性 Al_2O_3,它们能与 $Ca(OH)_2$ 生成水化硅酸钙及水化铝酸钙。

火山灰质混合材料种类较多,天然的有火山灰、凝灰岩、浮石、沸石岩、硅藻土和硅藻石;人工的有煤矸石、烧页岩、烧黏土、煤渣、硅质渣等。

火山灰质混合材料按其活性成分及组成结构,可分为以下3类:

①含水硅酸质材料

这类材料的主要活性成分为无定形的含水硅酸($SiO_2 \cdot n H_2O$)。如硅藻土、硅藻石、硅质渣及蛋白石。

②铝硅玻璃质材料

以 SiO_2 为主要成分,含有一定量的 Al_2O_3 和少量的 KO_2、Na_2O,它是由高温熔体经不同程度急速冷却而成的。其活性决定于化学成分及冷却速度,并与玻璃体含量有关。属于此类材料的有火山灰、凝灰岩、浮石。

③烧黏土质材料

以高岭石为主要矿物成分的材料,煅烧至 $600 \sim 800$ ℃,高岭石脱水分解为无水偏高岭石($Al_2O_3 \cdot 2SiO_2$)及部分可溶性无定形氧化钙和氧化铝。其主要活性成分为活性 SiO_2 及活性 Al_2O_3,如烧黏土、煤矸石、烧页岩、煤渣等。

3)粉煤灰

粉煤灰是从煤粉炉烟道中收集的灰分,以二氧化硅和氧化铝为主要成分,含有少量氧化钙,具有火山灰性。

根据国家标准 GB 1596—91《用于水泥和混凝土中的粉煤灰》,水泥生产中做活性混合材料的粉煤灰应满足表4.4的要求。

表4.4 水泥混合材料用粉煤灰质量标准

序 号	指 标	级 别	
		I	I
1	烧失量/%,不大于	5	8
2	含水量/%,不大于	1	1
3	三氧化硫/%,不大于	3	3
4	28 d抗压强度比/%,不大于	75	62

注:①28 d抗压强度比是指掺30%粉煤灰的水泥胶砂28 d的抗压强度与不掺粉煤灰的水泥胶砂28 d抗压强度之比;
②表中百分比是指质量百分比。

(2)非活性混合材料

凡磨细并与石灰拌和在一起,不能或很少生成具有胶凝性的水化产物,在水泥中仅起填充作用的矿物质材料,称为非活性混合材料或填充性混合材料。

水泥中掺入非活性混合材料,可起调节水泥等级、节约水泥熟料的作用。

常用的非活性混合材料有石英岩、石英砂、石灰岩、砂岩、黏土、黄土等。凡不符合技术要求的粒化高炉矿渣、火山灰质混合材料也可以作为非活性混合材料用。

(3)窑灰

窑灰是从水泥回转窑窑尾废气中收集下的粉尘。窑灰的性质介于活性混合材料和非活性混合材料之间。其主要组成物质是碳酸钙、脱水黏土、玻璃态物质、氧化钙以及少量熟料矿物、碱金属硫酸石膏等。

4.2.2 掺混合物材料的硅酸盐水泥

(1)普通硅酸盐水泥

凡由硅酸盐水泥熟料、6%~15%混合材料、适量石膏磨细制成的水硬性胶凝材料,称为普通硅酸盐水泥(简称普通水泥),代号P·O。

掺活性混合材料时,最大掺量不得超过15%,其中允许用不超过水泥质量5%的窑灰或不超过水泥质量10%的非活性混合材料来代替。

掺非活性混合材料时,最大掺量不得超过水泥质量的10%。

普通硅酸盐水泥的细度,用筛析法测定,80 μm方孔筛筛余不得超过10.0%。初凝时间不得早于45 min,终凝时间不得迟于10 h。安定性要求沸煮法合格。

普通硅酸盐水泥强度等级分为32.5、32.5R、42.5、42.5R、52.5、52.5R。

各强度等级水泥各龄期强度见表4.5。

表4.5 普通硅酸盐水泥的强度

强度等级	抗压强度/MPa		抗折强度/MPa	
	3 d	28 d	3 d	28 d
32.5	11.0	32.5	2.5	5.5
32.5R	16.0	32.5	3.5	5.5
42.5	16.0	42.5	3.5	6.5
42.5R	21.0	42.5	4.0	6.5
52.5	22.0	52.5	4.0	7.0
52.5R	26.0	52.5	5.0	7.0

普通硅酸盐水泥,性质与硅酸盐水泥接近,但由于掺入少量的混合材料,故与同强度等级硅酸盐水泥相比,早期(3 d)强度稍低;抗冻、耐磨性稍差;抗渗性较好。

普通硅酸盐水泥是我国的主要水泥品种之一,广泛用于各种混凝土及钢筋混凝土工程。

(2)矿渣硅酸盐水泥

凡由硅酸盐水泥熟料和粒化高炉矿渣、适量石膏磨细制成的水硬性胶凝材料,称为矿渣硅酸盐水泥(简称矿渣水泥),代号 P·S。水泥中粒化高炉矿渣掺加量按质量百分比计为20%~70%。允许用石灰石、窑灰、粉煤灰和火山灰质混合材料中的一种材料代替矿渣,代替数量不得超过水泥质量的8%,替代后水泥中粒化高炉矿渣不得少于20%。

①矿渣水泥的凝结硬化

矿渣水泥中由于熟料较少而活性混合材料较多,其水化反应分两步进行,首先是熟料矿物水化,生成凝胶体和氢氧化钙(一次反应),然后是熟料矿物水化析出的氢氧化钙与混合材料中活性氧化硅、活性氧化铝发生反应,生成水化硅酸钙、水化铝酸钙等水化产物(二次反应)。

水泥水化的二次反应在常温下进行得缓慢,加之矿渣水泥中活性混合材料含量大,因而二次反应显著,表现出早期强度较低,但硬化后,由于活性混合材料与氢氧化钙的长期作用,水化硅酸钙凝胶数增多,强度不断增长,甚至能接近或超过同等级的普通水泥强度。

矿渣水泥中掺入的石膏,除起调节凝结时间的作用外,也是矿渣的激发剂。石膏与水化铝酸钙反应,生成水化硫铝酸钙,对矿渣水泥的早期强度也起一定的作用。矿渣水泥中石膏掺量,可比硅酸盐水泥多些,但过多也会影响水泥的安定性。国家标准规定,矿渣水泥中SO_3含量不得超过4%。

②矿渣水泥的技术标准及特性

矿渣水泥的细度、凝结时间及体积安定性要求与普通硅酸盐水泥相同。

矿渣水泥的强度等级分为:32.5、32.5R、42.5、42.5R、52.5、52.5R。各强度等级水泥各龄期的强度指标见表4.6。

表 4.6　矿渣水泥、火山灰水泥、粉煤灰水泥各龄期强度

强度等级	抗压强度/MPa		抗拉强度/MPa	
	3 d	28 d	3 d	28 d
32.5	10.0	32.5	2.5	5.5
32.5R	15.0	32.5	3.5	5.5
42.5	15.0	42.5	3.5	6.5
42.5R	19.0	42.5	4.0	6.5
52.5	21.0	52.5	4.0	7.0
52.5R	23.0	52.5	4.5	7.0

矿渣水泥与硅酸盐水泥相比,有以下特点:

①抗溶出性侵蚀及抗硫酸盐侵蚀能力较强

由于矿渣水泥中掺入了较多的矿渣,熟料相对较少,而且水化析出的 $Ca(OH)_2$ 又与矿渣作用,生成了较稳定的水化硅酸钙及水化铝酸钙,水泥石中易受软水及硫酸盐侵蚀的 $Ca(OH)_2$ 及水化铝酸三钙含量要比硅酸盐水泥少得多,故有较强的抗溶出性侵蚀及抗硫酸盐侵蚀的能力。适用于水下、地下工程及海港工程。

②水化热低

矿渣水泥中,熟料含量少、发热量高的 C_3A 及 C_3S 相对较少,故水化热低,适用于大体积混凝土工程。

③早期强度低,后期增长率高

$Ca(OH)_2$ 与矿渣中活性 SiO_2、活性 Al_2O_3 的反应,在常温下速度较慢,所以早期强度较低,但 28 d 以后的强度增长率要高于同标号的硅酸盐水泥。

④环境温度对凝结硬化影响较大

矿渣水泥在常温下凝结硬化速度慢于硅酸盐水泥,但在湿热条件下,其强度增长超过硅酸盐水泥,故适用于蒸汽养护的混凝土构件。

⑤保水性差,易泌水

矿渣不易磨细,且亲水性差,故矿渣水泥的保水性较差,易泌水。施工中要注意搅拌均匀,振捣不过分。否则由于泌水易形成毛细通道或较大的孔隙,影响混凝土的密实性及均匀性。

⑥干缩较大

水泥在空气中硬化时,由于失去水分,体积收缩而产生微细裂缝的现象称为干缩。由于矿渣水泥标准稠度需水量大,保水性差,易泌水,形成毛细通道而增加水分蒸发,故其干缩大。使用时要特别注意早期养护。

⑦抗冻、耐磨性较差

矿渣水泥的抗冻性及耐磨性均较硅酸盐水泥差,故不宜用于承受冻融交替作用的部位及经常受磨的工程或部位。如道路路面、楼地面等。

⑧碳化速度快,深度深

矿渣水泥的水泥石中 $Ca(OH)_2$ 浓度较低,因而碳化速度快,深度也深。碳化后的水泥石变硬、变脆,且由于体积收缩而产生裂缝。$Ca(OH)_2$ 碳化后成为 $CaCO_3$,水泥石的碱度降低,易使钢筋生锈。

钢筋锈蚀后体积膨胀,将已产生碳化裂缝的水泥石胀坏,严重影响结构的耐久性。

⑨耐热性较高

矿渣水泥有较高的耐热性,可配制耐热混凝土,用于受热构件(200 ℃以下),若另加耐火砖等耐热配料,可用于承受较高温度的工程。

(3)火山灰质硅酸盐水泥

凡由硅酸盐水泥熟料和火山灰质混合材料、适量石膏磨细制成的水硬性胶凝材料称为火山灰质硅酸盐水泥(简称火山灰水泥),代号 P·P。水泥中火山灰质混合材料掺加量按质量百分比计为 20%～50%。

火山灰水泥凝结硬化过程与矿渣水泥大致相同。水泥熟料先水化,生成的 $Ca(OH)_2$ 再与混合材料中的活性 SiO_2、活性 Al_2O_3 反应生成较稳定的水化硅酸钙及水化铝酸钙。掺不同混合材料时,反应虽基本相似,但水化产物及水化速度随所掺材料及环境的不同而有所差别。

火山灰水泥对细度、凝结时间和体积安定性的要求与矿渣硅酸盐水泥相同。

火山灰水泥的强度等级划分及对各强度等级水泥的强度要求与矿渣硅酸盐水泥相同。

火山灰水泥的抗淡水侵蚀及抗硫酸盐侵蚀能力、水化热、强度及其增长速度、环境温度对凝结硬化的影响、碳化等性能与矿渣水泥基本相同。

火山灰水泥的抗冻、耐磨性比矿渣水泥更差,干缩比矿渣水泥更大,故更应加强养护。掺烧黏土质混合材料时,抗硫酸盐侵蚀的能力较差。

火山灰水泥标准稠度用水量较大,一般不泌水。另外,在潮湿的环境中或水中养护时,混合材料吸收石灰而产生膨胀,并生成较多的水化硅酸钙凝胶,水泥石结构致密,抗渗性、耐水性均较好。

(4)粉煤灰硅酸盐水泥

凡由硅酸盐水泥熟料和粉煤灰、适量石膏磨细制成的水硬性胶凝材料称为粉煤灰硅酸盐水泥(简称粉煤灰水泥),代号 P·F。水泥中粉煤灰掺加量为 20%~40%。

粉煤灰水泥的凝结硬化过程与火山灰水泥基本相同。

粉煤灰水泥对细度、凝结时间及体积安定性的要求与矿渣硅酸盐水泥相同。其强度等级划分及各龄期强度要求与矿渣水泥相同。

粉煤灰水泥的性质与火山灰水泥十分相似,但粉煤灰水泥干缩小,甚至比硅酸盐水泥还小,因此,抗裂性较好。同时由于粉煤灰的颗粒多为圆球形的玻璃体,较致密,吸附水的能力小,在混凝土中能起润滑作用,故拌制的混凝土和易性较好。

由于粉煤灰水泥具有水化热低、抗侵蚀性好、干缩小、抗裂性好等特点,所以特别适用于大体积混凝土。

(5)复合硅酸盐水泥

根据国家标准《复合硅酸盐水泥》(GB 12958—1999),复合硅酸盐水泥的定义是:凡由硅酸盐水泥熟料、两种或两种以上规定的混合材料、适量石膏磨细制成的水硬性胶凝材料,称为复合硅酸盐水泥(简称复合水泥),代号 P·C。水泥中混合材料掺加量按质量百分比计应大于 15%,但不超过 50%。

水泥中允许用不超过 8%的窑灰代替部分混合材料;掺矿渣时混合材料掺量不得与矿渣硅酸盐水泥重复。复合硅酸盐水泥对细度、凝结时间、安定性的要求与矿渣硅酸盐水泥相同,水泥中 SO_3 的含量不得超过 3.5%。

复合硅酸盐水泥的强度等级分为:32.5、32.5R、42.5、42.5R、52.5、52.5R。各强度等级及各龄期的强度要求见表 4.7。

表 4.7 复合硅酸盐水泥各龄期强度

强度等级	抗压强度/MPa		抗折强度/MPa	
	3 d	28 d	3 d	28 d
32.5	11.0	32.5	2.5	5.5
32.5R	16.0	32.5	3.5	5.5
42.5	16.0	42.5	3.5	6.5
42.5R	21.0	42.5	4.0	6.5
52.5	22.0	52.5	4.0	7.0
52.5R	26.0	52.5	5.0	7.0

复合硅酸盐水泥的特性与所掺的混合材料种类有关,复合硅酸盐水泥可用于一般混凝土工程及大体积混凝土工程,也可用于拌制砂浆。

4.2.3 掺混合材料水泥的质量评定及水泥的选用

(1)掺混合材料水泥质量评定

国家标准规定,凡氧化镁、三氧化硫、初凝时间、安定性中任一项不符合标准规定时,均为废品。

凡细度、凝结时间中的任一项不符合标准规定或混合材料掺加量超过最大限量和强度低于商品强度等级的指标时为不合格品。水泥包装标志中水泥品种、强度等级、生产者名称和出厂编号不全的也属于不合格品。

（2）水泥的选用

①水泥的用途及选择

在土木建筑工程中，水泥主要用于各种混凝土及钢筋混凝土结构。拌制水泥砂浆及混合砂浆，用于砖、石、砌体、抹灰及地基处理等。根据我国水泥的生产及应用情况，通常把产量最大、用途最广的硅酸盐水泥、普通硅酸盐水泥、矿渣硅酸盐水泥、火山灰硅酸盐水泥、粉煤灰硅酸盐水泥、复合硅酸盐水泥称为通用水泥。使用时，应根据工程结构特点、技术要求、环境条件选择合理的水泥品种，以满足不同使用要求，常用水泥品种的选用可参考表 4.8 和表 4.9。

表 4.8　常用水泥的选用

混凝土工程特点或所处环境条件		优先选用	可以使用	不得使用
普通混凝土	在一般气候环境中的混凝土	普通硅酸盐水泥	矿渣硅酸盐水泥 火山灰硅酸盐水泥 复合硅酸盐水泥 粉煤灰硅酸盐水泥	
	在干燥环境中的混凝土	普通硅酸盐水泥	矿渣硅酸盐水泥	火山灰硅酸盐水泥 粉煤灰硅酸盐水泥
	在高温环境中或长期处在水下的混凝土	矿渣硅酸盐水泥	普通硅酸盐水泥 火山灰硅酸盐水泥 复合硅酸盐水泥 粉煤灰硅酸盐水泥	
	厚大体积的混凝土	粉煤灰硅酸盐水泥 矿渣硅酸盐水泥 火山灰硅酸盐水泥	普通硅酸盐水泥	硅酸盐水泥 快硬硅酸盐水泥
有特殊要求的混凝土	要求快硬的混凝土	快硬硅酸盐水泥 硅酸盐水泥	普通硅酸盐水泥	粉煤灰硅酸盐水泥 矿渣硅酸盐水泥 火山灰硅酸盐水泥
	高强（大于 C_{40}）的混凝土	硅酸盐水泥	普通硅酸盐水泥 矿渣硅酸盐水泥	粉煤灰硅酸盐水泥 火山灰硅酸盐水泥
	严寒地区的露天混凝土、寒冷地区处于水位升降范围内的混凝土	普通硅酸盐水泥 （强度等级大于32.5）	矿渣硅酸盐水泥 （强度等级大于32.5）	粉煤灰硅酸盐水泥 火山灰硅酸盐水泥
	严寒地区处于水位升降范围内的混凝土	普通硅酸盐水泥 （强度等级大于42.5）		粉煤灰硅酸盐水泥 矿渣硅酸盐水泥 火山灰硅酸盐水泥
	有抗渗要求的混凝土	普通硅酸盐水泥 火山灰硅酸盐水泥		矿渣硅酸盐水泥
	有耐磨要求的混凝土	硅酸盐水泥 普通硅酸盐水泥	矿渣硅酸盐水泥 （强度等级大于32.5）	粉煤灰硅酸盐水泥 火山灰硅酸盐水泥

表 4.9 常用水泥的主要技术性能

成分特征 \ 水泥品种(代号)	硅酸盐水泥(P·I,P·Ⅱ)	普通水泥(P.O)	矿渣水泥(P.S)	火山灰水泥(P.P)	粉煤灰水泥(P.F)	复合水泥(P.C)
水泥中混合材料掺量	0%~5%	活性混合材料 6%~15% 或非活性混合材料 10%以下	粒化高炉矿渣 20%~70%	火山灰质混合材料 20%~50%	粉煤灰 20%~40%	两种或两种以上的混合材料。其总掺量为 15%~50%
密度/(g·cm⁻³)	3.0~3.15			2.8~3.1		
堆积密度/(kg·m⁻¹)	1 000~1 600		1 000~1 200	900~1 000	1 000~1 200	
强度等级	42.5、42.5R 52.5、52.5R 62.5、62.5R	32.5、32.5R、42.5、42.5R、52.5、52.5R				
主要特征	1.凝结硬化快,早期强度高 2.水化热大 3.抗冻性好 4.耐腐蚀与耐软水侵蚀性差 5.耐热性差	1.凝结硬化较快,早期强度较高 2.水化热较大 3.抗冻性较好 4.耐腐蚀与耐软水侵蚀性较差 5.耐热性较差	1.凝结硬化慢。早期强度较低,后期强度增长较快 2.水化热较小 3.抗冻性差 4.耐硫酸盐腐蚀及与耐软水侵蚀性较好 5.泌水性较差 6.耐热性好 7.干缩性大	抗渗性较好,其他性能同 P.S	干缩性小,抗裂性较好。其他性能同 P.P	特性与 P.S,P.P,P.F 相似,并取决于的掺混合材的种类有相对比例

②水泥的运输及保管

水泥在运输与贮存时不得受潮和混入杂物,不同品种和强度等级的水泥应分别贮运,不得混杂。

水泥在储运中还要防止受潮。水泥吸收空气中的水分及二氧化碳,逐渐变质,强度降低。一般情况下,储存 3 个月后,强度降低 15%~25%;储存 6 个月后,强度降低 25%~40%。储存过久的水泥,使用前必须重新测定其强度。

4.3 其他品种的水泥

4.3.1 铝酸盐水泥

凡以铝酸钙为主的铝酸盐水泥熟料,磨细制成的水硬性胶凝材料,称为铝酸盐水泥(高铝水泥),代号 CA。高铝水泥熟料是以铝矾土及石灰石为原料,经高温煅烧而得。

高铝水泥熟料矿物成分为铝酸一钙（$CaO \cdot Al_2O_3$，简写 CA）及二铝酸一钙（$CaO \cdot 2Al_2O_3$，简写 CA_2）、铝方柱石（$2CaO \cdot Al_2O_3 \cdot SiO_2$，简写 C_2AS），七铝酸十二钙（$12CaO \cdot 7Al_2O_3$，简写 $C_{12}A_7$），有时也有少量的硅酸二钙存在。

（1）分类

根据 GB 201—2000《铝酸盐水泥》规定，铝酸盐水泥按 Al_2O_3 含量百分数分为 4 类：CA-50　50%≤Al_2O_3 含量小于 60%；CA-60　60%≤Al_2O_3 含量小于 68%；CA-70　68%≤Al_2O_3 含量小于 77%；CA-80　Al_2O_3 含量≥77%。

其化学成分见表 4.10。

表 4.10　铝酸盐水泥的化学成分　　　　　　　　　　　　　　　　　（%）

类　型	Al_2O_3	SiO_2	Fe_2O_3	$R_2O(Na_2O+0.658K_2O)$	S（全硫）	Cl
CA-50	≥50,<60	≤8.0	≤2.5			
CA-60	≥60,<68	≤5.0	≤2.0	≤0.40	≤0.1	≤0.1
CA-70	≥68,<77	≤1.0	≤0.7			
CA-80	≥77	≤0.5	≤0.5			

（2）物理性能与强度等级

①细度　要求比表面积不小于 300 m^2/kg 或 45 μm 筛筛余不大于 20%。

②凝结时间　根据 GB 201—2000 附录 A 规定的方法测定，其结果应符合表 4.11 的要求。

表 4.11　铝酸盐水泥的凝结时间

水泥类型	初凝时间不得早于/min	终凝时间不得迟于/h
CA-50,CA-70,CA-80	30	6
CA-60	60	18

③强度　强度试验按国家标准 GB/T 17671—1999 规定的方法进行，但水灰比应按 GB 201—2000 规定调整。各类型、各龄期强度值不得低于表 4.12 规定的数值。

表 4.12　铝酸盐水泥胶砂强度

水泥类型	抗压强度/MPa				抗折强度/MPa			
	6 h	1 d	3 d	28 d	6 h	1 d	3 d	28 d
CA-50	20	40	50		3.0①	5.5	6.5	
CA-60		20	45	85		2.5	5.0	10.0
CA-70		30	40			5.5	6.0	
CA-80		25	30			4.0	5.0	

注：当用户需要时，生产厂应提供结果。

（3）特性及选用

铝酸一钙是高铝水泥中最主要的矿物，在不同的温度下与水反应生成不同的水化产物。

当温度低于 20~22 ℃时：

$$CaO \cdot Al_2O_3 + 10H_2O \longrightarrow CaO \cdot Al_2O_3 + 10H_2O$$

当温度高于 20~22 ℃时：

$$2(CaO \cdot Al_2O_3) + 11H_2O \longrightarrow 2CaO \cdot Al_2O_3 \cdot 8H_2O + Al_2O_3 \cdot 3H_2O$$

当温度高于 30 ℃时：

$$3(CaO \cdot Al_2O_3) + 12H_2O \longrightarrow 3CaO \cdot Al_2O_3 + 6H_2O + 2(Al_2O_3 \cdot 3H_2O)$$

CAH_{10} 及 C_2AH_8 为细长的针状或片状结晶,能互相结合成坚固的结晶合生体,氢氧化铝凝胶($Al_2O_3 \cdot 3H_2O$)填充于空隙之中,形成较致密的水泥石结构,水化 5~7 d 后,水化物数量很少增加。因此,高铝水泥初期强度增长很快,24 h 即可达到极强度的 80% 左右,以后增长不显著。

高铝水泥水化热大,而且 1 d 内即可放出水化热总量的 70%~80%,故不宜用于大体积混凝土。

由于高铝水泥在正常硬化条件下,水泥石中不含 $Ca(OH)_2$ 及 C_3AH_6,且水泥石结构致密,故具有较高的抗渗、抗冻性及很高的抗侵蚀能力。

高铝水泥在高温下,烧结结合逐步代替水化结合,故耐高温性较好,可用于配制耐热混凝土。

高铝水泥与硅酸盐水泥或石灰混合后,不但产生闪凝,而且会生成高碱性水化铝酸钙,使水泥石开裂。故施工时应避免与硅酸盐水泥或石灰相混,也不能与尚未硬化的硅酸盐水泥接触。

高铝水泥的水化生成物 CAH_{10}、C_2AH_8 在有水存在,温度高于 30 ℃会逐渐转化为强度较低的含水铝酸三钙(C_3AH_6)立方体结晶,温度较高,水灰比较大时转化较快。这将使水泥石强度降低(后期强度可能比最高强度降低 40% 以上),而且由于孔隙率增大,抗渗性及抗侵蚀性也都变差。因此,应按最低稳定强度来设计混凝土,而且一般不要用于承受长期荷载的结构。

高铝水泥可用抢修、抢建、抗硫酸盐侵蚀和冬季施工等有特殊要求的工程,也可用于配制耐火材料及配制石膏矾土膨胀水泥、自应力水泥。

4.3.2 快硬硅酸盐水泥

凡以硅酸盐水泥熟料和适量石膏磨细制成的,以 3 d 抗压强度表示强度等级的水硬性胶凝材料,称为快硬硅酸盐水泥,简称快硬水泥。

快硬水泥的生产方法,熟料的矿物成分与硅酸盐水泥基本相同,但各种矿物成分间的比例与硅酸盐水泥有较大的差别。包括:原料含有害杂质较少;设计合理的矿物组成,其中硬化较快的硅酸三钙和铝酸三钙含量较高,前者含量为 50%~60%,后者为 8%~14%,二者总量不少于 60%~65%。为加快硬化速度,可适量增加石膏掺量(达 8%)和提高水泥细度,使水泥的比表面积增大,一般控制在 330~450 m^2/kg。

快硬水泥的初凝不得早于 45 min,终凝不得迟于 10 h。安定性(沸煮法检验)必须合格。水泥的强度等级以 3 d 抗压强度表示,分为 32.5、37.5 和 42.5 3 个等级。各龄期的强度均不得低于表 4.13 的规定。

表 4.13 快硬硅酸盐水泥强度(GB—1990)

强度等级	抗压强度/MPa			抗折强度/MPa		
	1 d	3 d	28 d[①]	1 d	3 d	28 d[①]
32.5	15.0	32.5	52.5	3.5	5.0	7.2
37.5	17.0	37.5	57.5	4.0	6.0	7.6
42.5	19.0	42.5	62.5	4.5	6.4	8.0

注:供需双方参考指标。

快硬硅酸盐水泥可用于紧急抢修工程和低温施工工程,可配制早强、高等级混凝土。快硬水泥易受潮变质,故贮运时须特别注意防潮,并应及时使用、不宜久存。从出厂日起,超过1个月,应重新检验,合格后方可使用。

4.3.3 膨胀水泥

在水化硬化过程中产生体积膨胀的水泥,属膨胀类水泥。根据在约束条件下所产生的膨胀量(自应力值)和用途,可分为收缩补偿型膨胀水泥(简称膨胀水泥)及自应力型膨胀水泥(简称自应力水泥)两大类。前者表示水泥水化硬化过程中的体积膨胀,膨胀能较低,限制膨胀时所产生的压应力大致能抵消干缩所引起的拉应力,主要用以减少或防止混凝土的干缩裂缝,在实用上具有补偿收缩的性能,其自应力值小于2.0 MPa,通常为0.5 MPa。而后者所具有的膨胀能较高,足以使干缩后的混凝土仍有较大的自应力,用以配制各种自应力钢筋混凝土。其自应力水泥砂浆或混凝土膨胀变形稳定后的自应力值不小于2.0 MPa。

根据膨胀水泥的基本组成,可分为以下5种:

(1)硅酸盐膨胀水泥

以硅酸盐水泥为主,外加铝酸盐水泥和石膏配制而成。

(2)明矾石膨胀水泥

以硅酸盐水泥熟料为主,外加天然明矾石、石膏和粒化高炉矿渣(或粉煤灰)配制而成。

(3)铝酸盐膨胀水泥

由铝酸盐水泥熟料和二水石膏配制而成。

(4)铁铝酸盐膨胀水泥

由铁铝酸盐水泥熟料,加入适量石膏,磨细而成。

(5)硫铝酸盐膨胀水泥

由硫铝酸盐水泥熟料,加入适量石膏,磨细而成。

上述水泥的膨胀作用,主要是由水泥水化硬化过程中形成的钙矾石($3CaO \cdot Al_2O_3 \cdot 31H_2O$)所致。通过调整各组成的配合比例,可得到不同膨胀值的膨胀水泥。

膨胀水泥适用于补偿收缩混凝土结构工程,防渗抗裂混凝土工程,补强和防渗抹面工程,小口径混凝土管及其接缝,梁柱和管道接头,固接机器底座和地脚螺栓等。

4.3.4 白色硅酸盐水泥

由白色硅酸盐水泥熟料加入适量石膏,经磨细制成的水硬性胶凝材料,称为白色硅酸盐水泥(简称白水泥)。磨制水泥时,允许加入不超过水泥质量5%的石灰石或窑灰作为外加物。

水泥粉磨时允许加入不损害水泥性能的助磨剂,加入量不超过水泥质量的1%。

白水泥要求使用含着色杂质(如氧化铁、氧化铬、氧化锰、氧化钛等)极少的较纯原料,如纯净的高岭土、纯石英砂、纯石灰石、白垩等。在煅烧、粉磨、运输、包装过程中,应防止着色杂质混入。同时,对磨机衬板要求采用质坚的花岗岩、陶瓷或优质耐磨特殊钢等;研磨体应采用硅质卵石(白卵石)或人造瓷球等;燃料应为无灰分的天然气或液体燃料。

白色水泥熟料中氧化镁含量不得超过4.5%,水泥中三氧化硫含量不得超过3.5%,细度要求80 μm方孔筛筛余不得超过10%,初凝不得早于45 min,终凝不得迟于12 h,安定性用沸煮法检验必须合格,各等级白水泥各龄期强度不得低于表4.14规定的数值。

表 4.14

强度等级	抗压强度/MPa			抗折强度/MPa		
	3 d	7 d	28 d	3 d	7 d	28 d
32.5	14.0	20.5	32.5	2.5	3.5	5.5
42.5	18.0	26.5	42.5	3.5	4.5	6.5
52.5	23.0	33.5	52.5	4.0	5.5	7.0
62.5	28.0	42.0	62.5	5.0	6.0	8.0

白水泥的白度分为特级、一级、二级和三级。白度是指水泥色白的程度。其各等级白度不得低于表4.15规定的数值。

表 4.15　白水泥白度等级

等　级	特　级	一　级	二　级	三　级
白度/%	86	84	80	75

按白度与强度等级,白水泥分为优等品、一等品和合格品三个等级。见表4.16。

表 4.16

白度等级	白度级别	强度等级
优等品	特　级	62.5
		52.5
一等品	一　级	52.5
		42.5
	二　级	52.5
		42.5
合格品	二　级	32.5
	三　级	42.5
		32.5

4.3.5　道路水泥

由道路硅酸盐水泥熟料、0%~10%活性混合材料和适量石膏,经磨细制成的水硬性胶凝材料,称为道路硅酸盐水泥,简称道路水泥。

以适当成分的生料烧至部分熔融,所得硅酸钙为主要成分和较高量的铁铝酸钙的硅酸盐水泥熟料称为道路硅酸盐水泥熟料。

道路硅酸盐水泥熟料中含有较多的铁铝酸钙,铝酸三钙的含量不得大于5.0%,铁铝酸四钙的含量不得小于16.0%。水泥中氧化镁含量不得超过5.0%,三氧化硫含量不得超过3.5%。水泥的初凝不得早于1 h,终凝不得迟于10 h。在80 μm方孔筛上的筛余不得超过10%。

道路水泥分为42.5、52.5和62.5三个强度等级,各龄期的强度值见表4.17。

表 4.17　道路水泥各龄期强度指标(GB—13693)

强度等级	抗压强度/MPa		抗折强度/MPa	
	3 d	28 d	3 d	28 d
42.5	22.0	42.5	4.0	7.0
52.5	27.0	52.5	5.0	7.5
62.5	32.0	62.5	5.5	8.5

道路水泥的安定性用沸煮法检验必须合格,28 d的干缩率不得大于0.10%。耐磨性以磨损量表示,不得大于3.60 kg/m²。

道路水泥早期强度较高,干缩值小,耐磨性好。适用于修筑道路路面和飞机场地面,也可用于一般土建工程。

复习思考题

1.硅酸盐水泥熟料是由哪几种矿物组成的? 它们的水化产物是什么?

2.硅酸盐水泥的凝结硬化过程是怎样进行的?

3.水泥有哪些主要技术性质? 如何测试与判别?

4.什么是水泥的体积安定性? 产生安定性不良的原因是什么?

5.为什么生产硅酸盐水泥时掺适量石膏对水泥不起破坏作用,而硬化水泥石遇到有硫酸盐溶液的环境,产生出石膏时就有破坏作用?

6.影响硅酸盐水泥强度发展的主要因素有哪些?

7.水泥石中的 $Ca(OH)_2$ 是如何产生的? 它对水泥石的抗软水及海水的侵蚀性有利还是有害? 为什么?

8.什么是水泥的混合材料? 在硅酸盐水泥中掺混合材料起什么作用?

9.试分析硅酸盐水泥、普通水泥、矿渣水泥、火山灰水泥及粉煤灰水泥性质的异同点,并说明产生差异的原因。

10.为什么矿渣水泥早期强度低,后期强度增长快?

11.铝酸盐水泥的主要矿物成分是什么? 它适用于哪些地方? 使用时应注意什么?

12.试述快硬硅酸盐水泥、膨胀水泥、白色水泥的特性和用途。

第**5**章
混 凝 土

5.1 概 述

5.1.1 混凝土的定义

混凝土是当代最大宗的人造材料,也是最主要的建筑材料之一。广义的混凝土是指由胶凝材料、水、集料(粗、细骨料和轻骨料等)和外加剂、掺和料,按适当比例配制的混合物,经硬化而成的固体材料称为混凝土。但目前建筑工程中使用最为广泛的是以水泥为胶凝材料的混凝土,简称普通混凝土。

5.1.2 分类

混凝土的种类繁多,常用的分类方法有:

(1)按其表现密度的大小分类

①重混凝土 干表观密度大于 2 600 kg/m³。是用特别密实和特重的骨料制成的。如重晶石混凝土、钢屑混凝土等,它们具有对 X 射线和 γ 射线有较高的屏蔽能力。

②普通混凝土 干表观密度为 1 950~2 500 kg/m³。系采用天然砂、石做骨料制成,在建筑工程中广泛使用,本章主要讲述这类混凝土。

③轻混凝土 干表观密度小于 1 900 kg/m³。包括轻骨料混凝土、多孔混凝土和无砂大孔混凝土,这类混凝土多用于有保温绝热要求的部位,强度等级高的轻骨料混凝土也可用于承重结构。

(2)按其功能及用途分类

结构混凝土、防水混凝土、耐热混凝土、耐火混凝土、不发火混凝土、防水混凝土、绝热混凝土、耐油混凝土、耐酸混凝土、耐碱混凝土、防护混凝土、补偿收缩混凝土等。

(3)按胶结材料分类

硅酸盐水泥混凝土、铝酸盐水泥混凝土、沥青混凝土、硫黄混凝土、树脂混凝土、聚合物水泥混凝土、石膏混凝土等。

（4）按流动性（稠度）分类

干硬性混凝土,坍落度为 0~10 mm;

低塑性混凝土,坍落度为 10~40 mm;

塑性混凝土,坍落度为 50~90 mm;

流动性混凝土,坍落度为 100~150 mm;

大流动性混凝土,坍落度为 160~200 mm;

流态混凝土,坍落度不小于 200 mm。

（5）按强度分类

普通混凝土,抗压强度 10~55 MPa;

高强混凝土,抗压强度不低于 60 MPa;

超高强混凝土,抗压强度不低于 100 MPa。

（6）按施工方法分类

泵送混凝土、喷射混凝土、离心混凝土、真空混凝土、振实挤压混凝土、升浆法混凝土等。

5.1.3　混凝土的特点

（1）主要优点

①在凝结硬化前具有良好的塑性,可以浇制成任意形状和尺寸的结构,有利于建筑造型;

②可根据不同要求,改变组成成分及其数量比例,配制成不同性质的混凝土;

③表面可做成各种花饰,具有一定的装饰效果;

④热膨胀系数与钢筋相近,且与钢筋有牢固的黏结力,两者可结合在一起共同工作,制成钢筋混凝土;

⑤经久耐用,维修费用低;

⑥可浇筑成整体建筑物以提高抗震性,也可预制成各种构件再行装配。

（2）缺点

①自重大,抗拉强度低,易开裂,脆性大。

②施工周期长,且受季节气候影响。

5.2　普通混凝土的组成材料

普通混凝土（简称混凝土）是以水泥为胶凝材料,以天然砂、石为骨料加水拌和,经过浇筑成型、凝结硬化形成的固体材料。其结构如图 5.1 所示,其中,砂、石起骨架作用,水泥与水形成的水泥浆填充在砂、石堆积空隙中。在水泥浆凝结硬化前,混凝土拌合物具有一定的和易性,水泥浆硬化后,将砂、石胶结成一个整体。

5.2.1　胶凝材料——水泥

（1）水泥品种的选择

配制混凝土一般可采用硅酸盐水泥、普通硅酸盐水泥、矿渣硅酸盐水泥、火山灰硅酸盐水泥和粉煤灰硅酸盐水泥,复合硅酸盐水泥,必要时也可采用快硬硅酸盐水泥或其他水泥。

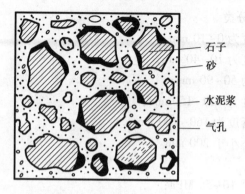

图 5.1　普通混凝土结构示意图

配制混凝土时,采用何种水泥应根据工程特点和所处环境条件。在满足工程要求的前提下,可选用价格较低的水泥品种,以节约造价。

(2)水泥强度等级的选择

①水泥强度等级的选择,应与混凝土的设计强度等级相适应,根据生产经验,一般水泥强度等级 28 d 抗压强度指标值为混凝土强度等级的 1.5~2.0 倍为宜。

②高强度等级水泥配制低强度等级的混凝土时,会使水泥用量偏少,影响和易性及密实度,所以应掺入一定数量的混合料。如粉煤灰等。水泥的强度等级应是混凝土强度的 1~1.5 倍。

5.2.2　细骨料

骨料粒径在 0.16~5.0 mm 者称为细骨料,一般采用天然砂。它是天然岩石经自然风化作用形成的大小不等、矿物组成不同的混合物。按其形成环境可分为河沙、海砂及山砂。配制混凝土对细骨料的质量要求有以下几个方面。

(1)有害杂质

细骨料常含有一些有害杂质,如淤泥、黏土、云母等。这些杂质常黏附在砂的表面,妨碍水泥与砂黏结,降低混凝土强度,降低混凝土的抗渗性和抗冻性。此外一些有机杂质、硫化物及硫酸盐等对水泥亦有腐蚀作用,也应加以限制。

重要工程混凝土使用的砂还要进行碱集料活性检验,经检验如有潜在危害,在配制混凝土时,应用含碱量小于 0.6% 的水泥或采用能抑制碱-骨料反应的掺和料。在一般情况下,海砂可以配制混凝土,但由于海砂含盐量较大,对钢筋有锈蚀作用,故对钢筋混凝土的海砂中氯离子含量不应大于 0.06%(以干砂重计);对预应力混凝土不宜用海砂,若必须使用,则需淡水冲洗至氯离子含量不大于 0.02%(以干砂重计)。细骨料中有害杂质的含量应符合表 5.1 的要求。

表 5.1　砂中有害物质含量及坚固性要求

项　目	品质要求(按质量计)/%		
	≥C20	≥C20	有抗冻要求的混凝土
含泥量	≤3	≤5	总含泥量≤3
泥块含量	≤1.0	≤2.0	≤1

续表

项 目	品质要求(按质量计)/%		
	≥C20	≥C20	有抗冻要求的混凝土
云母含量	≤2		≤1
轻物质	≤1		
硫酸盐、硫化物(SO₃)	≤1		合格
有机物含量	合格		
坚固性	≤12		≤8

(2)颗粒形状及表面特征

细骨料的颗粒形状及表面特征会影响其与水泥的黏结及拌合物的流动性,若为河沙、海砂,因其颗粒多为圆球形,且表面光滑,故用此种细骨料拌制的混凝土拌合物流动性较好,但与水泥的黏结较差;反之用山砂,因其颗粒多具有棱角且表面粗糙,故用此种细骨料拌制的混凝土拌合物流动性较差,但与水泥的黏结较好,进而混凝土强度较高。

(3)砂的颗粒级配及粗细程度

砂的颗粒级配表示砂中大小颗粒搭配的情况。混凝土中砂粒之间的空隙由水泥浆所填充,为达到节约水泥和提高强度的目的,应尽量减少砂粒之间的空隙。从图5.2可以看到,如果是同样粗细的砂,空隙最大[图5.2(a)];两种粒径的砂搭配起来,空隙可减少[图5.2(b)]3种粒径的砂搭配,空隙更小[图5.2(c)]。由此可见,要想减少砂粒间的空隙,必须用大小不同的砂粒进行搭配。

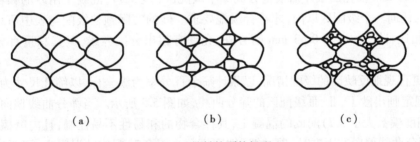

(a) (b) (c)

图5.2 骨料的颗粒级配

砂的粗细程度,是指不同粒径的砂粒,混合在一起后的总体的粗细程度,通常有粗砂、中砂与细砂之分。在相同重量条件下,细砂的总表面积较大,而粗砂的总表面积较小。在混凝土中,砂子的表面需要由水泥浆包裹,砂子的总表面积越大,则需要包裹砂粒表面的水泥浆就越多。因此,一般来说用粗砂拌制混凝土比用细砂所需的水泥浆省。在拌制混凝土时,砂的颗粒级配与粗细程度应同时考虑。当砂中含有较多粗粒径砂,并以适当的中粒径砂及少量细粒径砂填充其空隙,则可达到空隙率及总表面积均较小,这样的砂比较理想,不仅水泥浆用量较少,而且还可提高混凝土的密实性与强度。砂的颗粒级配和粗细程度,常用筛分析的方法进行测定,用级配区表示砂的颗粒级配,用细度模数表示砂的粗细程度。筛分析是用一套孔径为5.00,2.50,1.25,0.63,0.315和0.160 mm的标准筛。将经一定方法取样的500 g干砂由粗到细依次过筛,然后称取余留在各个筛上的砂重量,并计算出各筛上的分计筛余百分率 a_1、a_2、a_3、a_4、a_5 和 a_6(各筛上的筛余量占砂样总量的百分率)及累计筛余百分率 A_1,A_2,A_3,A_4,A_5 和 A_6(各个筛和比该筛粗的所有分计筛余百分率相加在一起)。累计筛余与分计筛余的关系见表 5.2。

表 5.2　累计筛余与分计筛余的关系

筛孔尺寸/mm	累计筛余/%	分计筛余/%
5	$A_1 = a_1$	a_1
2.50	$A_2 = a_1 + a_2$	a_2
1.25	$A_3 = a_1 + a_2 + a_3$	a_3
0.63	$A_4 = a_1 + a_2 + a_3 + a_4$	a_4
0.315	$A_5 = a_1 + a_2 + a_3 + a_4 + a_5$	a_5
0.16	$A_6 = a_1 + a_2 + a_3 + a_4 + a_5 + a_6$	a_6

细度模数 μ_f 的公式:

$$\mu_f = \frac{(A_2 + A_3 + A_4 + A_5 + A_6) - 5A_1}{100 - A_1} \tag{5.1}$$

细度模数 μ_f 越大,表示砂越粗。普通混凝土用砂的粗细程度按细度模数分为粗、中、细三级,其细度模数范围,在 3.7~3.1 为粗砂,在 3.0~2.3 为中砂,在 2.3~1.6 为细砂。

根据 0.63 mm 筛孔的累计筛余量分成 3 个级配区(表 5.3),混凝土用砂的颗粒级配处于表 5.3 中的任何一个级配区以内,才符合级配要求。砂的实际颗粒级配与表中所列的累计筛余百分率相比,除 5 mm 和 0.63 mm 筛号外,允许有超出分区界线,但其总量百分率不应大于 5%。

为了更直观地反映砂的级配情况,以累计筛余百分率为纵坐标,以筛孔尺寸为横坐标,根据表 5.3 规定画出砂Ⅰ、Ⅱ、Ⅲ级配区的筛分曲线,如图 5.3 所示。当筛分曲线偏向右下方时,砂过粗(细度模数大于 3.7)配成的混凝土,其拌合物的和易性不易控制,且内摩擦大,不易振捣成型;筛分曲线偏向左下方时,砂过细(细度模数小于 0.7)配成的混凝土,即要增加较多的水泥用量,而且强度显著降低。

因此,配制混凝土时宜优先选用Ⅱ区砂;当采用Ⅰ区砂时,应提高砂率,并保持足够的水泥用量,以满足混凝土的和易性;当采用Ⅲ区砂时,宜适当降低砂率,以保证混凝土强度。

表 5.3　砂的级配区范围

级配区　　累计筛余/%　孔径/mm	Ⅰ 区	Ⅱ 区	Ⅲ 区
10.00	0	0	0
5.00	10~0	10~0	10~0

续表

累计筛余/%　　级配区　　孔径/mm	Ⅰ 区	Ⅱ 区	Ⅲ 区
2.50	35~5	25~0	15~0
1.25	65~35	50~10	25~0
0.63	85~71	70~41	40~16
0.315	95~80	92~70	85~55
0.160	100~90	100~90	100~90

在实际工作中,如果砂的自然级配不符合级配区的要求,要采用人工级配的方法来改善,即将粗、细砂按适当比例进行试配掺和使用。或将砂加以过筛,筛除过粗或过细的颗粒。

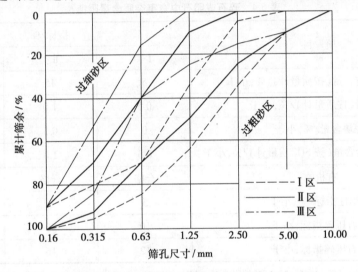

图 5.3　砂的 Ⅰ、Ⅱ、Ⅲ 级配区曲线

(4)(粗)细骨料的含水状态及饱和面干吸水率

(粗)细骨料有如图 5.4 所示的几种含水状态。骨料含水率等于或接近零称全干状态;含水率与大气湿度相平衡时称气干状态;骨料表面干燥而内部的孔隙含水达饱和时称为饱和面干状态,此时骨料的含水率,称为饱和面干含水率;若骨料不仅内部孔隙为水所饱和,而且表面还附有一层表面水时称为湿润状态。

由于骨料含水率不同,在拌制混凝土时,将影响混凝土的用水量和骨料用量。计算混凝土配合比时,一般以全干状态骨料为基础,而一些大型水利工程常以饱和面干骨料为基准。当细骨料被水湿润有表面水膜时,常会出现砂的堆积体积明显增大的现象。砂的这种性质在验收材料和配制混凝土按体积定量配料时具有重要意义。

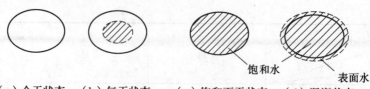

（a）全干状态　（b）气干状态　（c）饱和面干状态　（d）湿润状态

图 5.4　（粗）细骨料的几种含水状态

5.2.3　粗骨料

粒径大于 5 mm 骨料称粗骨料。普通混凝土常用的粗骨料为碎石或卵石。碎石是由天然岩石经破碎、筛分而得的岩石颗粒，卵石为由自然条件作用而形成的。

配制混凝土的粗骨料的质量要求如下：

（1）有害杂质

粗骨料中的有害杂质有黏土、淤泥、硫化物及硫酸盐、有机质等。应符合表 5.4 规定的要求。

表 5.4　碎石或卵石中有害杂质含量限值

项　目	指标/%		
	Ⅰ类	Ⅱ类	Ⅲ类
针片状颗粒含量（按质量计）/%，小于	5	15	25
含泥量（按质量计）/%，小于	0.5	1.0	1.5
泥块含量/%，小于	0	0.5	0.7
硫化物及硫酸盐含量（按 SO_3 质量计）/%，小于	0.5	1.0	1.0
有机物	合格	合格	合格
坚固性指标/%，小于	5	8	12
碎石压碎指标，小于	10	20	30
卵石压碎指标，小于	12	16	16

注：本表摘自国标 GB/T 14685—2001《建筑用卵石、碎石》，对重要工程混凝土所用碎石或卵石应进行碱活性检验。

（2）颗粒形状及表面特征

碎石往往具有棱角，且表面粗糙，在水泥用量和用水量相同的情况下，用碎石拌制的混凝土拌合物流动性较差，但其与水泥黏结较好，故强度较高；相反卵石多为表面光滑的球形颗粒，用卵石拌制的混凝土拌合物流动性较好，但强度较差。如要求流动性相同，采用卵石时用水量可适当减少，结果强度不一定比用碎石的低。

粗骨料的颗粒中还有一些针、片状颗粒。凡岩石颗粒的长度大于该颗粒所属粒级的平均粒径的 2.4 倍者为针状颗粒；厚度小于平均粒径 0.4 倍者为片状颗粒。平均粒径指该粒级上、下限粒径的平均值。这种针、片状颗粒过多，会降低混凝土强度。

（3）最大粒径及颗粒级配

①最大粒径

粗骨料中公称粒级的上限称为该骨料的最大粒径。当骨料粒径增大时，其表面积随之减小,相应地所需水泥浆或砂浆数量也减少。因此,从经济的角度考虑,所用粗骨料最大粒径在条件许可情况下,应尽量用得大些。试验研究证明,最佳的最大粒径取决于混凝土的水泥用量。骨料最大粒径还受结构型式和配筋疏密限制。根据 GB 50204—92《混凝土结构工程施工及验收规范》的规定,混凝土粗骨料的最大粒径不得超过结构截面尺寸的 1/4,同时不得大于钢筋间最小净距的 3/4;对于混凝土实心板,骨料的最大粒径不宜超过板厚的 1/2,且最大不得超过 50 mm;对于泵送混凝土,骨料最大粒径与输送管内径之比,当泵送高度在 50 m 以下时,碎石不宜大于 1:3,卵石不宜大于 1:2.5。当泵送高度在 50~100 m,对碎石不宜大于 1:4,卵石不宜大于 1:3。当泵送高度在 100 m 以上时,对碎石不宜大于 1:5,卵石不宜大于 1:4。石子粒径过大,对运输和搅拌都不方便。试验也表明,最大粒径小于 80 mm 时,水泥用量随最大粒径减小而增加;最大粒径大于 150 mm 时,节约水泥效果却不明显。因此,从经济上考虑,最大粒径不宜超过 150 mm。一般在水利、海港等大型工程中最大粒径通常采用 120 mm 或 150 mm,在房屋建筑工程中,一般采用 20 mm、31.5 mm 或 40 mm。

②颗粒级配

石子的颗粒级配分为连续粒级和单粒级两种,前者自最小粒径 5 mm 开始至最大粒径。石子的级配也通过筛分试验确定,石子的标准筛有孔径分别为 2.5、5、10、16、20、25、31.5、40、50、63、80 及 100 mm 的 12 个筛子。每个筛号的分计筛余百分率和累计筛余百分率计算均与砂相同。普通混凝土用碎石和卵石的级配应符合表 5.5 的规定。

表 5.5　碎石或卵石的颗粒级配范围

级配情况	公称粒级/mm	累计筛余　按质量计/%											
		筛孔尺寸(圆孔筛)/mm											
		2.50	5.00	10.0	16.0	20.0	25.0	31.5	40.0	50.0	63.0	80.0	100
连续粒级	5~10	95~100	80~100	0~15	0	—	—	—	—	—	—	—	—
	5~16	95~100	90~100	30~60	0~10	0	—	—	—	—	—	—	—
	5~20	95~100	90~100	40~70	—	0~10	0	—	—	—	—	—	—
	5~25	95~100	90~100	—	30~70	—	0~5	0	—	—	—	—	—
	5~31.5	95~100	90~100	70~90	—	15~45	—	0~5	—	—	—	—	—
	5~40	—	95~100	75~90	—	30~65	—	—	0	0	—	—	—
单粒级	10~20	—	—	95~100	85~100	0~15	—	—	—	—	—	—	—
	16~31.5	—	—	95~100	—	85~100	—	0~10	—	—	—	—	—
	20~40	—	—	—	95~100	80~100	—	—	0	0	—	—	—
	31.5~63	—	—	—	95~100	—	—	75~100	—	—	0~10	0	—
	40~80	—	—	—	—	95~100	—	—	—	—	30~60	0~10	0

(4) 强度

为保证混凝土的强度要求,粗骨料必须质地坚实,具有足够的强度。碎石和卵石的强度可用岩石立方体强度和压碎指标两种方法表示。当混凝土强度等级为 C60 及以上时,应进行岩石抗压强度检验。在选择采石场或对粗骨料强度有严格要求或对质量有争议时,也宜用岩石立方体强度做检验。对经常性的生产质量控制则可用压碎指标值检验。

岩石立方体强度是将岩石切割制成边长为 50 mm 的立方体（或钻取直径与高度均为 50 mm 的圆柱体），在水饱和状态下，其抗压强度（MPa）与设计要求的混凝土强度之比，作为碎石与卵石的强度指标。压碎指标是将一定重量气干状态下 10～20 mm 的石子除去针、片状颗粒、装入一定规格的圆筒内、在压力机上按 1 kN/s 加荷速度加荷至 200 kN，稳定一定时间后卸荷，称取试样重量 m_0，用孔径为 2.5 mm 的筛筛除被压碎的细粒，称量余留在筛上的试样重量 m_1，按下式计算压碎指标值：

$$压碎指标 \ \delta_0 = \frac{m_0 - m_1}{m_0} \times 100\% \tag{5.2}$$

式中，m_0——试样的质量，g；

m_1——压碎试验后筛余试样的质量，g。

压碎指标值越小，表示强度越高。对石子的压碎指标应符合表 5.6 中的规定。

粗骨料的坚固性是指在气候、外力和其他物理力学因素作用（如冻融循环作用）下，骨料抗碎裂的能力。坚固性试验是用硫酸钠溶液法去检验，试样经 5 次干湿循环后，其重量损失应不超过表 5.8 中的规定。

表 5.6　碎石的压碎指标值

岩石品种	混凝土强度等级	碎石压碎指标值/%
水成岩	C55～C40	≤10
	≤C35	≤16
变质岩或深成的火成岩	C55～C40	≤12
	≤C35	≤20
火成岩	C55～C40	≤13
	≤C35	≤30

表 5.7　卵石的压碎指标值

混凝土强度等级	C55～C40	≤C35
压碎指标值/%	≤12	≤16

表 5.8　碎石或卵石的坚固性指标

混凝土所处的环境条件	循环后的质量损失/%
在严寒及寒冷地区室外使用，并经常处于潮湿或干湿交替状态下的混凝土	≤8
在其他条件下使用的混凝土	≤12

5.2.4　拌和与养护水

混凝土拌和用水按水源可分为饮用水、地表水、地下水、海水以及经适当处理或处置后的工业废水。

在拌制混凝土用和养护用的水中，不得含有影响水泥正常凝结与硬化的有害杂质，如油脂、糖类等。凡是能饮用的水和清洁的天然水，都能用来拌制和养护混凝土。污水、pH 值小于 4 的酸性水、含硫酸盐(按 SO_3 计)超过水重 1% 的水均不得使用，如对水质有疑问可将该水与洁净水分别制成混凝土试块，然后进行强度对比试验，如果该水制成的试块强度不低于洁净水制成试块的强度，就可以用此水拌制混凝土。海水中含有硫酸盐、镁盐和氯化物，对水泥石有侵蚀作用，对钢筋也会造成锈蚀，因此一般不用海水拌制混凝土。

5.3　普通混凝土的主要技术性质

5.3.1　混凝土拌合物的性质

混凝土在未凝结硬化以前称为混凝土拌合物。混凝土拌合物必须具有良好的和易性，以保证获得良好的浇灌质量。

(1) 和易性的概念

新拌混凝土的和易性，也称工作性是指混凝土拌合物易于施工操作(拌和、运输、浇注、振捣)并获得质量均匀、成型密实的性能。和易性是一项综合技术指标，包括有流动性、黏聚性和保水性等 3 方面的含义。

流动性是指混凝土拌合物在自重或机械振捣作用下，能产生流动或坍落，并能均匀密实地填满模板的性能。流动性的大小与混凝土中各组成材料的比例有关，加水量的多少对流动性比较敏感。

黏聚性是指混凝土拌合物在施工过程中其组成材料之间有一定的黏聚力，不致产生分层和离析的现象。使混凝土保持整体均匀的性能。

保水性是指混凝土拌合物在施工过程中，具有一定的保水能力，不致产生严重的泌水现象。保水性差的混凝土拌合物，泌水通道在混凝土硬化后形成渗水通道，即毛细孔，从而降低混凝土的抗渗性和抗冻性。同时其表面形成疏松层，如在上面浇注混凝土时，影响新老混凝土的黏结，形成薄弱的夹层。另外泌水还会导致粗骨料及钢筋下部形成水囊或水膜影响粗骨料、钢筋与砂浆的黏结。

混凝土拌合物的流动性、黏聚性和保水性有其各自的内容，三者之间既互相联系，又互相矛盾。如黏聚性好则保水性往往也好，但流动性偏大时，黏聚性和保水性则往往变差。

(2) 和易性的测定方法

由于混凝土拌合物和易性的内涵比较复杂，目前，尚没有能够全面反映混凝土拌合物和易性的测定方法。通常是测定混凝土拌合物的流动性，辅以其他方法或直观观察结合经验综合评定混凝土拌合物的和易性。测定流动性的方法目前有数 10 种，常用的有坍落度和维勃稠度等试验方法。

①坍落度法

坍落度法是最常用的测定拌合物流动性的一种方法。坍落度是用一个截头圆锥筒测定的(简称坍落度筒)，见图 5.5。测定时，将拌合物分 3 次装入坍落度筒中，每次装料约 1/3 筒高，用捣棒插捣 25 下，最后刮平，垂直提起坍落度筒，拌合物在自重作用下会产生坍落，坍落的高度即为拌合物的坍落度，如图 5.5 所示。

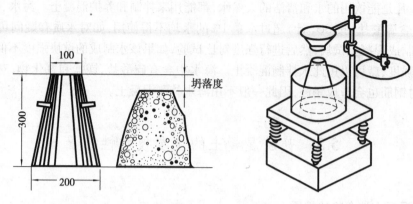

图 5.5 混凝土坍落度的测定

在进行坍落度试验时,还需同时观察黏聚性和保水性。用捣棒在已坍落的拌合物锥体的一侧轻击,如果发生局部突然倒塌,部分崩裂,或发生石子离析现象,则说明拌合物的黏聚性差。保水性以混凝土拌合物中泥浆析出的程度来评定。坍落度筒提起后如有较多的稀浆从底部析出,锥体部分的混凝土也因失浆而骨料外露。则表明此混凝土拌合物的保水性不好。若无稀浆或仅有少量稀浆自底部析出,则表示此混凝土拌合物保水性良好。

根据坍落度的不同,可将混凝土拌合物分为:流态的(坍落度大于 120 mm)、塑性的(坍落度为 30~120 mm)、低流动性的(坍落度为 10~30 mm)及干硬性的(坍落度小于 10 mm)。坍落度试验仅适用于骨料最大粒径不大于 40 mm、坍落度不小于 10 mm 的混凝土拌合物。对于干硬性混凝土拌合物通常采用维勃稠度仪(图 5.5)测定其维勃稠度。

表 5.9 混凝土浇筑时的坍落度

项次	结构种类	坍落度/mm
1	基础或地面等的垫层、无配筋的厚大结构(挡土墙、基础或厚大的块体等)或配筋稀疏的结构	10~30
2	板、梁和大型及中型截面的柱子等	30~50
3	配筋密列的结构(薄壁、斗仓、筒仓、细柱等)	50~70
4	配筋特密的结构	70~90

注:表 5.9 系指采用机械振捣的坍落度,采用人工振捣时可适当增大。当施工工艺采用混凝土泵输送拌合物时,则要求混凝土拌合物具有较高的流动性,其坍落度通常在 60~180 mm。

②维勃稠度法

维勃稠度测试方法是:开始在坍落度筒中按规定方法装满拌合物,垂直提起坍落度筒,在拌合物试体顶面放一透明圆盘,开启振动台,同时用秒表计时,到透明圆盘的底面完全为水泥浆所布满时,停止秒表,关闭振动台。此时可认为混凝土拌合物已密实。所读秒数,称为维勃稠度。该法适用于粗骨料最大粒径不超过 40 mm,维勃稠度在 5~30 s 之间的混凝土拌合物稠度测定。

（3）和易性的选择

拌合物坍落度的选择，要根据构件截面大小，钢筋疏密和捣实方法来确定。当截面尺寸较小或钢筋较密，或采用人工插捣时，坍落度可选择大些。反之，如构件截面尺寸较大，钢筋较疏，或采用振动器振捣时，坍落度可选择小些。按 GB204—83《钢筋混凝土工程施工及验收规范》的规定，混凝土灌筑时的坍落度宜按表 5.9 选用。

（4）影响和易性的主要因素

①水泥浆的数量

在拌合物中，水泥浆包裹骨料表面，填充骨料空隙，使骨料润滑，提高拌合物的流动性；在水灰比不变的情况下，单位体积拌合物内，随水泥浆的增多，拌合物的流动性增大。若水泥浆过多，超过骨料表面的包裹限度，就会出现流浆现象，这既浪费水泥又降低混凝土性能；如水泥浆过少，达不到包裹骨料表面和填充空隙的目的，就会产生崩塌现象，使黏聚性变差，流动性低，还会使混凝土的强度和耐久性降低。混合物中水泥浆的数量以满足流动性要求为宜。

②水泥浆的稠度

水泥浆的稀稠，主要决定于水灰比的大小。水灰比小，水泥浆稠，拌合物流动性就小，但黏聚性和保水性较好。若水灰比过小，不能保证施工的密实程度，是不可采用的。若水灰比过大，尽管使拌合物的流动性增加，但使黏聚性和保水性差，同时会降低混凝土的强度和耐久性。实际水灰比的大小是根据混凝土的强度和耐久性确定的。工程中不可为提高拌合物的流动性而单独加水（即增大水灰比），而要用保持水灰比不变，增加水泥浆用量的方法来提高拌合物的流动性。

③砂率

砂率是指砂的用量占砂石总用量的百分率。在拌和料中，砂是用来填充石子的空隙。在水泥浆一定的条件下，若砂率过大，则骨料的总表面积及空隙率增大，混凝土拌合物就显得干稠，流动性小。如要保持一定的流动性，则要多加水泥浆，耗费水泥。若砂率过小，砂浆量不足，不能在粗骨料的周围形成足够的砂浆层起润滑和填充作用，也会降低拌合物的流动性，同时会使黏聚性、保水性变差，使混凝土拌合物显得粗涩，粗骨料离析，水

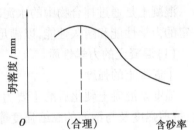

图 5.6 含砂率与坍落度的关系
（水与水泥用量一定）

泥浆流失，甚至出现溃散现象。因此，砂率既不能过大，也不能过小，应通过计算，查表或试验找出最佳（合理）砂率。如图 5.6 所示。

④组成材料的品种及性质

不同品种的水泥需水量不同，因此在相同配合比时，拌合物的坍落度也将有所不同。在常用水泥中，以普通硅酸盐水泥所配制的混凝土拌合物的流动性和保水性较好；当使用矿渣水泥和某些火山灰水泥时，拌合物的流动性比用普通水泥时小，且矿渣水泥将使拌合物的泌水性显著增加。

采用级配良好、较粗大的骨料，因其骨料的空隙率和总表面积小，包裹骨料表面和填充空隙的水泥浆量少，在相同配合比时拌合物的流动性好些，但砂、石过粗大也会使拌合物的黏聚性和保水性下降。河砂及卵石多呈圆形，表面光滑无棱角，拌制的混凝土拌合物比山砂、碎石拌制的拌合物的流动性好。

⑤时间及温度

拌和后的混凝土拌合物,随时间的延长而逐渐变得干稠,流动性减小,原因是一部分水供水泥水化,一部分水被骨料吸收,一部分水蒸发以及混凝土凝聚结构的逐渐形成,致使混凝土拌合物的和易性变差。

拌合物的和易性也受温度的影响。因为环境温度的升高,水分蒸发及水化反应加快,坍落度损失也变快。因此施工中为保证一定的和易性,必须注意环境温度的变化,并采取相应的措施。

⑥外加剂

在拌制混凝土时,加入少量的外加剂能使混凝土拌合物在不增加水泥用量的条件下,获得良好的和易性,并且因改变了混凝土结构而提高了混凝土强度和耐久性。

(5)和易性的调整措施

在实际工作中,可采用以下措施调整混凝土拌合物的和易性:

a.改善砂、石(特别是石子)的级配;

b.尽量采用较粗大的砂、石;

c.尽可能降低砂率,通过试验,采用合理砂率;

d.混凝土拌合物坍落度太小时,保持水灰比不变,适当增加水泥浆用量,当坍落度太大,但黏聚性良好时,可保持砂率不变,适当增加砂、石用量;

e.掺用外加剂。

5.3.2 混凝土硬化后的性质(强度)

混凝土是通过拌合物中的水泥凝结硬化,将骨料结为坚实的整体。硬化后和混凝土具有一定的力学性能和耐久性能,以满足工程上使用的要求。

(1)混凝土的力学性质

①混凝土的强度

强度是混凝土硬化后的主要力学性能。混凝土的强度包括抗压强度、抗拉强度、抗弯强度、抗剪强度及与钢筋的黏结强度等。混凝土强度与混凝土其他性能关系密切,通常混凝土的强度越大,其刚性、不透水性、抗风化及耐蚀性也越高。

a.混凝土的抗压强度

按照国家标准 GB/T 50080—2002《普通混凝土力学性能试验方法》,混凝土立方体试件抗压强度 f_{cu}(简称为混凝土抗压强度)是指以边长为 150 mm 的立方体试件,在标准条件下(温度(20±2)℃,相对湿度 95%或水中)养护至 28 d 龄期,在一定条件下加压至破坏,以试件单位面积承受的压力作为混凝土的抗压强度,混凝土立方体抗压强度(或称立方体抗压强度标准值)是具有 95%保证率的立方体试件抗压强度,并以此作为根据划分混凝土的强度等级(混凝土强度等级采用符合 C 与立方体抗压强度标准值表示),共分为 C7.5、C10、C15、C20、C25、C30、C35、C40、C45、C50、C55 和 C60 等 12 个等级。对于非标准尺寸的试件的抗压强度,可采用折算系数折算成标准试件的强度值。如边长为 100 mm 的立方体试件,折算系数为 0.95,边长为 200 mm 的立方体试件,折算系数为 1.05。这是因为试件尺寸不同,会影响试件的抗压强度值。试件尺寸越小,测得的抗压强度值越大。混凝土结构常以抗压强度为主要参数进行设计,而且抗压强度与其他强度间有一定的关联,可以根据抗压强度的大小来估算其他强度。只要获得了抗压强度值,就可推测其他强度特性,抗压强度试验方法比其他强度试验方法简单。

在结构设计中,考虑到受压构件是棱柱体(或圆柱体)而不是立方体,所以用棱柱体试件比立方体试件能更好地反映混凝土的实际受压情况。由棱柱体试件测得的抗压强度称为棱柱体抗压强度,又称轴心抗压强度。我国目前采用 150 mm×150 mm×300 mm 的棱柱体进行棱柱体抗压强度试验,如有必要,也可采用非标准尺寸的棱柱体试件,但其高 h 与宽 a 之比应在 2~3 的范围内。轴心抗压强度 f_{cp} 比同截面的立方体抗压强度 f_{cc} 要小,棱柱体试件的高宽比越大,轴心抗压强度越小,但高宽比达到一定值时,强度就不再降低。在立方体抗压强度 f_{cu} = 10~55 MPa 范围内,轴心抗压强度 $f_{cp} \approx (0.7~0.8)f_{cc}$。

b.混凝土的抗拉强度

混凝土的抗拉强度只有抗压强度的 1/10~1/20,且随着混凝土强度等级的提高其比值有所降低。因此,混凝土在工作时一般不依靠其抗拉强度。但混凝土的抗拉强度对抵抗裂缝的产生有着重要意义,在结构计算中抗拉强度是确定混凝土抗裂度的重要指标,有时也用来间接衡量混凝土与钢筋间的黏结强度等。

②影响混凝土抗压强度的因素

在荷载作用下,混凝土中首先引起破坏的有以下 3 种情况:

一是水泥石破坏,低强度等级水泥配制的低强度等级的混凝土属于此类。

二是界面破坏,粗集料与砂浆界面破坏是普通混凝土的常见形式。

三是骨料首先破坏,是轻骨料混凝土的破坏形式。

普通混凝土首先在界面破坏,原因是界面的晶粒粗大,孔隙多,大孔也多,是收缩裂缝集中区,也是刚度变化的突变区,因此使骨料界面处于薄弱环节。有些专家学者为提高界面强度,采用净浆裹石或造壳增强研究来达到提高混凝土强度的目的。界面强度与水泥的强等级、水灰比及骨料的性质有密切关系。此外,混凝土的强度还受施工质量、养护条件及龄期等多种因素的影响。

a.水泥强度等级和水灰比

水泥强度等级和水灰比是影响混凝土强度的最主要因素,因为混凝土的强度主要取决于水泥石的强度及其与骨料间的黏结力,而水泥石的强度及其与骨料间的黏结力又取决于水泥的强度等级和水灰比的大小。而水泥水化所需的结合水一般只占水泥重量的 23%左右,但在拌制混凝土拌合物时,为了获得必要的流动性,常需加入较多的水(占水泥质量的 40%~70%),也即较大的水灰比。当混凝土硬化后,多余的水分就残留在混凝土中形成孔穴或蒸发后形成气孔,这大大减少了混凝土抵抗荷载的实际有效断面,且有可能在孔隙周围产生应力集中。因此,可以认为,在水泥强度等级相同的情况下,强度将随水灰比的增加而降低。但如果水灰比过小,则拌合物过于干硬,在一定的捣实成型条件下,混凝土难以成型密实,混凝土中将出现较多的蜂窝、孔洞、从而使强度下降。试验证明,混凝土强度,随水灰比的增大而降低,呈曲线关系,如图 5.7 所示;而混凝土与灰水比(水灰比的倒数)的关系,则成直线关系。

在相同水灰比和相同试验条件下,水泥强度等级越高,则水泥石强度越高,从而使用其配制的混凝土强度也越高。

根据大量试验结果,在原材料一定的情况下,混凝土 28 d 龄期抗压强度 f_{cu} 与水泥实际强度 f_{ce} 和水灰比(W/C)之间的关系符合下列经验公式:

$$f_{cu,o} = \alpha_a f_{ce}(C/W - \alpha_b) \tag{5.3}$$

式中 $f_{cu,o}$ ——混凝土 28 d 抗压强度,MPa;

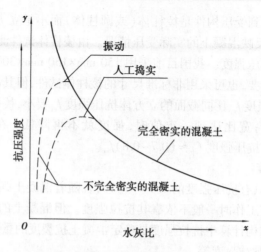

图 5.7　混凝土强度与水灰比的关系

f_{ce}——水泥的实际强度，MPa；

C/W——灰水比；

C——每立方米混凝土中水泥用量，kg；

W——每立方米混凝土中用水量，kg。

α_a、α_b 经验系数，与骨料品种有关，其数值通过试验求得。JGJ/T55—2000《普通混凝土配合比设计规程》提供的 α_a、α_b 经验系数为：

采用碎石：$\alpha_a = 0.46$，$\alpha_b = 0.07$

采用卵石：$\alpha_a = 0.48$，$\alpha_b = 0.33$

b.养护的温度和湿度

混凝土强度的增长，是水泥的水化、凝结和硬化的过程，必须在一定的温度和湿度条件下进行。

在保证足够湿度情况下，不同养护温度，其结果也不相同（见图 5.8）。温度高，水泥凝结硬化速度快，早期强度高，所以在混凝土制品厂常采用蒸汽养护的方法来提高构件的早期强度，提高模板和场地周转率。低温时混凝土硬化比较缓慢，当温度低至 0 ℃ 以下时，硬化不但停止，且具有冰冻破坏的危险，见图 5.9 所示。因此，混凝土浇筑完毕后，必须保持适当的温度和湿度，以保证混凝土不断地凝结硬化。

水泥的水化必须在有水的条件下进行。如果新浇注的混凝土的周围湿度不够，混凝土会失水干燥而影响水泥水化作用的正常进行，甚至停止水化。这不仅会严重降低混凝土的强度（见图 5.10），而且因水化作用未能完成，使混凝土结构疏松，渗水性增大，或形成干缩裂缝，从而影响耐久性。

所以，为了使混凝土正常硬化，必须在成型后一定时间内维持周围环境有一定温度和湿度。冬天施工要对新浇混凝土采取保温措施，自然养护的混凝土，尤其是夏天，要经常洒水保持潮湿，用草袋或塑料膜覆盖，也可用养生剂保护。

c.骨料

当骨料级配良好、砂率适当时，由于组成了坚强密实的骨架，有利于混凝土强度的提高。如果混凝土骨料中有害杂质较多、品质低、级配不好时，会降低混凝土的强度。

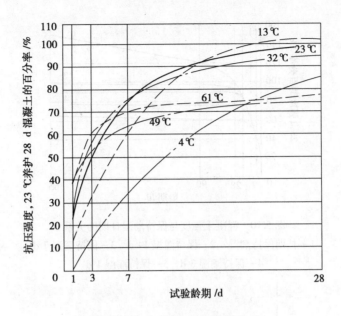

图 5.8　养护温度与抗压强度关系

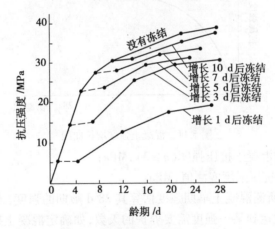

图 5.9　混凝土强度与冻结日期的关系

　　由于碎石表面粗糙有棱角,提高了骨料与水泥砂浆之间的机械啮合力和黏结力,所以在坍落度相同的条件下,用碎石拌制的混凝土比用卵石的强度要高。

　　骨料的强度影响混凝土的强度,一般骨料强度越高所配制的混凝土强度越高,这在低水灰比和配制高强度混凝土时,特别明显。骨料粒形以三维长度相等或近似球形或立方体为好,若含有较多扁平或细长的颗粒,会增加混凝土的孔隙率,扩大混凝土中骨料的表面积,增加混凝土的薄弱环节,导致混凝土强度下降。

　　d.龄期

　　混凝土在正常养护条件下,强度随着龄期的增加而提高。初期强度增长较快,后期增长慢,只要保持适当的温度和湿度,龄期延续很久其强度仍有所增长,如图 5.11 所示。

　　普通水泥制成的混凝土,在标准条件养护下,混凝土强度的发展,大致与其龄期的对数成正比例关系(龄期不小于 3 d),可按下式算:

$$f_n = f_{28} \lg n / \lg 28 \tag{5.4}$$

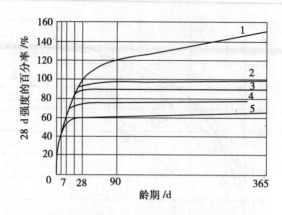

图 5.10　混凝土强度与保持潮湿日期的关系
1—长期保持潮湿　2—保持潮湿 14 d　3—保持潮湿 7 d
4—保持潮湿 3 d　5—保持潮湿 1 d

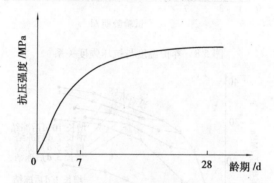

图 5.11　混凝土强度增长曲线

式中 f_n——n 龄期时的混凝土抗压强度（$n \geqslant 3$），MPa；

　　f_{28}——水泥 28 d 抗压强度实测值，MPa。

根据上式，可以由所测混凝土早期强度估算其 28 d 龄期的强度，或者由混凝土的 28 d 强度，推算 28 d 前混凝土达到某一强度需要养护的天数，如确定混凝土拆模、构件起吊、制品养护、出厂等日期。但由于影响强度的因素很多，故按此计算的结果只能作为参考。

e.试验条件对混凝土强度测定值的影响

试验条件是指试件的尺寸、形状、表面状态及加荷速度等。试验条件不同，会影响混凝土强度试验值。

③提高混凝土强度的措施

a.选用高强度水泥和低水灰比

在满足施工和易性和混凝土耐久性要求条件下，尽可能降低水灰比和提高水泥强度，对提高混凝土的强度是有效的。

b.掺入混凝土外加剂、掺和料

在混凝土中掺入减水剂，可减少用水量，提高混凝土强度；掺入早强剂，可提高混凝土的早期强度。

c.采用湿热处理

d.采用机械搅拌和振捣

混凝土采用机械搅拌,不仅比人工搅拌工效高,而且搅拌得也均匀,故能提高混凝土的强度。

5.3.3 混凝土的变形

混凝土在凝结硬化过程和在不同使用环境下都会出现变形。混凝土的变形包括化学收缩、干缩湿胀、温度变形、受荷变形等。

(1)化学收缩

由于水泥水化产物的体积小于反应前物质的总体积,从而使混凝土出现体积收缩。这种收缩称为化学收缩。其收缩值随混凝土龄期的增加而增加,大致与时间的对数成正比,一般在混凝土成型后 40 多天内增长较快,以后逐渐稳定。化学收缩是不可恢复的变形。

(2)干缩湿胀

混凝土在干燥环境中,因其内部吸附水分的蒸发而引起凝胶体收缩;毛细管内水分蒸发后使毛细孔中形成负压力,随着空气湿度的降低负压逐渐增大,产生收缩力,导致混凝土收缩,这两方面收缩均为干燥收缩。如干缩后的混凝土再次吸水后,一部分干缩变形是可以恢复的,如图 5.12 所示。

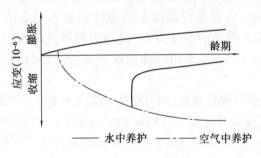

图 5.12 混凝土的胀缩

(3)温度变形

混凝土和其他材料一样,也具有热胀冷缩的性质,混凝土的热胀冷缩变形,称为温度变形。一般情况下随气温变化产生的胀缩量,由于配置钢筋增加了混凝土构件的抵抗力,不致形成重大问题。但对大体积混凝土,由于内外温差较大,内胀外缩,使外表面产生很大拉力而导致开裂。因此,对大体积混凝土工程,应选择低热水泥,减小水泥用量以降低水化热。

(4)在荷载作用下的变形

①混凝土的弹塑性变形

混凝土是一种弹塑性材料,在外力作用下,它既可产生可以恢复的弹性变形,又会产生不可恢复的塑性变形。在受压时的应力-应变曲线如图 5.13 所示。

在重复荷载作用下的应力-应变曲线如图 5.14 所示。其曲线形式因作用力的大小不同而不同。当应力小于 $(0.3\sim0.5)f_{cp}$(混凝土轴心抗压强度)时,每次卸荷都残留一部分塑性变形 $\varepsilon_{塑}$,但随重复次数的增加,$\varepsilon_{塑}$ 的增量逐渐减小,最后曲线稳定于 $A'C'$ 线,它与初始切线大致平行,若所加应力在 $(0.5\sim0.7)f_{cp}$ 以上重复时,随重复次数的增加,塑性应变逐渐增加,最终将导致混凝土的疲劳破坏。

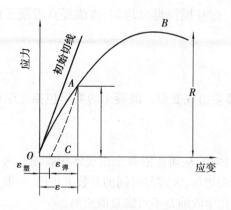

图 5.13　混凝土在压力作用下的应力-应变曲线

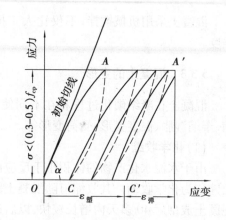

图 5.14　低应力下重复荷载的应力-应变曲线

②混凝土的变形模量

在应力-应变曲线上任一点的应力与应变的比值,称为混凝土在该应力下的变形模量。它反映混凝土所受应力与所产生应变之间的关系。

弹性模量是反应应力与应变关系的物理量,因混凝土是弹塑性体,随荷载不同,应力与应变之间的比值也在变化,也就是说混凝土的弹性模量不是定值。计算钢筋混凝土的变形,裂缝的开展及大体积混凝土的温度应力时,均需知道该混凝土的弹性模量。在混凝土结构或钢筋混凝土结构设计中,常采用一种按标准方法测得的静力受压弹性模量 E(即割线弹性模量)。

混凝土的强度越高,弹性模量越高,两者存在一定的相关性。当混凝土的强度等级由 C10 增高到 C60 时,其弹性模量大致是由 1.75×10^4 MPa 增至 3.60×10^4 MPa。此外,混凝土的弹性模量还与材料的组成、各成分的比例以及它们的弹性模量有关。水泥石的弹性模量一般低于骨料的弹性模量,混凝土中骨料含量较多,水灰比较小,养护较好及龄期较长时,混凝土的弹性模量就大。蒸气养护的弹性模量比标准养护的低。

③混凝土的徐变

混凝土在长期荷载作用下随时间而增加的变形称为徐变。混凝土的徐变,在加荷早期增加得比较快,然后逐渐减缓,在若干年后则增加很少,如图 5.15 所示。混凝土在卸荷后,一部分变形瞬时恢复,这一变形小于最初加荷时产生的弹性变形。在卸荷后的一段时间内变形还会继续恢复,称为徐变恢复。最后残留下来的不能恢复的变形称为残余变形。混凝土的徐变一般可达 $3 \times 10^{-4} \sim 15 \times 10^{-4}$,即 $0.3 \sim 1.5$ mm/m。混凝土的徐变能消除钢筋混凝土构件内部的应力集中,使应力较均匀地重新分布;对大体积混凝土,能消除一部分由于温度变形所产生的破坏应力。但在预应力钢筋混凝土结构中,混凝土的徐变,将使钢筋预应力受到损失。

混凝土不论是受压、受拉或受弯,均有徐变现象,产生徐变的原因,一般认为是由于水泥石凝胶体在长期荷载作用下的黏性流动或滑移,同时吸附在凝胶粒子上的吸附水因荷载应力而向毛细管渗出。影响混凝土徐变的因素有:环境湿度减小,由于混凝土失水会使徐变增加;水灰比越大,混凝土强度越低,则混凝土徐变增大;水泥品种对徐变也有影响,采用强度发展快的水泥则混凝土徐变减小;因骨料的徐变很小,故增大骨料含量会使徐变减小;延迟加荷时间会使混凝土徐变减小。

72

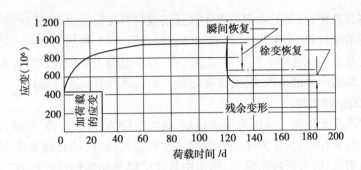

图 5.15　混凝土的应变与加荷时间的关系

5.3.4　混凝土的耐久性

混凝土除应具有设计要求的强度,以保证其能安全地承受设计的荷载外,还应具有与自然环境及使用条件相适应的经久耐用的性能。例如受水压作用的混凝土,要求其具有抗渗性;与水接触并遭受冰冻作用的混凝土,要求具有抗冻性;处于侵蚀性环境中的混凝土,要求有相应的抗侵蚀性等。因此,混凝土抵抗环境介质作用并长期保持其良好的使用性能和外观完整性,从而维持混凝土结构的安全、正常使用的能力称为耐久性。

混凝土耐久性主要包括抗渗、抗冻、抗侵蚀、抗碳化、抗碱-集料反应及混凝土中钢筋耐锈蚀等性能。

(1)混凝土的抗渗性

混凝土的抗渗性是指抵抗水、油等液体在压力作用下渗透的性能。它对混凝土的耐久性起着重要作用,因为环境中各种侵蚀介质均要通过渗透才能进入混凝土内部。混凝土的抗渗性主要与混凝土的密实度和孔隙率及孔隙结构有关。混凝土中相互连通的孔隙越多、孔径越大,则混凝土的抗渗性越差。

混凝土的抗渗性以抗渗标号来表示。采用标准养护 28 d 的标准试件,按规定的方法进行试验,根据其所能承受的最大水压力(MPa)来计算来其抗渗标号。如 P2,P4,P6,P8 等,即表示能抵抗 0.2,0.4,0.6,0.8 MPa 的水压力而不漏水。

提高混凝土抗渗性的措施有降低水灰比、采用减水剂、掺加引气剂、防止离析、泌水的发生、加强养护及防止出现施工缺陷等。

(2)混凝土的抗冻性

混凝土的抗冻性是指混凝土抵抗冻融循环作用的能力。混凝土的冻融破坏,是指混凝土中的水结冰后体积膨胀,使混凝土产生微细裂缝,反复冻融使裂缝扩展,导致混凝土由表及里剥落破坏的现象。

混凝土的抗冻性一般以抗冻标号来表示。抗冻标号是以龄期 28 d 的试块吸水饱和后承受(-15 ℃~-2 ℃)至(15 ℃~20 ℃)反复冻融循环,以同时满足抗压强度下降不超过25%,重量损失不超过 5%时所能承受的最大冻融循环次数来确定。混凝土抗冻等级分为:F10,F15,F25,F50,F100,F150,F200,F250 和 F300 等 9 个等级,分别表示混凝土能够承受反复冻融循环最大次数不小于 10,15,25,50,100,150,200,250 和 300 次。

影响混凝土抗冻性的因素有混凝土内部因素和环境外部因素两方面。外部因素中包括向混凝土提供水分和冻融条件,气干状态的混凝土较少发生冻融破坏,一直处于冻结状态的混凝土也较少发生冻融破坏;混凝土内部因素中包括组成材料性质及含量、养护龄期及掺加引气剂等。采用质量好的原材料、小水灰比、延长冻结前的养护时间、掺加引气剂、尽量减少施工缺陷等措施可提高混凝土的抗冻性。其中掺加引气剂,可在混凝土中形成均匀分布的不相连微孔,可以缓冲因水冻结而产生的挤压力,对改善混凝土的抗冻性有显著效果。

(3)混凝土的抗侵蚀性

环境介质对混凝土的化学侵蚀有淡水侵蚀、硫酸盐侵蚀、海水侵蚀、酸碱侵蚀等,其侵蚀机理与水泥石化学侵蚀相同;其中海水的侵蚀除了硫酸盐侵蚀外,还有反复干湿作用,盐分在混凝土内的结晶与聚集、海浪的冲击磨损、海水中氯离子对钢筋的锈蚀作用等,也都会使混凝土遭受破坏。

混凝土的抗侵蚀性与所用水泥的品种、混凝土的密实程度和孔隙特征有关。密实和孔隙封闭的混凝土,环境水不易侵入,故其抗侵蚀性较强。所以,提高混凝土抗侵蚀性的措施,主要是合理选择水泥品种、降低水灰比、提高混凝土的密实度和改善孔隙结构。

(4)混凝土的碳化(中性化)

混凝土的碳化作用是二氧化碳与水泥石中的氢氧化钙作用,生成碳酸钙和水。碳化过程是二氧化碳由表及里向混凝土内部逐渐扩散的过程。因此,气体扩散规律决定了碳化速度的快慢。碳化引起水泥石化学组成及组织结构的变化,碳化对混凝土的物理力学性能有明显作用,会使混凝土出现收缩,强度下降,还会使混凝土中的钢筋因失去碱性保护而锈蚀。碳化对混凝土的性能也有有利的影响。表层混凝土碳化时生成的碳酸钙,可减少水泥石的孔隙,对防止有害介质的入侵具有一定的缓冲作用。

在实际工程中,为减少碳化作用对钢筋混凝土结构的不利影响,可采取以下措施:

①在钢筋混凝土结构中采用适当的保护层,使碳化深度在建筑物设计年限内达不到钢筋表面。

②根据工程所处环境的使用条件合理选择水泥品种。

③使用减水剂,改善混凝土的和易性,提高混凝土的密实度。

④采用水灰比小、单位水泥用量较大的混凝土配合比。

⑤加强施工质量控制,加强养护,保证振捣质量,减少或避免混凝土出现蜂窝等质量事故。

⑥在混凝土表面涂刷保护层。

(5)混凝土的碱-骨料反应

混凝土的碱-骨料反应,是指水泥中的碱(Na_2O 和 K_2O)与骨料中的活性二氧化硅发生反应,在骨料表面生成碱-硅酸凝胶。这种凝胶具有吸水膨胀的特性,当其膨胀时,会使包围骨料的水泥石胀裂。这种对混凝土能产生破坏作用的现象称为碱-骨料反应。

发生碱-骨料反应的原因:一是水泥中含碱量较高(Na_2O 含量大于 0.6%);二是骨料中含有活性二氧化硅;三是水泥石中存有水分。

避免产生碱-骨料反应的主要措施有:采用低碱水泥;掺加活性混合材料减轻膨胀反应;掺用引气剂和不用含活性 SiO_2 的骨料等。

上述影响混凝土耐久性的诸多因素,虽然不完全相同,但却有两个共同之处,即主要取决于组成材料的质量与混凝土本身的密实度。

(6)提高混凝土耐久性的措施

①选用适当品种的水泥。

②严格控制水灰比并保证足够的水泥用量。

③选用质量较好的砂石,并采用级配较好的骨料,以利于提高混凝土的密实。

④掺用减水剂和引气剂,以提高混凝土的密实度。

⑤在混凝土施工中,应搅拌均匀,浇灌均匀,振捣密实,加强养护等,以提高混凝土质量,增强密实度。

5.4 混凝土外加剂

混凝土外加剂是指在混凝土拌和过程中掺入用以改善混凝土性能的物质。掺量不大于水泥质量的5%(特殊情况下除外)。

混凝土外加剂的使用是混凝土技术的重大突破。外加剂掺量虽然很小,但能显著改善混凝土的某些性能,如提高强度、改善和易性、提高耐久性及节约水泥等。由于应用外加剂工程技术经济效益显著,因此获得愈来愈广泛的应用,已成为混凝土除四种基本材料以外的第5种组分。

5.4.1 外加剂的分类

外加剂按其主要功能分为5类:

①改善新拌混凝土流变性能的外加剂。包括减水剂、泵送剂、引气剂等。

②调节混凝土凝结硬化性能的外加剂。包括早强剂、缓凝剂、速凝剂等。

③调节混凝土气体含量的外加剂。包括引气剂、加气剂、泡沫剂等。

④改善混凝土耐久性的外加剂。包括引气剂、抗冻剂、阻锈剂等。

⑤为混凝土提供特殊性能的外加剂。包括着色剂、膨胀剂、碱-骨料反应抑制剂等。

5.4.2 减水剂

减水剂是在坍落度基本相同的条件下,能显著减少混凝土拌和水量的外加剂。根据减水剂的作用效果及功能,可分为普通减水剂、高效减水剂、早强减水剂、缓凝减水剂等。

(1)减水剂的作用原理

上述各类减水剂尽管成分不同,但大多属于表面活性剂,其减水作用机理基本相似。表面活性剂的分子由亲水基团和憎水基团两部分组成。在水溶液中加入表面活性剂后,亲水基团指向溶液,而憎水基团指向空气、非极性液体或固体作定向排列,组成吸附膜。因此,降低了水的表面张力(水-气相),并降低了水与其他液相或固相之间的界面张力(水-固相),这种表面活性作用,是减水剂有减水效果的主要原理。

当水泥加水拌和后,由于水泥颗粒间分子凝聚力的作用,使水泥浆形成絮凝结构(图5.16),这种絮凝结构将一部分拌和水(游离水)包裹在水泥颗粒之间,从而降低混凝土拌合物的流动性。如在水泥浆中加入减水剂,减水剂的憎水基团定向吸附于水泥颗粒表面,使水泥颗粒表面带有相同的电荷,在电性斥力作用下,使水泥颗粒分开(图5.17)从而将絮凝结构内的游离水释放出来。减水剂的分散作用使混凝土拌合物在不增加用水量的情况下,增加了流动性。

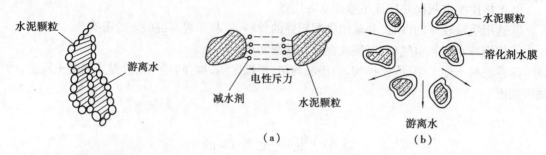

图 5.16　水泥浆的絮凝结构　　　　　图 5.17　减水剂作用示意图

当水泥颗粒表面吸附足够的减水剂后,使水泥颗粒表面形成一层稳定的薄膜层,它阻止了水泥颗粒间的直接接触,并在颗粒间起润滑作用,也改善了混凝土拌合物的和易性。此外,由于水泥颗粒被有效分散,颗粒表面被水充分湿润,增大了水泥颗粒的水化面积,使水化比较充分,从而提高了混凝土的强度。

（2）减水剂的主要技术经济效果

①在原配合比不变的条件下,可增大混凝土拌合物的流动性,且不致降低混凝土的强度。

②在保持流动性及水灰比不变的条件下,可以减少用水量及水泥用量,节约水泥。

③在保持流动性及水泥用量不变的条件下,可以减少用水量,从而降低水灰比,使混凝土的强度耐久性得到提高。

（3）减水剂常用品种

①混凝土工程中常采用下列普通减水剂。包括木质素磺酸盐类:木质素磺酸钙、木质素磺酸钠、木质素磺酸镁及丹宁等。

②混凝土工程中常采用下列高效减水剂。包括多环芳香族磺酸盐类:萘和萘的同系磺化物与甲醛缩合的盐类、氨基磺酸盐等;水溶性树脂磺酸盐类:磺化三聚氰胺树脂、磺化古码隆树脂等;脂肪族类:聚羧酸盐类、聚丙烯酸盐类、脂肪族羟甲基磺酸盐高缩聚物等;其他:改性木质素磺酸钙、改性丹宁等。

（4）适用范围

①普通减水剂及高效减水剂可用于素混凝土、钢筋混凝土、预应力混凝土,并可制备高强高性能混凝土。

②普通减水剂宜用于日最低气温 5 ℃以上施工的混凝土,不宜单独用于蒸养混凝土;高效减水剂宜用于日最低气温 0 ℃以上施工的混凝土。

③当掺用含有木质素磺酸盐类物质的外加剂时应先做水泥适应性试验,合格后方可使用。

5.4.3　引气剂

引气剂是指搅拌混凝土过程中能引入大量均匀分布、稳定而封闭的微小气泡的外加剂。引气剂属憎水性表面活性剂,由于能显著降低水的表面张力和界面能,使水溶液在搅拌过程中极易产生许多微小的封闭气泡,气泡直径多在 $50 \sim 250 \mu m$,同时因引气剂定向吸附在气泡表面,形成较为牢固的液膜,使气泡稳定而不破裂。按混凝土含气量 3%~5%计(不加引气剂的混凝土含气量为 1%),1 m³ 混凝土拌合物中含数百亿个气泡,由于大量微小、封闭并均匀分布的气泡的存在,使混凝土的某些性能在以下几个方面得到明显的改善或改变:

(1)改善混凝土拌合物的和易性

由于大量微小封闭的球状气泡在混凝土拌合物内形成,如同滚珠一样,减少了颗粒间的摩擦阻力,使混凝土拌合物流动性增加,同时由于水分均匀分布在大量气泡的表面,使能自由移动的水量减少,混凝土拌合物的保水性、黏聚性也随之提高。

(2)显著提高混凝土的抗渗性、抗冻性

大量均匀分布的封闭气泡切断了混凝土中的毛细管渗水通道,改变了混凝土的孔结构,使混凝土抗渗性显著提高。同时,封闭气泡有较大的弹性变形能力,对由水结冰所产生的膨胀应力有一定的缓冲作用,因而使得混凝土的抗冻性得到提高。

(3)降低混凝土强度

由于大量气泡的存在,减少了混凝土的有效受力面积,使混凝土强度有所降低。一般混凝土的含气量每增加 1% 时,其抗压强度将降低 4% ~ 5%,抗折强度降低 2% ~ 3%。

常用的引气剂及引气减水剂

混凝土工程中可采用下列引气剂。包括松香树脂类:松香热聚物、松香皂类等;烷基和烷基芳烃磺酸盐类:十二烷基磺酸盐、烷基苯酚聚氧乙烯醚等;脂肪醇磺酸盐类:脂肪醇聚氧乙烯醚、脂肪醇聚氧乙烯磺酸钠、脂肪醇硫酸钠等;皂甙类:三萜皂甙等;其他:蛋白质盐、石油磺酸盐等。

适用范围

①引气剂及引气减水剂,可用于抗冻混凝土、抗渗混凝土、抗硫酸盐混凝土、泌水严重的混凝土、贫混凝土、轻骨料混凝土、人工骨料配制的普通混凝土、高性能混凝土以及有饰面要求的混凝土。

②引气剂、引气减水剂不宜用于蒸养混凝土及预应力混凝土,必要时,应经试验确定。

5.4.4　早强剂

早强剂是指能加速混凝土早期强度发展的外加剂。早强剂可促进水泥的水化和硬化进程,加快施工进度,提高模板周转率,特别适用于冬季施工或紧急抢修工程。

(1)常用的早强剂及早强减水剂

混凝土工程中可采用下列早强剂。包括强电解质无机盐类早强剂:硫酸盐、硫酸复盐、硝酸盐、亚硝酸盐、氯盐等;水溶性有机化合物:三乙醇胺,甲酸盐、乙酸盐、丙酸盐等;其他:有机化合物、无机盐复合物。

(2)适用范围

①早强剂及早强减水剂适用于蒸养混凝土及常温、低温和最低温度不低于−5 ℃环境中施工的有早强要求的混凝土工程。炎热环境条件下不宜使用早强剂、早强减水剂。

②掺入混凝土后对人体产生危害或对环境产生污染的化学物质严禁用做早强剂。含有六价铬盐、亚硝酸盐等有害成分的早强剂严禁用于饮水工程及与食品相接触的工程。硝铵类严禁用于办公、居住等建筑工程。

5.4.5　缓凝剂

缓凝剂是指能延缓混凝土凝结时间,并对混凝土后期强度发展无不利影响的外加剂。

（1）**常用的缓凝剂及缓凝高效减水剂**

混凝土工程中可采用下列缓凝剂及缓凝减水剂。包括糖类：糖钙、葡萄糖酸盐等；木质素磺酸盐类：木质素磺酸钙、木质素磺酸钠等；羟基羧酸及其盐类：柠檬酸、酒石酸钾钠等；无机盐类：锌盐、磷酸盐等；其他：胺盐及其衍生物、纤维素醚等。

混凝土工程中可采用由缓凝剂与高效减水剂复合而成的缓凝高效减水剂。

（2）**适用范围**

①缓凝剂、缓凝减水剂及缓凝高效减水剂可用于大体积混凝土、碾压混凝土、炎热气候条件下施工的混凝土、大面积浇筑的混凝土、避免冷缝产生的混凝土、需较长时间停放或长距离运输的混凝土、自流平免振混凝土、滑模施工或拉模施工的混凝土及其他需要延缓凝结时间的混凝土。缓凝高效减水剂可制备高强高性能混凝土。

②缓凝剂、缓凝减水剂及缓凝高效减水剂宜用于日最低气温 5 ℃以上施工的混凝土，不宜单独用于有早强要求的混凝土及蒸养混凝土。

③柠檬酸及酒石酸钾钠等缓凝剂不宜单独用于水泥用量较低、水灰比较大的贫混凝土。

④当掺用含有糖类及木质素磺酸盐类物质的外加剂时应先做水泥适应性试验，合格后方可使用。

⑤使用缓凝剂、缓凝减水剂及缓凝高效减水剂施工时，宜根据温度选择品种并调整掺量，满足工程要求方可使用。

5.4.6 外加剂的选择及使用

在混凝土中掺入外加剂，可明显改善混凝土的技术性能，取得显著的技术经济效果。若选择和使用不当，会造成事故。因此，在选择和使用外加剂时，应注意以下几点：

（1）**外加剂品种的选择**

外加剂品种、品牌很多，效果各异，特别是对于不同品种的水泥效果不同。在选择外加剂时，应根据工程设计和施工要求选择，通过试验及技术经济比较确定。严禁使用对人体产生危害、对环境产生污染的外加剂。

（2）**外加剂掺量的确定**

混凝土外加剂掺量应以胶凝材料总量的百分比表示，或以 ml/kg 胶凝材料表示。外加剂的掺量应按供货单位推荐掺量、使用要求、施工条件，混凝土原材料等因素通过试验确定。

（3）**外加剂的质量控制**

①选用的外加剂应有供货单位提供的下列技术文件：包括产品说明书，并应标明产品主要成分；出厂检验报告及合格证；掺外加剂混凝土性能检验报告。

②外加剂运到工地（或混凝土搅拌站）应立即取代表性样品进行检验，进货与工程试配时一致，方可入库、使用。若发现不一致时，应停止使用。

③外加剂应按不同供货单位、不同品种、不同牌号分别存放，标识应清楚。

④粉状外加剂应防止受潮结块，如有结块，经性能检验合格后应粉碎至全部通过 0.63 mm 筛后方可使用。液体外加剂应放置阴凉干燥处，防止日晒、受冻、污染、进水或蒸发，如有沉淀等现象，经性能检验合格后方可使用。

⑤外加剂配料控制系统标识应清楚、计量应准确，计量误差不应大于外加剂用量的 2%。

（4）外加剂的掺加方法

外加剂的掺量很少，必须保证其均匀分散，一般不能直接加入混凝土搅拌机内。对于可溶于水的外加剂，应先配成一定浓度的溶液，随水加入搅拌机。对不溶于水的外加剂，应与适量水泥或砂混合均匀后再加入搅拌机内。另外，外加剂的掺入时间对其效果的发挥也有很大影响，如为保证减水剂的减水效果，减水剂有同掺法、后掺法、分次掺入 3 种方法。

5.5　普通混凝土配合比的设计

5.5.1　混凝土配合比设计的要求及技术资料

混凝土配合比是指混凝土中各组成材料相互配合的比例。混凝土配合比的设计和选择，主要是根据原材料的技术性能和结构物对混凝土强度的要求及施工条件等，通过计算、试配和调整等过程，确定各组成材料的使用数量。

（1）配合比设计要求

①要使混凝土拌合物具有满足施工要求的良好的和易性。

②要满足强度要求，即满足结构设计或施工进度要求的强度和其他有关力学性能。

③要具有耐久性，即满足抗冻、抗渗、抗蚀等方面的要求。

④在保证混凝土质量的前提下，做到尽量节约水泥，合理地使用原材料和降低成本。

（2）混凝土配合比设计的资料准备

在设计混凝土配合比之前，必须通过调查研究，预先掌握下列基本资料：

①了解工程设计要求的混凝土强度等级，以便确定混凝土配制强度。

②了解工程所处环境对混凝土耐久性的要求，以便确定所配制混凝土的最大水灰比和最小水泥用量。

③了解结构断面尺寸及钢筋配置情况，以便确定混凝土骨料的最大粒径。

④了解混凝土施工方法及管理水平，以便选择混凝土拌合物坍落度及骨料的最大粒径。

⑤掌握原材料的性能指标，包括：水泥的品种、等级、密度；砂、石骨料的种类及表观密度、级配、最大粒径；拌和用水的水质情况；外加剂的品种、性能、适宜掺量。

5.5.2　普通混凝土配合比设计方法、步骤

进行混凝土配合比计算时，其计算公式和有关参数表格中的数值均系以干燥状态骨料为基准。当以饱和面干骨料为基准进行计算时，则应做相应的修正。

注意：干燥状态骨料系指含水率小 0.5% 的细骨料或含水率小于 0.2% 的粗骨料。

（1）确定混凝土配制强度

混凝土配制强度按下式计算：式中

$$f_{cu,o} \geqslant f_{cu,k} + 1.645\sigma \tag{5.5}$$

式中 $f_{cu,o}$——混凝土配制强度，MPa；

　　$f_{cu,k}$——混凝土立方体抗压强度标准值，MPa；

　　σ——混凝土强度标准差，MPa。

①遇有下列情况时应提高混凝土配制强度:

a.现场条件与试验室条件有显著差异时;

b.C30 级及其以上强度等级的混凝土,采用非统计方法评定时。

②混凝土强度标准差宜根据同类混凝土统计资料计算确定,并应符合下列规定:

a.计算时,强度试件组数不应少于 25 组;

b.当混凝土强度等级为 C20 和 C25 级,其强度标准差计算值小于 2.5 MPa 时,计算配制强度用的标准差应取不小于 2.5 MPa;当混凝土强度等级等于或大于 C30 级,其强度标准差计算值小于 3.0 MPa 时,计算配制强度用的标准差应取不小于 3.0 MPa。

③当无统计资料计算混凝土强度标准差时,其值应按现行国家标准 GB 50204《混凝土结构工程施工及验收规范》的规定取用(见表 5.10)。

表 5.10 混凝土标准差 σ

强度等级/MPa	低于 C20	C20~C35	高于 C35
标准差 σ/MPa	4.0	5.0	6.0

(2)计算水灰比

混凝土强度等级小于 C60 级时,混凝土水灰比宜按下式计算:

$$W/C=\frac{\alpha_a \cdot f_{ce}}{f_{cu,o}+\alpha_a \cdot \alpha_b \cdot f_{ce}} \qquad (5.6)$$

式中,α_a、α_b——回归系数;

f_{ce}——水泥 28 d 抗压强度实测值,MPa。

①当无水泥 28 d 抗压强度实测值时,公式(5.6)中的 f_{ce} 值可按下式确定:

$$f_{ce}=\gamma_c \cdot f_{ce,g} \qquad (5.7)$$

式中,γ_c——水泥强度等级值的富余系数,可按实际统计资料确定;

$f_{ce,g}$——水泥强度等级值,MPa。

②f_{ce} 值也可根据 3 d 强度或快测强度 28 d 强度关系式推定得出。

上面是根据强度得出的水灰比,还应校核该水灰比是否满足耐久性的要求。表 5.11 是从耐久性考虑对混凝土的最大水灰比和最小水泥用量加以限制。在计算的水灰比与查表 5.11 的水灰比中选用较小值,即能同时满足强度和耐久性的要求。

(3)确定单位用水量 m_{wo}

用水量根据施工要求的坍落度(参考表 5.9)和骨料品种规格,参考表 5.12 和表 5.13 选用。

(4)计算水泥用量 m_{co}

根据已确定的 W/C 和 m_{wo},可求出 1 m³混凝土中水泥用量 m_{co}。

$$m_{co}=\frac{m_{wo}}{W/C} \qquad (5.8)$$

为保证混凝土的耐久性,由上式得出的水泥用量还应大于(表 5.11)规定的最小水泥用量。如计算得的水泥用量小于(表 5.11)规定值,应取规定的最小水泥用量。

表 5.11　混凝土的最大水灰比和最小水泥用量

环境条件		结构物类别	最大水灰比			最小水泥用量/kg		
			素混凝土	钢筋混凝土	预应力混凝土	素混凝土	钢筋混凝土	预应力混凝土
干燥环境		正常的居住或办公用房屋内部件	不做规定	0.65	0.60	200	260	300
潮湿环境	无冻害	高湿度的室内部件室外部件 在非侵蚀性土和(或)水中的部件	0.70	0.60	0.60	225	280	300
	有冻害	经受冻害的室外部件 在非侵蚀性土和(或)水中且经受冻害的部件 高湿度且经受冻害的室内部件	0.55	0.55	0.55	250	280	300
有冻害和除冰剂的潮湿环境		经受冻害和除冰剂作用的室内和室外部件	0.50	0.50	0.50	300	300	300

注:①当用活性掺加料取代部分水泥时,表中的最大水灰比及最小水泥用量即为替代前的水灰比和水泥用量;
　　②配制 C15 级混凝土及其以下等级的混凝土,可不受本表限制。

表 5.12　干硬性混凝土的用水量　　　　　　　　　　　(kg/m³)

拌合物稠度		卵石最大粒径/mm			碎石最大粒径/mm		
项目	指标	10	20	40	16	20	40
维勃稠度/s	16~20	175	160	145	180	170	155
	11~15	180	165	150	185	175	160
	5~10	185	170	155	190	180	165

表 5.13　塑性混凝土的用水量　　　　　　　　　　　(kg/m³)

拌合物稠度		卵石最大粒径/mm				碎石最大粒径/mm			
项目	指标	10	20	31.5	40	16	20	31.5	40
坍落度/mm	10~30	190	170	160	150	200	185	175	165
	35~50	200	180	170	160	210	195	185	175
	55~70	210	190	180	170	220	205	195	185
	75~90	215	195	185	175	230	215	205	195

注:本表用水量系采用中砂时的平均取值。采用细砂时,每立方米混凝土用水量可增加 5~10 kg。

(5)选择合理的砂率值 β_s

当无历史资料可参考时,混凝土砂率的确定应符合下列规定:

①坍落度为 10~60 mm 的混凝土砂率,可根据粗骨料品种、粒径及水灰比按表 5.14 选取。

②坍落度大于 60 mm 的混凝土砂率,可经试验确定,也可在表 5.14 的基础上,按坍落度每

增大 20 mm,砂率增大 1%的幅度予以调整。

表 5.14　混凝土的砂率　　　　　　　　　　　　（%）

水灰比 /(W·C⁻¹)	卵石最大粒径/mm			碎石最大粒径/mm		
	10	20	40	16	20	40
0.40	26~32	25~31	24~30	30~35	29~34	27~32
0.50	30~35	29~34	28~33	33~38	32~37	30~35
0.60	33~38	32~37	31~36	36~41	35~40	33~38
0.70	36~41	35~40	34~39	39~44	38~43	36~41

注:①本表数值系中砂的选用砂率,对细砂或粗砂,可相应地减少或增大砂率;

②只用一个单粒级粗骨料配制混凝土时,砂率应适当增大;

③对薄壁构件,砂率取偏大值;

④本表中的砂率系指砂与骨料总量的重量比。

(6)计算粗细、骨料用量(m_{go}、m_{so})

粗细骨料用量可用重量法或体积法计算。

①重量法(假定表观密度法)应按下式计算:

$$\begin{cases} m_{co}+m_{go}+m_{so}+m_{wo}=m_{cp} & (5.9) \\ \beta_s = \dfrac{m_{so}}{m_{so}+m_{go}} \times 100\% & (5.10) \end{cases}$$

式中,m_{co}——每立方米混凝土的水泥用量,kg;

m_{go}——每立方米混凝土的粗骨料用量,kg;

m_{so}——每立方米混凝土的细骨料用量,kg;

m_{wo}——每立方米混凝土的用水量,kg;

β_s——砂率,%;

m_{cp}——每立方米混凝土拌合物的假定重量,kg,其值可取 2 400~2 450 kg。

②当采用体积法(绝对体积法)时,应按下式计算:

$$\begin{cases} \dfrac{m_{co}}{\rho_c}+\dfrac{m_{go}}{\rho_g}+\dfrac{m_{so}}{\rho_s}+\dfrac{m_{wo}}{\rho_w}+0.01\alpha=1 & (5.11) \\ \beta_s = \dfrac{m_{so}}{m_{so}+m_{go}} \times 100\% & (5.12) \end{cases}$$

式中,ρ_c——水泥密度,kg/m³,可取 2 900~3 100 kg/m³;

ρ_g——粗骨料的表观密度,kg/m³;

ρ_s——细骨料的表观密度,kg/m³;

ρ_w——水的密度,kg/m³,可取 1 000 kg/m³;

α——混凝土的含气量百分数,在不使用引气型外加剂时,α 可取为1。

计算,得出每立方米混凝土各种材料用量,即初步配合比计算完成。

(7)初步配合比

经上述计算,得出其 1 m³混凝土各组成材料用量 m_{co},m_{so},m_{go},m_{wo}并可求出以水泥用量为

1 的各材料的比值(即初步配合比)。

$$m_{co} : m_{so} : m_{go} : m_{wo} = 1 : \frac{m_{so}}{m_{so}} : \frac{m_{go}}{m_{co}} : \frac{m_{wo}}{m_{co}} \tag{5.13}$$

(8)混凝土配合比的试配、调整与确定

通过计算求得的各项材料用量(初步配合比),是利用图表和经验公式初步估算出来的,与实际情况会有出入,因而必须进行试验加以检验并进行必要的调整。

①调整和易性,确定基准配合比

按工程提供的原材料,初步计算配合比称取材料进行试拌。试拌时,每盘混凝土的最小搅拌量应符合表 5.15 的规定;当采用机械搅拌时,其搅拌量不应小于搅拌机额定搅拌量的 1/4。混凝土拌合物搅拌均匀后测坍落度或维勃稠度,并检查其黏聚性和保水性能的好坏。如实测坍落度低于设计要求,可保持水灰比不变,增加适量水泥浆;如坍落度太大,可保持砂率不变,增加适量骨料;如出现黏聚性和保水性不良,可适当提高砂率;反之减小砂率。每次调整后再试拌,直到符合要求为止。当试拌工作完成后,记录好各种材料调整后用量,并测定混凝土拌合物的实际表观密度 $\rho_{c,t}$。此满足和易性的配合比为基准配合比。

表 5.15　混凝土试配的最小搅拌量

骨料最大粒径/mm	拌合物数量/L
31.5 及以下	15
40	25

②检验强度和耐久性,确定试验室配合比

基准配合比能否满足强度要求,需进行强度检验。一般采用 3 个不同的配合比,其中一个为基准配合比,另外两个配合比的水灰比值,应较基准配合比分别增加及减少 0.05,其用水量应该与基准配合比相同,砂率可增加和减少 1%。每种配比至少应制作一组试件,如有耐久性要求,应同时制作有关耐久性测试指标的试件,标准养护 28 d 进行强度测定(在制作混凝土试块时要检验拌合物的和易性并测定表观密度,并以此结果作为代表这一配合比的混凝土拌合物的性能)。

通过测定强度和耐久性指标,选出既满足要求,水泥用量又少的配合比为所需的配合比。根据试验得出的混凝土强度与其相对应的灰水比 C/W,用作图法或计算法求出与混凝土配制强度 $f_{cu,o}$ 相对应的灰水比。然后再根据混凝土的计算表观密度 $\rho_{c,c}$ 进行校正。

$$\rho_{c,c} = m_c + m_g + m_s + m_w \tag{5.14}$$

再计算混凝土配合比校正系数 δ,即

$$\delta = \frac{\rho_{c,t}}{\rho_{c,c}} \tag{5.15}$$

式中,$\rho_{c,t}$——混凝土表观密度实测值,kg/m³;

$\rho_{c,c}$——混凝土表观密度计算值,kg/m³。

当混凝土表观密度实测值与计算值之差的绝对值不超过计算值的 2%时,则该配比应确定为设计配合比;当二者之差超过 2%时,应将配合比中每项材料用量均乘以校正系数值 δ,即为确定的混凝土设计配合比。

（9）施工配合比的确定

试验室配合比是以干燥材料为基准的，而实际工程中使用的材料如砂、石都含有一定水分，并且经常变化，所以应该按现场材料的实际含水情况对配合比进行修正。修正后的配合比才可供工程使用。现假定工地存放砂的含水率为 $a\%$，石子的含水率为 $b\%$，将试验室配合比换算成为施工配合比，其材料称量为：

$m'_c = m_c$ kg

$m'_s = m_s(1+a\%)$ kg

$m'_g = m_g(1+b\%)$ kg

$m'_w = m_w - m_s \times a\% - m_g \times b\%$

5.5.3 普通混凝土的配合比设计实例

某工程的现浇钢筋混凝土梁（不受雨雪影响）。混凝土的设计强度等级为 C25，要求强度保证率 95%，施工要求坍落度为 30~50 mm（混凝土由机械搅拌，机械振捣），该施工单位无历史统计资料。采用原材料情况如下：强度等级 42.5 普通水泥（实测 28 d 强度 45 MPa），密度 $\rho_c = 3.00$ g/cm³；中砂表观密度 $\rho_s = 2.65$ g/cm³，堆积密度 $\rho'_s = 1.45$ g/cm³，碎石表观密度 $\rho_g = 2.70$ g/cm³，堆积密度 $\rho'_g = 1.55$ g/cm³，最大粒径 40 mm，自来水。

试用绝对体积法设计该混凝土的配合比（按干燥材料计算）。

施工现场砂含水率 4%，碎石含水率 2%，求施工配合比。

（1）初步配合比计算

①确定试配强度（$f_{cu,o}$）

$$f_{cu,o} = f_{cu,k} + 1.645\sigma$$

由于施工单位无 σ 统计资料，当混凝土强度等级为 C25 时查表 5.10，$\sigma = 5.0$。

$$f_{cu,o} = 25 + 1.645 \times 5.0 \text{ MPa} = 33.2 \text{ MPa}$$

②确定水灰比 W/C

$$W/C = \frac{\alpha_a \cdot f_{ce}}{f_{cu,o} + \alpha_a \cdot \alpha_b \cdot f_{ce}}$$

采用碎石 $\alpha_a = 0.46$；$\alpha_b = 0.07$。

$$W/C = \frac{0.46 \times 45}{33.2 + 0.46 \times 0.07 \times 45} = 0.60$$

查表 5.11，不受雨雪影响的干燥环境中的钢筋混凝土最大水灰比为 0.65>0.60，可初步选取水灰比为 0.60。

③确定单位用水量 m_{wo}

查表 5.13，按坍落度 30~50 mm，碎石最大粒径为 40 mm，取 $m_{wo} = 175$ kg/m³。

④计算水泥用量 m_{co}

$$m_{co} = \frac{m_{wo}}{W/C} = \frac{175}{0.60} \text{ kg} = 292 \text{ kg}$$

考虑耐久性要求，对照表 5.11，对于干燥环境，钢筋混凝土的最小水泥用量为 260 kg<292 kg，可初步确定 m_{co} 为 292 kg。

⑤确定砂率

查表 5.14,取砂率 $\rho_s = 35\%$。

⑥计算砂 m_s、石 m_g 骨料用量。

(2)采用体积法

$$
\begin{cases}
\dfrac{m_{co}}{\rho_c} + \dfrac{m_{go}}{\rho_g} + \dfrac{m_{so}}{\rho_s} + \dfrac{m_{wo}}{\rho_w} + 0.01\alpha = 1 \\[2mm]
\beta_s = \dfrac{m_{so}}{m_{so} + m_{go}} \times 100\%
\end{cases}
$$

因为未掺入引气剂型外加剂,故 $\alpha = 1$ 则

$$
\begin{cases}
\dfrac{292}{3\,000} + \dfrac{m_{so}}{2\,650} + \dfrac{m_{go}}{2\,700} + \dfrac{175}{1\,000} + 0.01 \times 1 = 1 \\[2mm]
35\% = \dfrac{m_{so}}{m_{so} + m_{go}} \times 100\%
\end{cases}
$$

联解上列两式得:

$$m_{so} = 680 \text{ kg}, \quad m_{go} = 1\,260 \text{ kg}$$

该混凝土初步计算配合比为:

$$m_{co} : m_{so} : m_{go} : m_{wo} = 292 : 680 : 1\,260 : 175 = 1 : 2.33 : 0.43 : 0.6$$

若用假定重量法计算,则

$$
\begin{cases}
m_{co} + m_{go} + m_{so} + m_{wo} = m_{cp} \\[2mm]
\beta_s = \dfrac{m_{so}}{m_{so} + m_{go}} \times 100\% \\[2mm]
292 + m_{so} + m_{go} + 175 = 2\,400 \\[2mm]
35\% = \dfrac{m_{so}}{m_{so} + m_{go}} \times 100\%
\end{cases}
$$

联解上列两式,得 $m_{so} = 677 \text{ kg}$, $m_{go} = 1\,256 \text{ kg}$。

该混凝土初步计算配合比为:

$$m_{co} : m_{so} : m_{go} : m_{wo} = 292 : 677 : 1\,256 : 175 = 1 : 2.32 : 4.30 : 0.6$$

(3)确定基准配合比

试拌时材料用量(质量法)

根据骨料最大粒径为 40 mm,取 25 L 混凝土拌合物,计算各材料用量,如下:

水泥:$0.025 \times 292 \text{ kg} = 7.3 \text{ kg}$

水:$0.025 \times 175 \text{ kg} = 4.38 \text{ kg}$

砂:$0.025 \times 677 \text{ kg} = 16.92 \text{ kg}$

石子:$0.025 \times 1\,256 \text{ kg} = 31.4 \text{ kg}$

经试拌并进行和易性检验,结果是黏聚性和保水性均好,但坍落度为 10 mm,低于规定值要求的 35~50 mm,可见选用的砂率较为合适,但需调整坍落度。经试验,增加水泥浆量 4%(需增加水泥 0.29 kg,水 0.18 kg),测得坍落度为 35 mm,符合施工要求。并测得拌合物的体积密度为 2 380 kg/m³。试拌后各种材料的实际用量是:

水泥：(7.3+0.29) kg=7.59 kg；

砂：16.92 kg；

石子：31.4 kg；

水：(4.38+0.18) kg=4.56 kg。

总质量为：60.47 kg，设拌合物的实际使用体积是 $V_0(m^3)$，则计算表观密度为 $60.47/V_0$ （kg/m³）。得出基准配合比：

水泥：沙子：石子：水=7.59：16.92：31.4：4.56=1：2.23：4.14：0.60

（4）校核强度

用 0.55、0.60 和 0.65 三个水灰比，分别拌制 3 个试样（其中，0.55 和 0.65 做和易性调整后，满足要求），测得其表观密度分别为 2 442、2 432、2 422 kg/m³，分别做成试块，实测 28 d 抗压强度结果如下表：

序　号	水灰比	混凝土配合比/kg				表观密度/(kg·m⁻³)	强度/MPa
		水泥	砂	石	水		
1	0.55	8.29	16.92	31.4	4.56	2 442	39.8
2	0.60	7.59	16.92	31.4	4.56	2 432	33.4
3	0.65	7.02	16.92	31.4	4.56	2 422	30.2

根据配制强度 $f_{cu,o}$=33.2 MPa，故第 Ⅱ 组满足要求。

（5）计算混凝土实验室配合比

因为第 Ⅱ 组拌合物的表观密度实测值为 $\rho_{c,t}$= 2 432 kg/m³，其计算表观密度为 $\rho_{c,c}$=60.47/V_0（kg/m³），所以配合比校正系数为

$$\delta = \frac{2\ 432}{60.47/V_0} = \frac{2\ 432}{60.47}V_0 = 40.22V_0$$

则实验室配合比 1 m³ 混凝土各材料用量为

水泥：m_c=7.59×40.22 kg=305 kg

砂：m_s=16.92×40.22 kg=680 kg

石子：m_g=31.4×40.22 kg=1 263 kg

水：m_w=4.56×40.22 kg=183 kg

（6）计算混凝土施工配合比

1 m³ 混凝土各材料用量为

水泥：m'_c=m_c=305 kg

砂子：m'_s=m_s(1+a%)=680(1+4%) kg=707 kg

石子：m'_g=m_g(1+b%)=1 263(1+2%) kg=1 288 kg

水：m'_w=m_w-m_s×a%-m_g×b%=（183-680×4%-1 288×2%） kg=130 kg

即确定的混凝土施工配合比为：

$$m'_c : m'_s : m'_g : m'_w = 305 : 680 : 1\ 288 : 130 = 1 : 2.23 : 4.22 : 0.43$$

5.6　高强混凝土

混凝土强度等级在 C60 及以上强度等级的混凝土称高强混凝土。

5.6.1　高强混凝土组成材料的选择

配制高强混凝土所用原材料应符合下列规定：

①应选用质量稳定、强度等级不低于 42.5 级的硅酸盐水泥或普通硅酸盐水泥。

②对强度等级为 C60 级的混凝土，其粗骨料的最大粒径不应大于 31.5 mm，对强度等级高于 C60 级的混凝土，其粗骨料的最大粒径不应大于 25 mm；针片状颗粒含量不宜大于 5.0%，含泥量不应大于 0.5%，泥块含量不宜大于 0.2%；其他质量指标应符合现行行业标准 JGJ53《普通混凝土用碎石或卵石质量标准及检验方法》的规定。

③细骨料的细度模数宜大于 2.6，含泥量不应大于 2.0%，泥块含量不应大于 0.5%。其他质量指标应符合现行行业标准 JGJ52《普通混凝土用砂质量标准及检验方法》的规定。

④配制高强混凝土时应掺用高效减水剂或缓凝高效减水剂。

⑤配制高强混凝土时应掺用活性较好的矿物掺和料，且宜复合使用矿物掺和料。

5.6.2　高强混凝土配合比的设计

1）高强混凝土配合比的计算方法和步骤除应按普通混凝土配合比设计规程规定进行外，尚应符合下列规定：

①基准配合比中的水灰比，可根据现有试验资料选取。

②配制高强混凝土所用砂率及所采用的外加剂和矿物掺和料的品种、掺量，应通过试验确定。

③计算高强混凝土配合比时，其用水量可按表 5.12、表 5.13 的规定确定选取。

④高强混凝土的水泥用量不应大于 550 kg/m³；水泥和矿物掺合料的总量不应大于 600 kg/m³。

2）高强混凝土配合比的试配与确定的步骤应按普通混凝土配合比设计规程的规定进行。当采用 3 个不同的配合比进行混凝土强度试验时，其中一个应为基准配合比，另外两个配合比的水灰比，宜较基准配合比分别增加和减少 0.02~0.03。

3）高强混凝土设计配合比确定后，尚应用该配合比进行不少于 6 次的重复试验进行验证，其平均值不应低于配制强度。

5.7　其他品种混凝土

5.7.1　抗渗混凝土（防水混凝土）

抗渗混凝土是指具有较高抗渗能力的混凝土，其抗渗标号一般应不低于 P6 级。利用抗渗混凝土防水是工程中常采用的刚性防水方式。抗渗混凝土与普通混凝土的区别,主要是在普通混凝土的基础上调整配合比、选择水泥品种、掺加外加剂或混合材料等方法,改善混凝土自身的密实性和抗渗能力。

(1)混凝土的渗水与防水机理

普通混凝土的内部因为施工质量不良、多余水分蒸发、集料级配不当等原因,可能产生许多微孔隙,由于混凝土的早期收缩、特别是养护不当时会产生许多表面微裂纹。在两侧水压力的作用下,水易于通过这些微裂纹和微孔隙从一侧渗透到另一侧。因此,这些缺陷正是混凝土渗水的原因。

防水混凝土是针对上述混凝土的孔隙和缺陷,选择适当的集料、级配、改善胶凝材料的内部结构等方法,减少这些缺陷,提高混凝土密实度,达到防水抗渗的目的。

(2)防水混凝土的抗渗等级

抗渗混凝土抗渗等级表示其对压力水的抗渗能力,它是混凝土的耐久性指标之一。它通常是结构混凝土防水,尚应满足结构对强度的要求,所以防水混凝土必须有足够的强度。一般防水混凝土的强度不得低于 20 MPa,使用温度不得高于 100 ℃;处于侵蚀性介质中的防水混凝土的耐侵蚀系数不得低于 0.80。

结构防水混凝土的抗渗等级要求,主要依据结构物防水混凝土的厚度 h 和两侧压差的最大水头 H。其抗渗等级选择可参照表 5.16。

表 5.16　防水混凝土抗渗等级选择

H/h	<10	10~15	15~25	25~35	>35
抗渗等级	0.6 MPa(P6)	0.8 MPa(P8)	1.2 MPa(P12)	1.6 MPa(P16)	2.0 MPa(P20)

(3)防水混凝土对原材料的要求

①对水泥的要求

在不受侵蚀性介质和冻融作用时,宜采用普通硅酸盐水泥、火山灰硅酸盐水泥、粉煤灰硅酸盐水泥,如采用矿渣硅酸盐水泥时,须采取措施降低泌水率。

②对集料的要求

防水混凝土对砂石的要求除必须满足普通混凝土对集料的要求外,尚要求:

a.粗骨料宜采用连续级配,其最大粒径不宜大于 40 mm,含泥量不得大于 1.0 %,泥块含量不得大于 0.5 %;

b.细骨料的含泥量不得大于 3.0 %,泥块含量不得大于 1.0 %。

③对其他物质的要求

a.外加剂宜采用防水剂、膨胀剂、引气剂、减水剂或引气减水剂;

b.抗渗混凝土宜掺用矿物掺和料。

(4)抗渗混凝土配合比的计算方法和试配步骤

抗渗混凝土配合比的试配与确定的步骤应按普通混凝土配合比规定外,尚应符合下列规定:

①每立方米混凝土中的水泥和矿物掺和料总量不宜小于 320 kg;

②砂率宜为 35%~45%;

③供试配用的最大水灰比应符合表 5.17 的规定。

表 5.17　抗渗混凝土最大水灰比

抗渗等级	最大水灰比	
	C20~C30 混凝土	C30 以混凝土
P6	0.60	0.55
P8~P12	0.55	0.50
P12 以上	0.50	0.45

(5) 常用防水混凝土类型

①普通防水混凝土

普通防水混凝土是通过调整集料级配,使混合集料的总空隙率最小,控制水灰比,增大水泥用量等手段,使新拌混凝土稳定性好、泌水少、混凝土结构密实且缺陷少,从而达到防水抗渗的目的。

②掺外加剂防水混凝土

它利用外加剂的某种功能来提高混凝土的抗渗性。如用引气剂引入微小气泡,隔断渗水通道;利用防水密实剂形成沉淀胶体堵塞渗水通道;利用高效减水剂大幅度降低水灰比,减少泌水和蒸发水形成的孔隙或毛细孔。

③膨胀水泥或膨胀剂防水混凝土

利用膨胀水泥水化硬化过程中的自身膨胀,使混凝土结构在外界约束的条件下自身结构更加密实,达到防水抗渗的目的。

防水混凝土应用在土木建筑结构的基础工程、地下工程,水工构筑物、屋面或桥面工程等,是一种经济可靠的防水材料。工程中还应根据综合条件选择适当的防水混凝土方式,以满足耐久性要求,达到结构自防水的目的。

5.7.2　轻混凝土

凡干表观密度小于 1 950 kg/m³ 的混凝土称为轻混凝土,轻混凝土又可分为轻骨料混凝土、多孔混凝土及无砂混凝土等 3 类。

(1) 轻骨料混凝土

凡是用轻粗骨料、轻细骨料(或普通砂)、水泥和水配制而成的轻混凝土,称为轻骨料混凝土。由于轻骨料种类繁多,故轻骨料混凝土常以轻骨料的种类命名。

①轻骨料按来源可分为 3 类:

a.工业废渣轻骨料(如粉煤灰陶粒、膨胀矿渣珠、煤渣等);

b.天然轻骨料(如浮石、火山渣等);

c.人工轻骨料(如页岩陶粒、黏土陶粒、膨胀珍珠岩等)。

轻骨料按粒径大小分为轻粗骨料和轻细骨料(或称砂轻)。轻粗骨料的粒径大于 5 mm,堆积密度小于 1 000 kg/m³;轻细骨料的粒径小于 5 mm,堆积密度小于 1 200 kg/m³。

②轻骨料混凝土的主要技术性质

a.轻骨料混凝土按干表观密度(kg/m³)可分为 12 个等级:800,900,1 000,1 100,1 200,

1 300,1 400,1 500,1 600,1 700,1 800 及 1 900。

b.轻骨料混凝土拌合物的和易性

由于轻骨料具有颗粒表观密度小、表面粗糙、总表面积大、易于吸水等特点,所以其拌合物适用的流动性范围较窄,过大就会使轻骨料上浮、离析;过小则捣实困难。流动性的大小主要决定于用水量,轻骨料吸水率大,一部分被骨料吸收,其数量相当于 1 h 的吸水量,这部分水称为附加用水量,其余部分称为净水量,这就保证了拌合物获得所要求的流动性和水泥水化的进行。净用水量可根据混凝土的用途及要求的流动性来选择。

c.轻骨料混凝土的强度

轻骨料混凝土的强度等级按立方体抗压强度标准值划分为 CL5.0,CL7.5,CL10,CL20,CL25,CL30,CL35,CL40,CL45,CL50 等。

由于轻骨料为多孔结构,强度低,因而轻骨料的强度为决定轻骨料混凝土强度的主要因素。反映在轻骨料混凝土强度上有两方面的特点:首先是轻骨料会导致混凝土强度下降,用量愈多,混凝土强度降低愈多,而其表观密度也减小。其次每种骨料只能配制一定强度的混凝土,如欲配制高于此强度的混凝土,即使用降低水灰比的方法来提高砂浆的强度,也不可能使混凝土的强度有明显提高。

③轻骨料混凝土的应用

轻骨料混凝土在工业与民用建筑中可用于保温、结构保温和结构承重 3 方面。由于其结构自重小,所以特别适用于高层和大跨度结构(见表 5.18)。

表 5.18 轻骨料混凝土的应用

混凝土名称	强度等级合理范围	密度等级合理范围	用途
保温轻骨料混凝土	CL5.0	800	主要用于保温围护结构或热工构筑物
结构保温轻骨料混凝土	CL5.0~CL15	800~1 400	主要用于既承重又保温围护结构
结构轻骨料混凝土	CL15~CL50	1 400~1 900	主要用做承重围护结构或构筑物

④轻骨料混凝土施工技术特点

a.轻骨料混凝土拌和用水中,应考虑 1 h 吸水量或将轻骨料预湿饱和后再进行搅拌的方法。

b.轻骨料混凝土拌合物中轻骨料容易上浮,因此,应使用强制式搅拌机,搅拌时间应略长。施工中最好采用加压振捣,并掌握振捣时间。

c.轻骨料混凝土拌合物的工作性比普通混凝土差。为获得相同的工作性,应适当增加水泥浆或砂浆的用量。轻骨料混凝土拌合物搅拌后,宜尽快浇灌,以防坍落度损失。

d.轻骨料混凝土易产生干缩裂缝,必须加强早期养护。采用蒸汽养护时,应适当控制静停时间及升温速度。

(2)多孔混凝土

多孔混凝土是一种内部均匀分布细小气孔而无骨料的混凝土。多孔混凝土按成气孔的方法不同,分为加气混凝土和泡沫混凝土两种。

①加气混凝土

加气混凝土是以含钙材料(石灰、水泥)、含硅材料(石英砂、粉煤灰等)和发泡(铝粉)为原料,经磨细、配料、搅拌、浇注、发泡、静停、切割和压蒸养护(在 0.8 ~ 1.5 MPa,175 ~ 203 ℃下养护 6 ~ 28 h)等工序生产而成。一般预制成条板或砌块。

加气混凝土的表观密度约为 300 ~ 1 200 kg/m³,抗压强度约为 0.5 ~ 7.5 MPa,热系数为0.081 ~ 0.29 W/(m·K)。

加气混凝土孔隙率大,吸水率大,强度较低,保温性能好,抗冻性能差,常用做面板材料和墙体材料。

②泡沫混凝土

泡沫混凝土是将水泥浆和泡沫剂拌和后,经硬化而成的一种多孔混凝土。其表密度为300 ~ 500 kg/m³,抗压强度为 0.5 ~ 0.7 MPa,可以现场直接浇筑,主要用屋面保温层。

泡沫混凝土在生产时,常采用蒸汽养护或蒸压养护,当采用自然条件养护时,水泥强度等级不宜低于 32.5,否则强度太低。

(3)大孔混凝土

大孔混凝土是以粒径相近的粗骨料、水泥、水,有时加入外加剂配制而成的混凝土。由于没有细骨料,在混凝土中形成许多大孔。按所用骨料的种类不同,分为普通大孔混凝土和轻骨料大孔混凝土。

普通大孔混凝土的表观密度一般为 1 500 ~ 1 950 kg/m³,抗压强度为 3.5 ~ 10 MPa,多用于承重及保温的外墙体。

轻骨料大孔混凝土的表观密度为 500 ~ 1 500 kg/m³,抗压强度为 1.5 ~ 7.5 MPa,适用于非承重的墙体。大孔混凝土的导热系数小,保温性能好,吸湿性小,收缩较普通混凝土小于20% ~ 150%,抗冻性可达 15 ~ 20 次,适用于墙体材料。

5.7.3　纤维混凝土

纤维混凝土是以混凝土为基体,外掺各种纤维材料而成。掺入纤维的目的是提高混凝土的力学性能,如抗拉、抗弯、冲击韧性,也可以有效地改善混凝土的脆性性质。

常用的纤维材料有钢纤维、玻璃纤维、石棉纤维、碳纤维和合成纤维等。所用的纤维必须具有耐碱、耐海水、耐气候变化的特性。国内外研究和应用钢纤维较多,因为钢纤维对抑制混凝土裂缝的形成,提高混凝土抗拉和抗弯强度,增加韧性效果最佳。

在纤维混凝土中,纤维的含量、纤维的几何形状以及纤维的分布情况,对混凝土性能有重要影响。以钢纤维为例:为了便于搅拌,一般控制钢纤维的长径比为 60 ~ 100,掺量为 0.5% ~1.3%(体积比),选用直径细、形状非圆形的钢纤维效果较佳,钢纤维混凝土一般可提高抗拉强度 2 倍左右,抗冲击强度提高 5 倍以上。

纤维混凝土目前主要用于非承重结构、对抗冲击性要求高的工程,如机场跑道、高速公路、桥面面层、管道等,随着纤维混凝土技术提高,各类纤维性能的改善,在建筑工程中将会广泛应用纤维混凝土。

5.7.4　大体积混凝土

大体积混凝土是指混凝土结构物中实体最小尺寸大于或等于 1 m,或容易因温度应力引起裂缝的混凝土。混凝土坝是典型的大体积混凝土建筑物,其他水工建筑物,港口建筑物,大型基础,核电站压力容器和安全壳等结构的混凝土,一般都属于大体积混凝土。不同类型的大体积混凝土,由于所处的工作环境不同,对混凝土的要求也不完全相同。但各类大体积混凝土的共同要求是控制温度,减少裂缝,满足强度和耐久性要求等。对大体积高层工业与民用建筑中高层建筑的泵送混凝土还要有混凝土和易性的要求。

(1)原材料的选择

①水泥 应选用水化热低,凝结时间长的水泥,优先选用低热水泥,矿渣硅酸盐水泥、粉煤灰硅酸盐水泥、火山灰硅酸盐水泥,大坝硅酸盐水泥等。

②掺和料 为降低水泥水化热、延缓水化热的释放,改善大体积混凝土性能和增加灰浆量,在混凝土材料中掺加一定数量的混合材料,如粉煤灰、矿渣微细粉、火山灰质混合材料等。

③外加剂 缓凝剂能延迟混凝土拌合物的凝结和硬化,从而改善混凝土施工条件。但为了获得正常的缓凝效果,必须严格控制缓凝外加剂的掺量。常用的缓凝剂有糖钙、木钙、酒石酸和柠檬酸等。

(2)大体积混凝土温控及防止裂缝措施

①规范规定 大体积混凝土的浇筑应合理分段分层进行。使混凝土沿高度均匀上升;浇筑应在室外气温较低时进行,混凝土浇筑温差不宜超过28℃;大体积混凝土的养护,应根据气候条件采取控温措施,并按需要测定浇筑后的混凝土表面和内部温度,将温差控制在设计要求的范围以内;当设计无具体要求时,温差不宜超过25℃。

②混凝土表面温度骤降,是产生混凝土表面裂缝的主要原因 防止表面裂缝的主要手段是保温。使混凝土内外温度保持相同温差和分布形式同步下降,就不会产生温度应力。表层混凝土温度应力的产生,是由于内外温度变化不同步,表层温度下降过快,表层温度梯度变陡所致。因此,只需控制表层温度变化,使之在允许范围之内,即可防止表面裂缝。

③采取降温和预冷措施

a.降低混凝土的热强比,可通过采用低热水泥,浇筑低流态混凝土,使用外加剂,加大骨料粒径,改善骨料级配,加掺混合料等综合措施,在不降低混凝土强度的前提下,最大限度地减少水泥用量。

b.利用顶面散热削弱水泥水化热温升,在夏季浇筑混凝土时,应尽量薄层浇筑。

c.采取简易措施降低混凝土浇筑温度,例如搭凉棚,在粗骨料堆上洒水喷雾。

d.人工冷却措施,包括加冷水或加冰屑拌和预冷骨料以及埋设冷却管进行初期通水冷却。

④大体积混凝土施工前应进行质量预控。

5.8 混凝土强度检验评定

混凝土的质量和强度保证率直接影响混凝土结构的可靠性和安全性,但混凝土的质量受多种因素的影响,如原材料质量的波动、施工配料的误差限制条件和气温变化等的影响。在正常施工条件下,这些影响因素都是随机的。因此,混凝土的质量也是随机的。为保证混凝土结构的可靠性,必须对混凝土质量进行控制和验收。

5.8.1　混凝土质量波动与控制

对混凝土进行质量控制是一项非常重要的工作。应该按规定的时间与数量,检查混凝土组成材料的质量与用料量。在搅拌地点及浇筑地点要检查混凝土拌合物的坍落度或维勃稠度。而且,还须检查配合比是否因外界因素影响而有所变动,以及搅拌时间是否充分等等。对硬化后混凝土性能的控制尤为重要。对混凝土强度的检验主要是抗压强度,必要时还要检验其抗冻性、抗渗性等性能。

(1)影响混凝土质量的主要因素

①原材料及施工方面的影响

a.水泥、骨料及外加剂等原材料的质量和计量的波动;

b.用水量或骨料含水量的变化所引起水灰比的波动;

c.搅拌、运输、浇筑、振捣、养护条件的波动以及气温变化等。

②试验条件方面的影响

取样方法、试件成型及养护条件的差异、试验机的误差和试验人员的操作熟练程度等。

(2)普通混凝土质量控制适用范围

混凝土的质量控制包括初步控制、生产控制和合格控制。实施混凝土质量控制应符合下列规定:

①通过对原材料的质量检验与控制、混凝土配合比的确定与控制、混凝土生产过程各工序的质量检验与控制以及合格性检验控制,使混凝土质量符合规定要求。

②在生产和施工过程中进行质量检测,计算统计参数,应用各种质量管理图表,掌握动态信息,控制整个生产和施工期间的混凝土质量,并遵循升级循环的方式,制订改进质量的措施,完善质量控制过程,使混凝土质量稳定提高。

③必须配备相应的技术人员和必要的检验及试验设备,建立和健全必要的技术质量控制制度。

混凝土在正常连续生产的情况下,可用数理统计方法来检验混凝土强度或其他技术指标是否达到质量要求。统计方法可用算术平均值、标准差、变异系数和保证率等参数综合地评定混凝土的质量。在混凝土生产质量管理中,由于混凝土的抗压强度与其他性能有较好的相关性,因此,实际工程中混凝土的质量一般以抗压强度进行评定。

5.8.2　混凝土强度评定

(1)强度概率分布——正态分布

对某种混凝土经随机取样测定其强度,其数据经过整理绘成强度概率分布曲线,一般均接近正态分布曲线(图5.18)。正态分布曲线高峰为混凝土平均强度 $\bar{f}$ 的概率。以平均强度为对称轴,左右两边曲线是对称的。距对称轴愈远,出现的概率就愈小,并逐渐趋于零。曲线和横坐标之间的面积为概率的总和等于100%。

正态分布曲线越矮越宽,表示强度数据的离散程度越大,说明施工控制水平越差。曲线窄而高,说明强度测定值比较集中,波动较小,混凝土的均匀性好,施工水平较高。

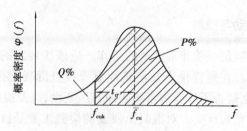

图 5.18　标准正态分布曲线

(2)混凝土强度平均值、标准差、变异系数、保证率

①强度平均值 $\bar{f}_{cu}$

$$\bar{f}_{cu} = \frac{1}{n}\sum_{i=1}^{n} f_{cu,i} \qquad (5.16)$$

式中,n——试验组数;

$f_{cu,i}$——第 I 组试验值。

②标准差

强度平均值仅能代替混凝土强度总体的平均值,但并不说明其强度的波动情况。混凝土强度波动情况由强度标准差 σ 反映。

$$\sigma = \sqrt{\frac{\sum_{i=1}^{n}(f_{cu,i} - \bar{f}_{cu})^2}{n-1}} \ \text{或}\ \sigma = \sqrt{\frac{\sum_{i=1}^{n} f_{cu,i}^2 - n\bar{f}_{cu}^2}{n-1}} \qquad (5.17)$$

式中,σ——混凝土强度标准差,MPa;

n——试件组数;

$f_{cu,i}$——第 i 组混凝土试件的立方体抗压强度值,MPa。

标准差又称均方差,它表明分布曲线的拐点距强度平均值的距离。σ 值越大说明强度离散程度越大,混凝土质量也越不稳定。

③变异系数 C_v

$$C_v = \frac{\sigma}{\bar{f}_{cu}} \qquad (5.18)$$

变异系数又称离差系数或标准差系数。C_v 值越小,说明混凝土质量越稳定,混凝土的质量水平越高。可根据标准差 σ 和强度不低于要求强度等级值的百分率 P,参照表 5.19 来评定混凝土的生产管理水平。

表 5.19　混凝土质量管理水平

生产质量水平		优良		一般	
评定指标 ＼ 混凝土强度等级 ＼ 生产场所		<C20	≥C20	<C20	≥C20
混凝土强度标准差 σ /MPa	商品混凝土厂和预制混凝土构件厂	≤3.0	≤3.5	≤4.0	≤5.0
	集中搅拌混凝土的施工现场	≤3.5	≤4.0	≤4.5	≤3.5
强度不低于规定强度等级值的百分率 P/%	商品混凝土厂、预制混凝土构件厂及集中搅拌混凝土的施工现场	≥95		>85	

④强度保证率 P

在统计周期内混凝土强度大于或等于规定强度等级值的百分率,即

$$P = \frac{N_0}{N} \tag{5.19}$$

式中,P——强度百分率,%;

$\qquad$ N_0——统计周期内同批混凝土试件强度大于或等于规定强度等级值的组数;

$\qquad$ N——统计周期内同批混凝土试件总组,$N \geqslant 25$。

混凝土强度应分批进行检验评定。由强度等级相同、龄期相同以及生产工艺条件和配合比基本相同的混凝土组成一个验收批,进行分批验收。对施工现场浇筑的混凝土,应按单位工程的验收项目划分验收批。

(3)标准差已知的统计方法

同一品种的混凝土生产,有可能在较长时间内,通过质量管理,维持基本相同的生产条件,即维持原材料、设备、工艺以及人员配备的稳定性,即使有所变化,也能很快地予以调整而恢复正常。如预拌混凝土厂、预制混凝土构件厂和采用现场集中搅拌混凝土的施工单位,可采用统计方法。这类生产状况下的每批混凝土强度变易性基本稳定,每批的强度标准差 σ_0。可按常数考虑,而且其数值可以根据前一时期生产累计的强度数据,其生产周期不大于 3 个月,且不少于 15 个连续批次的强度数据计算确定 σ_0,即

$$\sigma_0 = \frac{0.59}{m} \sum_{i=1}^{m} \Delta f_{\text{cu},i} \tag{5.20}$$

式中,$\Delta f_{\text{cu},i}$——前一检验期内第 i 验收批混凝土试件中强度最大值与最小值之差,MPa;

$\qquad$ m——前一检验期内验收批的总批数($m \geqslant 15$)。

对这类生产状况下所测量得到的一批混凝土强度的代表值应同时符合式(5.21)、式(5.22)和式(5.23)或式(5.24)的要求。

$$mf_{\text{cu}} \geqslant f_{\text{cu,k}} + 0.7\sigma_0 \tag{5.21}$$

$$f_{\text{cu,min}} \geqslant f_{\text{cu,k}} - 0.7\sigma_0 \tag{5.22}$$

当混凝土强度等级不高于 C20 时,其强度最小值尚应满足式(5.23)的要求:

$$f_{\text{cu,min}} \geqslant 0.85 f_{\text{cu,k}} \tag{5.23}$$

当混凝土强度等级高于 C20 时,其强度最小值尚应满足式(5.24)的要求:

$$f_{\text{cu,min}} \geqslant 0.90 f_{\text{cu,k}} \tag{5.24}$$

式中,mf_{cu}——同一验收批混凝土强度的标准值,MPa;

$\qquad$ $f_{\text{cu,k}}$——设计的混凝土强度标准值,MPa;

$\qquad$ $f_{\text{cu,min}}$——同一验收批混凝土强度的最小值,MPa;

$\qquad$ σ_0——混凝土强度标准差,MPa。

(4)混凝土强度的合格性判定

当检验批混凝土强度能满足上述方法之一时,则该批混凝土强度判为合格;当不能满足上述规定时,该批混凝土强度判为不合格。

由不合格批混凝土制成的结构或构件,应进行鉴定。对不合格的结构或构件必须及时处理。

当对混凝土试件强度的代表性有怀疑时,可采用从结构或构件中钻取试件的方法或采用

非破损检验方法,按有关标准的规定对结构或构件中混凝土的强度进行推定。

应当指出,当检验结构或构件拆模、出池、出厂、吊装、预应力钢筋张拉或放张时,以及施工期间需短暂负荷时,需知实际的混凝土强度大小,应制作同条件养生试件。试件的成型方法和养护条件应与施工现场采用的成型方法和养护条件相同。

复习思考题

1.混凝土是如何分类?普通混凝土有哪些优缺点?

2.何谓碱骨料反应?发生条件有哪些?如何防止?

3.何谓骨料级配?骨料级配良好的标准是什么?混凝土的骨料为什么要级配良好?

4.混凝土耐久性包括哪些含义?提高耐久性的措施有哪些?

5.何谓混凝土干缩变形和徐变?它们受哪些因素影响?

6.混凝土拌合物和易性的含义是什么?如何评定?影响和易性的因素有哪些?

7.什么是合理砂率?合理砂率有何技术及经济意义?

8.影响混凝土强度的因素有哪些?采用哪些措施可提高混凝土强度?

9.何谓混凝土配合比?如何表示?

10.表示混凝土各组成材料之间比例关系的重要参数有哪些?各参数的确定原则是什么?

11.混凝土配合比设计的基本要求有哪些?

12.简述混凝土减水剂的作用机理及作用效果。

13.轻骨料混凝土有何特性?施工中应注意哪些问题?

14.在测定混凝土拌合物和易性时,可能出现以下 4 种情况:

(1)流动性比要求的小;

(2)流动性比要求的大;

(3)流动性比要求的小,而且黏聚性较差;

(4)流动性比要求的大,且黏聚性、保水性也差。试问这 4 种情况应分别采取哪些措施来调整?

15.现需制作钢筋混凝土梁,断面尺寸为 30 cm×40 cm,钢筋间的最小净距为 5 cm,试确定粗骨料的最大粒径。

16.工地采用强度等级 42.5 的普通水泥拌制卵石混凝土,所用水灰比为 0.56。问此混凝土能否达到 C25 混凝土要求?

17.混凝土配合比为 1:2.3:4.1,水灰比为 0.60。已知每立方米混凝土拌合物中水泥用量为 295 kg。现场有砂 15 m³,此砂含水量为 4 %,堆积密度为 1 500 kg/m³。求现场砂能生产多少立方米的混凝土?

18.混凝土经过试拌调整后,各项材料的拌和用量为:水泥 4.5 kg、水 2.7 kg、砂 9.9 kg、碎石 18.9 kg。测得混凝土拌合物的堆积密度为 2 400 kg/m³。

(1)试计算每立方米混凝土的各项材料用量为多少?

(2)如施工现场砂子含水率 4%,石子含水率为 1%,求施工配合比。

（3）如果不进行配合比换算，直接把试验室配合比在现场施工使用，则实际的配合比如何？对混凝土强度将产生多大影响？

19.某混凝土的试验室配合比为（1：2.1：4.3）水泥：砂：石子，W/C = 0.54。已知水泥密度为 3.1 g/cm³，砂、石子的表观密度分别为 2.6 g/cm³ 及 2.65 g/cm³。

试计算每立方米中各项材料用量（含气量 α 按 1% 计）。

20.现浇框架结构梁，混凝土设计强度等级 C30，施工要求坍落度为 30~50 mm，施工单位无历史统计资料。

采用原材料为：普通水泥强度等级 42.5，ρ_c = 3 000 kg/m³；中砂：ρ_0 = 2 600 kg/m³；碎石：D_{max} = 20 mm，ρ_g = 2 650 kg/m³；自来水。试求初步配合比。

第6章
建筑砂浆

建筑砂浆是由胶凝材料、细骨料、掺和料和水按一定比例配制而成的建筑工程材料,它与混凝土的主要区别是组成材料中没有粗骨料,因此,建筑砂浆也可称为无粗骨料的混凝土。

建筑砂浆在建筑工程中,是一项用量大,用途广泛的建筑材料,在砖石结构中砂浆可以把单块的黏土砖、石块以至砌块胶结起来,构成砌体,砖墙勾缝和大型墙板的接缝也要用砂浆来填充,墙面、地面及梁柱结构的表面都需要用砂浆抹面起到保护结构和装饰的效果,镶贴大理石、水磨石、贴面砖、瓷砖、马赛克以及制作钢丝网水泥等都要使用砂浆。

建筑砂浆的品种很多,根据用途的不同,建筑砂浆主要分为砌筑砂浆,抹面砂浆(普通抹面砂浆、防水砂浆、装饰砂浆等),特种砂浆(如吸声砂浆、耐腐蚀砂浆、防辐射砂浆等)。

按所用胶凝材料的不同,建筑砂浆分为水泥砂浆,石灰砂浆、石膏砂浆、混合砂浆(如:水泥石灰砂浆、水泥黏土砂浆和石灰黏土砂浆)。按表现密度不同分为:轻砂浆:表现密度小于 1 500 kg/m³,重砂浆:表现密度大于 1 500 kg/m³。

6.1 砌筑砂浆

用于砌筑砖、石、砌块成为砌体,或拼接、安装板材成为墙体的砂浆,称作砌筑砂浆,它的作用是黏结块体材料成为稳固的砌体或墙体,传递荷载,填充块材间缝隙,密封、隔热、隔音,因此,砌筑砂浆是砌体的重要组成部分。

6.1.1 砌筑砂浆的组成材料

(1)胶凝材料

水泥是一般砌筑砂浆中的主要胶凝材料,选用水泥时,应满足以下两点要求:

1)水泥品种合理

一般的砌筑砂浆应优先选择通用水泥中的 6 个品种之一,如:普通水泥、矿渣水泥等,应根据工程所处的环境条件,选用合适的水泥品种。但应注意,不同品种的水泥,不得混合使用。

2)水泥等级适合、经济

一般情况下,水泥的强度等级应与所配制的砂浆强度等级相匹配,一般水泥强度等级应为砂浆强度等级的 4~5 倍为宜。由于砂浆强度等级不高,故一般选用中、低强度等级的水泥即能满足使用要求,工程中,在配制水泥砂浆时,其所用水泥强度等级不宜大于 32.5 级,水泥用量不应小于 200 kg/m³,水泥混合砂浆采用的水泥,其强度不宜大于 42.5 级,水泥和掺和料总量宜为 300~350 kg,对于一些特殊用途砂浆,如修补裂缝、预制构件嵌缝,结构加固等应采用膨胀水泥。

（2）细骨料—砂子

砂子是砌筑砂浆的细骨料,对其的要求除应符合混凝土用砂的技术要求外,由于砂浆层较薄,故对砂子的最大粒径应有限制,对于毛石砌体所用的砂,最大粒径应小于砂浆层厚度的 1/4~1/5,对于砖砌体所用的砂浆使用中砂为宜,粒径不得大于 2.5 mm,对于光滑抹面及勾缝用的砂浆则应使用细砂。

砂中的含泥量对砂浆的强度、变形,稠度及耐久性影响较大,为保证砂浆质量,应选用洁净的砂,对于强度等级为 M5 以上的砂浆,砂的含泥量不应超过 5%,强度等级为 M5 以下的水泥混合砂浆,砂的含泥量不应超过 10%。

（3）掺和料

为改善砂浆的和易性和节约水泥,可在砂浆中加入一些无机的细颗粒掺和料,如石灰膏,黏土膏、电石膏、粉煤灰等。

为了保证砂浆的质量,需将生石灰熟化成石灰膏,熟化时应用孔径不大于 3 mm×3 mm 的网过滤,熟化时间不应少于 7 d,沉淀池中贮存的石灰膏,应采取防止干燥、冻结和污染的措施,严禁使用脱水硬化的石灰膏。由块状生石灰磨细得到的磨细生石灰,其细度用 0.080 mm 筛的筛余量不应大于 15%。消石灰粉使用时也应预先浸泡,不得直接用于砌筑砂浆。

采用黏土或亚黏土（砂质黏土）,制备黏土膏时,宜用搅拌机加水搅拌,并用孔径不大于 3 mm×3 mm 的网过筛。

制作电石膏的电石渣应用孔径不大于 3 mm×3 mm 的网过滤,检验时应加热至 70 ℃并保持 20 min,没有乙炔气味后,方可使用。

粉煤灰是砂浆中较为理想的掺和料,掺粉煤灰的砂浆已被广泛就用,粉煤灰通过其形态效应,山灰效应和微集料效应,提高了砂浆的保水性,塑性、强度,同时又节约了水泥和石灰,降低了工程成本。

（4）水

拌制砂浆用水的技术要求与混凝土拌和用水相同,应采用不含有害杂质的洁净水或饮用水。

（5）外加剂

为了改善和提高砂浆的某些性质,更好地满足施工条件和使用功能的要求,可在砂浆中掺入一定种类的外加剂,但对所选外加剂的品种和掺和量必须通过试验来确定。

6.1.2　砌筑砂浆的主要性质

为保证工程质量,新拌砂浆应具有良好的和易性,硬化后的砂浆应具有需要的强度,与底面的黏结力及较小的变形和规定的耐久性。

（1）新拌砂浆的和易性

新拌砂浆的和易性是指砂浆易于施工并能保证质量的综合性质,和易性良好的砂浆容易在砖、石表面上铺展均匀、紧密、层薄,使上下及左右的块材紧紧黏结,这样,既便于施工操作,提高工效,又能提高灰缝的饱和度。砂浆的和易性包括流动性和保水性两方面内容。

1)流动性(又称稠度)

砂浆的流动性是指砂浆在自重或外力作用下是否易于流动的性能:其大小用"沉入度"表示,通常用砂浆稠度仪测定,沉入度越大,砂浆的流动性越好。

砂浆的流动性与胶凝材料的品种和数量,用水量,砂子粗细、形状、级配以及砂浆搅拌时间,使用时间等因素有关。

砌筑砂浆流动性的选择与砌体材料品种,施工条件和气候条件等因素有关,对于多孔吸水的砌体材料和干热的天气,则要求砂浆的流动性要大些,相反对于密实不吸水的材料和湿冷的天气,可要求砂浆流动性小些,一般情况下,可参考表 6.1 选择砂浆的流动性。

表 6.1 砌筑砂浆的稠度

砌体种类	砂浆稠度/mm
烧结普通砖砌体	70~90
轻骨料混凝土小型空心砌块砌体	60~90
烧结多孔砖、空心砖砌体	60~80
烧结普通砖平拱式过梁 空斗墙、筒拱 普通混凝土小型空心砌块砌体,加气混凝土砌块砌体	50~70
石砌体	30~50

2)保水性

砂浆的保水性是指砂浆能够保持水分的能力。保水性好的砂浆无论是运输、静置还是铺设在底面上,水都不会很快从砂浆中分离出来,能保持必要的流动性。在砂浆中保持一定数量的水分,不但易于操作,而且还能使水泥正常水化,保持了砌体强度,相反,保水性不好的砂浆,在砌筑过程中因多孔的砌块吸水,使砂浆在短时间内变得干稠,难以摊成均匀的薄砂浆层,使砌块之间的砂浆不饱满,形成穴洞,降低了砌体强度。

砂浆的保水性以"分层度"表示,用砂浆分层度测量仪测定,保水性良好的砂浆,分层度应在 10~30 mm。分层度大于 30 mm 时,砂浆保水性差,易于离析,分层度小于 10 mm 的砂浆过于黏稠,不便施工,通过大量试验验证,水泥砂浆的分层度不应大于 30 m,水泥混合砂浆分层度一般不超过 20 mm。

凡是砂浆内胶凝材料用量充足,尤其是掺用增塑材料的砂浆,其保水性都很好。砂浆中掺入适量的引气剂或减水剂,也能改善砂浆的保水性和流动性。

(2)砂浆的强度和强度等级

砂浆硬化后应具有足够的强度,强度的大小用强度等级表示,抗压强度是划分砂浆强度等级的主要依据。

砂浆的强度等级代号是 M,划分为 M2.5、M5、M7.5、M10、M15、M20 等 6 个强度等级。砂浆的强度等级是以边长为 70.7 mm 的立方体试件,一组 6 块,按规定方法成型并在标准条件下养护 28 d 后测定的抗压强度平均值表示。

砌筑砂浆的强度主要取决于所砌筑的基层材料的吸水性,对于普通水泥配制的砂浆,可参考下列公式计算其抗压强度。

1)用于不吸水基层(如致密的石材)的砂浆强度与混凝土相似,主要取决于水泥强度和水灰比,可用下式计算:

$$f_{m,o} = 0.29 f_{ce} \left(\frac{C}{W} - 0.4 \right) \tag{6.1}$$

式中　$f_{m,o}$——砂浆 28 d 的抗压强度,MPa;

$\quad f_{ce}$——水泥的实际强度,MPa;

$\quad \dfrac{C}{W}$——灰(水泥)水比。

2)用于吸水基层(砖和其他多孔材料)时,由于基层吸水性强,即使砂浆用水量不同,但因砂浆具有一定的保水性,虽经基层吸水后,保留在砂浆中的水分几乎是相同的,在这种情况下,砂浆的强度主要取决于水泥强度等级和水泥用量,而与水灰比无关,计算公式如下:

$$f_{m,o} = \frac{\alpha \cdot f_{ce} \cdot Q_c}{1\,000} + \beta \tag{6.2}$$

式中　$f_{m,o}$——砂浆 28 d 的抗压强度,MPa;

$\quad Q_c$——每立方米砂浆的水泥用量,kg;

$\quad \alpha, \beta$——砂浆的特征系数,其中:$\alpha = 3.03$,$\beta = -15.09$;

$\quad f_{ce}$——水泥的实测强度,MPa(当无法取得 f_{ce} 时,可用水泥强度等级)。

(3)砂浆的黏结力

砖石砌体是靠砂浆把许多块状的材料黏结成为一个坚固的整体,因此要求砂浆对砖石要有一定的黏结力,一般情况下,砂浆的抗压强度越高,其黏结力越大,此外,砂浆的黏结力与砖石表面状况,清洁程度,湿润情况及施工养护条件等都有相当关系,如砌砖要事先浇水湿润表面,不沾泥土,就可以提高砂浆的黏结力,保证砌体的质量。

(4)砂浆的变形性

砂浆在承受荷载或在温度变化时,均会产生变形,如果变形过大或变形不均匀,则会降低砌体的质量,引起砌体沉陷或出现裂缝,在使用轻骨料拌制的砂浆时,其收缩变形比普通砂浆大。

(5)砂浆的耐久性

砂浆的耐久性是指砂浆在各种环境条件作用下,具有经久耐用的性能,经常与水接触的水工砌体有抗渗及抗冻要求,故水工砂浆应考虑抗冻、抗渗性。

1)抗冻性

砂浆的抗冻性是指砂浆抵抗冻融循环作用的能力,砂浆受冻遭损是由于其内部孔隙中水的冻结膨胀引起孔隙破坏而致,因此,密实的砂浆和具有封闭性孔隙的砂浆都具有较好的抗冻性,影响砂浆抗冻性的因素还有水泥品种,强度等级和水灰比等。

2)抗渗性

砂浆的抗渗性是指砂浆抵抗压力水渗透的能力,它主要与砂浆的密实度及内部孔隙的大小和特征有关,砂浆内部互相连通的孔以及成型时产生的蜂窝,孔洞都会造成砂浆的渗水。

6.1.3 砌筑砂浆的配合比设计

砌筑砂浆应根据工程类别及砌体部位的设计要求来选择砂浆的强度等级,再按所选择的砂浆强度等级确定其配合比,通常可以查阅有关手册和资料来选择,也可以通过计算、试配确定,下面介绍用于吸水基层的砌筑砂浆配合比设计步骤:

(1)确定砂浆的配制强度

砂浆与混凝土类似,其强度也是在一定范围内上下波动的,砌筑砂浆的配制强度应高于设计强度,可按下式确定:

$$f_{m,o} = f_{m,k} + 0.645\sigma \tag{6.3}$$

式中,$f_{m,o}$——砂浆配制强度,MPa;

$f_{m,k}$——砂浆设计强度(强度等级),MPa;

σ——砂浆现场强度标准差,MPa。

砌筑砂浆现场强度标准差 σ,在无近期统计资料时,可按表6.2取用。

表6.2 砌筑砂浆强度标准差 σ 取用表

施工水平 \ 强度等级	M2.5	M5	M7.5	M10	M15	M20
优良	0.50	1.00	1.50	2.00	3.00	4.00
一般	0.62	1.25	1.88	2.50	3.75	5.00
较差	0.75	1.50	2.25	3.00	4.50	6.00

(2)确定水泥用量

1 m³砂浆中的水泥用量,按下式计算:

$$Q_c = \frac{1\,000(f_{m,o} - \beta)}{\alpha \cdot f_{ce}} \tag{6.4}$$

式中,Q_c——1 m³砂浆的水泥用量,kg/m³;

$f_{m,o}$——砂浆配制强度,MPa;

f_{ce}——水泥的实测强度,MPa,精确至0.1 MPa;

α,β——砂浆的特征系数,其中:$\alpha = 3.03$,$\beta = -15.09$。

当计算出水泥砂浆中的水泥计算用量不足 200 kg/m³时,应按 200 kg/m³采用。

(3)确定掺和料用量 Q_d

水泥混合砂浆的掺和料用量应按下列计算:

$$Q_d = Q_a - Q_c \tag{6.5}$$

式中,Q_d——每 m³砂浆的掺和料用量,kg;

Q_a——1 m³砂浆的水泥和掺和料的总量,kg,一般在 300~500;

Q_c——每 m³砂浆的水泥用量,kg。

石灰膏不同稠度时,其用量应按表6.3中的系数进行换算。

表 6.3 石灰膏不同稠度时的换算系数

石灰膏稠度	120	110	100	90	80	70	60	50	40	30
换算系数	1.00	0.99	0.97	0.95	0.93	0.92	0.90	0.88	0.87	0.86

（4）确定砂浆中的砂子用量 Q_s。

砂浆中的水、胶凝材料和掺和料是用来填充砂子中的空隙的，因此，1 m³ 砂浆中应含有 1 m³ 堆积体积的砂子，所以每立方米砂浆中砂子的用量，应以干燥状态（含水率小于 0.5%）的堆积密度值作为计算值，单位以 kg/m³ 计。

（5）确定砂浆中的用水量 Q_w。

每 1 m³ 砂浆中的用水量，根据砂浆稠度等要求可在 270~330 kg 选用，或根据经验选择，此时：

①混合砂浆中用水量，不包括石灰膏或黏土膏中的水；

②当采用细砂或粗砂时，用水量分别取上限或下限；

③稠度值小于 70 mm 时，用水量可小于下限；

④施工现场气候炎热或干燥季度，可酌情增加用水量。

为了解决水泥砂浆计算水泥用量偏少的问题，水泥砂浆配合比可采用查表法，水泥砂浆材料用量可按表 6.4 选用。

表 6.4 水泥砂浆配合比材料用量

强度等级	1 m³ 砂浆水泥用量/kg	1 m³ 砂浆砂子用量/kg	1 m³ 砂浆用水量/kg
M2.5~M5	200~230		
M7.5~M10	220~280	1 m³ 砂子的堆积密度值	270~330
M15	280~340		
M20	340~400		

注：①此表水泥强度等级为 32.5，大于 32.5 时水泥用量取下限；

②依据施工水平合理选择水泥用量；

③当采用细砂或粗砂时，用水量分别取上限或下限；

④稠度小于 70 mm 时，用水量可小于下限；

⑤施工现场气候炎热或干燥季节，可酌情增加用水量。

（6）配合比试配，调整与确定

试配时采用工程中实际使用的材料，机械搅拌，搅拌时间自投料结束算起，应符合下列规定：

1）对水泥砂浆和水泥混合砂浆，不得小于 120 s。

2）对掺用粉煤灰和外加剂的砂浆，不得小于 180 s。

试配分以下两个步骤：

1）试拌调整

按计算或查表所得配合比进行试拌时，测定拌合物分层度和稠度。若不能满足要求，则应调整材料用量,直到符合要求为止。此配合比即为试配时的砂浆基准配合比。

2)校核强度

试配时至少应采用 3 个不同的配合比,其中一个为上述试拌调整所得的基准配合比,另外两个配合比的水泥用量按基准配合比分别增加及减少 10%。在保证稠度、分层度合格的条件下,可将用水量或掺加料用量做相应调整。经调整后,按规定成型试件,测定砂浆强度等级,并选定符合强度要求的水泥用量较少的砂浆配合比。

砂浆配合比确定后,当原料有变更时,其配合比必须重新实验确定。

(7)砌筑砂浆的应用

根据砂浆的使用环境和强度等级指标要求,砌筑砂浆可以选用水泥砂浆,石灰砂浆,水泥石灰混合砂浆。

1)水泥砂浆,适用于潮湿环境,水中以及要求砂浆强度等级≥M5.0 级的工程。

2)石灰砂浆,适用于地上,强度要求不高的低层或临时建筑工程中。

3)水泥石灰混合砂浆,适用于砂浆强度等级<M5.0 级的工程。这种砂浆的强度和耐久性介于水泥砂浆和石灰砂浆之间。

砌筑砂浆配合比设计实例:

【例题】 要求设计用于砌筑砖墙的砂浆 M10 等级,稠度 70~90 mm 的水泥石灰砂浆配合比。原材料的主要参数:水泥:42.5 普通硅酸盐水泥;砂子:中砂,堆积密度为 1 450 kg/m³,含水率 2%;石灰膏:稠度 100 mm;施工水平:一般。

【解】 (1)计算配制强度 $f_{m,o}$

$$f_{m,o} = f_{m,k} + 0.645\sigma = (10 + 0.645 \times 2.5)\text{Mpa} = 11.6 \text{ MPa}$$

(2)计算水泥用量 Q_c

$$Q_c = \frac{1\,000(f_{m,o-\beta})}{\alpha \cdot f_{ce}} = \frac{1\,000 \times (11.6+15.09)}{3.03 \times 42.5}\text{kg/m}^3 = 207 \text{ kg/m}^3$$

(3)计算石灰膏用量 Q_d

$$Q_d = Q_a - Q_c = (350-207)\text{kg/m}^3 = 143 \text{ kg/m}^3$$

石灰膏稠度 100 mm 换算成 120 mm(查表 6.3)

$$143 \times 0.97 \text{ kg/m}^3 = 139 \text{ kg/m}^3$$

(4)根据砂子堆积密度和含水率,计算用砂量 Q_s

$$Q_s = 1\,450 \times (1+0.02)\text{kg/m}^3 = 1\,479 \text{ kg/m}^3$$

(5)选择用水量 Q_ω

根据表 6.4,选择用水量 $Q_\omega = 300$ kg/m³。砂浆试配时各材料的用量比例为:水泥:石灰膏:砂:水 = 207:139:1 479:300 = 1:0.67:7.14:1.45。

6.2 抹灰砂浆

抹灰砂浆是以薄层涂抹在建筑物或构筑物表面的砂浆,又称抹面灰浆,按其功能不同可分为普通抹灰砂浆、防水砂浆、装饰砂浆等,按所用材料不同,又分为水泥砂浆、混合砂浆和石灰砂浆等,它们的基本功能都是黏结于基体之上,既可保护建筑物,增加建筑物的耐久性,满足使用要求,又可使其表面平整、光洁美观、对建筑物具有装饰和保护双重功效。

6.2.1 普通抹灰砂浆

普通抹灰砂浆是几乎所有土木工程中都会使用的,它的功能是抹平表面,使光洁、美观,包裹并保护基体,免受风雨破坏与液、气体介质的腐蚀,延长使用寿命,同时还兼有保温、调湿功能。

1)胶凝材料:通用水泥 6 个品种均可使用,底层用石灰膏需陈伏两周以上,面层用需陈伏一个月以上。

2)沙子:宜中砂或中砂与粗砂混合使用,在缺乏中砂、粗砂的地区,可以使用细砂,但不能单独使用粉砂。一般抹灰分三层(或两层)进行,底层、中层用砂的最大粒径为 2.5 mm,面层的最大粒径为 1.2 mm。

3)加筋材料:加筋材料包括麻刀、纸筋、玻璃纤维等,麻刀是絮状短麻纤信,长约 30 mm,石灰膏麻刀灰由 100 份石灰膏加 1 份(质量比)麻刀拌和而成,纸筋灰由 100 份石灰膏掺加 3 份(质量比)纸筋拌和而成,玻璃纤维剪切成 10 mm 左右,以 100 份石灰膏掺加 0.25 份玻纤丝制成。

4)胶料;为提高砂浆黏结力,有时还掺加白乳胶或 107 胶。

对于抹灰砂浆通常是选择经验配比,而不做计算。

与砌筑砂浆不同,对抹灰砂浆的主要技术要求不是抗压强度,而是和易性以及与基底材料的黏结力,故需要多用一些胶凝材料,为了保证抹灰层表面平整,避免开裂脱落,抹灰砂浆常分为底层、中层和面层三层涂抹,各层作用不同,故所用砂浆也不同。

底层砂浆主要起与基层黏结的作用,砖墙底层抹灰多用石灰砂浆,有防水防潮要求时用水泥砂浆,混凝土底层抹灰多用水泥砂浆或混合砂浆,板条墙及顶棚的底层抹灰多用混合砂浆或石灰砂浆。

中层砂浆主要起找平作用,多用混合砂浆或石灰砂浆。

面层砂浆主要起保护装饰作用,砂浆中宜用细砂,面层抹灰多用混合砂浆、麻刀石灰砂浆、纸筋石灰砂浆,在容易碰撞或潮湿部位的面层,如墙裙、踢脚板、雨篷、水泥、窗台等部位均应采用水泥砂浆。

6.2.2 防水砂浆

防水砂浆是一种制作防水层的抗渗性高的砂浆。砂浆防水层又叫刚性防水层,这种防水层仅适用于不受震动和具有一定刚度的混凝土或砖石砌体工程,而对于变形较大或可能发生不均匀沉陷的建筑物,都不宜采用刚性防水层。

防水砂浆是一种依靠特定的施工工艺或在普通水泥砂浆中掺入防水剂,高分子材料等以提高砂浆的密实性或改善砂浆的抗裂性,从而使硬化后的砂浆层具有防水、抗渗的性能。而随着防水剂产品日益增多,性能提高,在普通水泥砂浆中掺入一定量的防水剂而制得的防水砂浆,是目前应用最广泛的防水砂浆品种,目前国内生产的防水剂有:硅酸钠类、金属皇类及氯化物金属盐类等几大类。

防水砂浆的配合比:一般采用水泥:砂 = 1:(1.5~3),水灰比控制在 0.5~0.55,应选用 32.5 强度等级以上普通水泥和级配良好的中砂。

防水砂浆的施工对操作技术要求很高,配制防水砂浆是先把水泥和砂子干拌均匀,再把量好的防水剂溶于拌和水中,与水泥、砂搅拌均匀后即可使用,涂抹时,每层厚度约为 5 mm,共涂抹 4~5 层,厚 20~30 mm,在涂抹前先在润湿清洁的底面上抹一层纯水泥浆,然后抹一层 5 mm 厚防水砂浆,在初凝前用木抹子压实一遍,第二、三、四层都是同样的操作方法。最后一层进行压光,抹完后要加强养护。总之,刚性防水层必须保证砂浆的密实性,对施工操作要求高,否则难以获得理想的防水效果。

复习思考题

1.建筑工程中所用砂浆可划分为几种? 用途有何区别?

2.砌筑砂浆的和易性包括哪些内容? 各用什么方法检测? 用什么指标表示?

3.砌筑砂浆中有两个强度公式,即

$$f_{m,o} = 0.29 f_{ce}\left(\frac{c}{w} - 0.4\right)$$

$$f_{m,o} = \frac{\alpha \cdot f_{ce} \cdot Q_c}{1\ 000} + \beta$$

这两个公式有何异同,并加以说明。

4.某工地配制用于砌筑砖墙的水泥石灰混合砂浆,设计要求强度等级 M7.5,稠度要求 70~90 mm,施工水平一般,原材料的主要参数:水泥:强度等级为 42.5 的普通硅酸盐水泥;砂子:中砂,堆积密度为 1 450 kg/m³;含水率为 2 %;石灰膏:稠度为 110 mm。试计算其配合比。

5.抹灰砂浆与砌筑砂浆的不同点是什么?

第7章 墙体材料

墙体材料,是房屋建筑主要的围护和结构材料,通常起围护、隔断、承重和传力等作用。本章主要介绍墙砖、砌块和板材3大类墙体材料。

7.1 砌墙砖

砌墙砖按规格、孔洞率及孔洞率大小,分为普通砖、多孔砖和空心砖;按生产工艺不同分为烧结砖和非烧结砖。

7.1.1 烧结普通砖

烧结普通砖是指公称尺寸为 240 mm×115 mm×53 mm,无孔洞或孔洞率小于 15% 的,以黏土、页岩、煤矸石、粉煤灰等为主要原料,经焙烧而制成的实心砖。

(1)强度等级

烧结普通砖的强度等级根据抗压强度划分为 MU30、MU25、MU20、MU15 和 MU10 五个强度等级,各等级抗压强度应符合表 7.1 的规定。

表 7.1　烧结普通砖强度等级指标

强度等级	平均值f≥MPa	标准值f_k≥MPa	单块最小值f_{min}≥MPa
MU30	30.0	22.0	25.0
MU25	25.0	18.0	22.0
MU20	20.0	14.0	16.0
MU15	15.0	10.0	12.0
MU10	10.0	6.5	7.5

注:表列平均值、标准值和单块最小值,均指抗压强度。

上表中 $\bar{f}$ 为 10 块砖样测得的抗压强度平均值;f_{min} 为 10 块砖样中抗压强度最小单值;f_k 为标准值,按下式计算:

$$f_k = \bar{f} - 1.8S$$

式中 f_k——抗压强度标准值,MPa;

$\bar{f}$——10 块试样的抗压强度平均值,MPa;

S——10 块试样的抗压强度标准差,MPa。

标准差 S 按下式计算: $S = \sqrt{\dfrac{1}{9} \sum_{i=1}^{10} (f_i - \bar{f})^2}$

式中 f_i——单块试样抗压强度测定值,MPa。

按表 7.1 中的 3 个指标评定强度等级时,若变异系数 $\delta \leqslant 0.21$ 时,采用平均值和标准值;当变异系数大于 0.21 时,采用平均值和最小值。

变异系数 $\delta = S/\bar{f}$。

(2)产品等级

强度和抗风化性能合格的烧结普通砖,根据尺寸偏差、外观质量、泛霜和石灰爆裂分为优等品、一等品、合格品 3 个产品等级。

①尺寸允许偏差

烧结普通砖标准尺寸为 240 mm×115 mm×53 mm,按长度、宽度和高度,以样本的平均偏差和极差提出限定指标,具体见表 7.2。

表 7.2　烧结普通砖的尺寸偏差　（mm）

公称尺寸	优等品		一等品		合格品	
	样本平均偏差	样本级差≤	样本平均偏差	样本级差≤	样本平均偏差	样本级差≤
240	±2.0	8	±2.5	8	±3.0	8
115	±1.5	6	±2.0	6	±2.5	7
53	±1.5	4	±1.6	5	±2.0	6

②外观质量

强度和抗风化性能合格的烧结普通砖其优等品颜色应基本一致,合格砖颜色无要求,具体见表 7.3,同时规定不允许有欠火砖、酥砖和螺旋纹砖。

表 7.3　烧结普通砖的外观质量　（mm）

项　目	优等品	一等品	合格品
两条面高度差,不大于	2	3	5
弯曲,不大于	2	3	5
杂质凸出高度,不大于	2	3	5
裂纹长度,不大于			
a.大面上宽度方向及其延伸至条面的长度	70	70	110
b.大面上长度方向及其延伸至顶面的长度或条顶面上水平裂纹的长度	100	100	150
完整面不得少于	一条面和一顶面	一条面和一顶面	—
颜色	基本一致	—	—

注:凡有下列缺陷之一者,不得称为完整面:a.缺项在条面或顶面造成的破坏尺寸同时大于 10 mm×10 mm;b.条面或顶面上裂纹宽度大于 1 mm,其长度超过 30 mm;压陷、黏度、焦花在条面或顶面上的凹陷或凸出超过 2 mm;区域尺寸同时大于 10 mm×10 mm。

③泛霜

泛霜是指黏土原料中的可熔性盐类(如硫酸钠等),随着砖内水分蒸发而在砖表面产生的盐析现象,一般为白色粉末,常在砖表面形成絮团状斑点。根据 GB/T 5101—1998 规定,优等品砖:无泛霜;一等品:无中等泛霜;合格品:无严重泛霜。

④石灰爆裂

指黏土原料中夹杂的石灰石,在砖的焙烧过程被烧成生石灰留在砖中,当其吸水后产生体积膨胀而发生胀裂破坏的现象。

石灰爆裂对砖砌体影响较大,轻者影响外观,重者导致强度降低直至破坏。标准规定:优等砖不允许出现最大破坏尺寸大于 2 mm 的爆裂区域。一等品:a.最大破坏尺寸大于 2 mm,且小于等于 10 mm 的爆裂区域,每组砖样不得多于 15 处;b.不允许出现最大破坏尺寸大于 10 mm 的爆裂区域。合格品:a.最大破坏尺寸大于 2 mm,且小于等于 15 mm 的爆裂区域,每组砖样不得多于 15 处,其中大于 10 mm 的不得多于 7 处;b.不允许出现最大破坏尺寸大于 15 mm 的爆裂区域。

⑤抗风化性能

抗风化性能是烧结普通砖的重要耐久性之一,按划分的风化区不同,作出是否经抗冻性检验的规定。根据风化指数,风化区的划分见表 7.4 所示。

表 7.4　烧结普通砖抗风化性的风化区划分

严重风化区		非严重风化区	
1.黑龙江省	11.河北省	1.山东省	11.福建省
2.吉林省	12.北京市	2.河南省	12.台湾地区
3.辽宁省	13.天津市	3.安徽省	13.广东省
4.内蒙古自治区		4.江苏省	14.广西壮族自治区
5.新疆维吾尔自治区		5.湖北省	15.海南省
6.宁夏回族自治区		6.江西省	16.云南省
7.甘肃省		7.浙江省	17.西藏自治区
8.青海省		8.四川省	18.上海市
9.陕西省		9.贵州省	19.重庆市
10.山西省		10.湖南省	

根据标准 GB/T 5101—1998 规定:严重风化区中 1、2、3、4、5 等 5 个地区的砖,必须进行冻融试验,其他地区砖的抗风化性能,若符合表 7.5 规定,可不做冻融试验,否则必须进行冻融试验。砖样经冻融试验后,不得出现裂纹、分层、掉皮、缺棱、掉角等冻坏现象;质量损失不得大于 2%。

表 7.5　烧结普通砖抗风化性指标

项目 指标 砖的种类	严重风化区				非严重风化区			
	5 h 沸煮吸水率/%,不大于		饱和系数,不大于		5 h 沸煮吸水率/%,不大于/		饱和系数,不大于	
	平均值	单块最大值	平均值	单块最大值	平均值	单块最大值	平均值	单块最大值
黏土砖	21	23	0.85	0.87	23	25	0.88	0.90
粉煤灰砖	23	25	0.85	0.87	30	32	0.88	0.90

续表

项目 指标 砖的种类	严重风化区				非严重风化区			
	5 h 沸煮吸水率/%, 不大于		饱和系数,不大于		5 h 沸煮吸水率/%, 不大于/		饱和系数,不大于	
	平均值	单块最大值	平均值	单块最大值	平均值	单块最大值	平均值	单块最大值
页岩砖	16	18	0.74	0.77	18	20	0.78	0.80
煤矸石砖	19	21	0.74	0.77	21	23	0.78	0.80

(3)烧结普通砖的应用

烧结普通砖具有良好的绝热性、透性气、耐久性和热稳定性等特点。在建筑工程中主要用作墙体材料,其中中等泛霜的砖不得用于潮湿部位。烧结普通砖也可用于砌筑柱、拱、烟囱及基础等,还可与轻混凝土等隔热材料复合使用,砌成两面为砖,中间填充轻质材料的复合墙体。

由于砖砌体的强度不仅取决于砖的强度,而且受砂浆性质的影响很大,故在砌筑前应将砖进行吮水湿润,同时应充分考虑砂浆的和易性及铺砌砂浆的饱满度。

7.1.2 烧结多孔砖、烧结空心砖

烧结多孔砖和空心砖都是以黏土、页岩、煤矸石为主要原料,经焙烧而成的,孔洞率≥15%的砖。多孔砖为大面有孔洞的砖,孔多而小,主要以竖孔方向使用。空心砖为顶面有孔洞的砖,孔大而少,主要用于非承重墙,以横孔方向砌筑用,在与砌(抹)砂浆接触的表面上,应设有足够的凹线槽,其深度应大于 1 mm,以增加结合力。

(1)规格及孔洞

烧结多孔砖和空心砖均为直角六面体,烧结多孔砖定型的规格尺寸有 M 型和 P 型两种,M 型:190 mm×190 mm×190 mm;P 型:240 mm×115 mm×90 mm。其尺寸容许偏差见表 7.6。

表 7.6　烧结多孔砖的尺寸允许偏差　mm

尺寸	尺寸允许偏差		
	优等品	一等品	合格品
240　190	±4	±5	±7
115	±3	±4	±5
90	±3	±4	±4

其孔洞圆孔直径不大于 22 mm,非圆孔内切圆直径不大于 15 mm。

根据 GB 13545—92 标准规定,烧结空心砖长度不超过 365 mm,宽度不超过 240 mm,高度不超过 115 mm,超过以上尺寸则为空心砌块,其孔型采用矩形条孔或其他孔型,孔洞及其结构见表 7.7 所示。

表 7.7　烧结空心砖的孔洞及其结构

等级	孔洞排数,排		孔洞率/%	壁厚/mm	肋骨/mm
	宽度方向	高度方向			
优等品	≥5	≥2			
一等品	≥3	—	≥35	≥10	≥7
合格品	—	—			

表 7.8　烧结多孔砖强度等级指标

产品等级	强度等级	抗压强度/MPa		抗折荷载/kN	
		平均值,不小于	单块最小值,不小于	平均值,不小于	单块最小值,不小于
优等品	30	30.0	22.0	13.5	9.0
	25	25.0	18.0	11.5	7.5
	20	20.0	14.0	9.5	6.0
一等品	15	15.0	10.0	7.5	4.5
	10	10.0	6.0	5.5	3.0
合格品	7.5	7.5	4.5	4.5	2.5

(2)强度等级及产品等级

①烧结多孔砖根据其抗压强度和抗折荷重分为 6 个强度等级,见表 7.8。

根据产品强度等级,外观质量、尺寸偏差和物理性能,分为优等品、一等品和合格品 3 个产品等级,其中外观质量指标见表 7.9 所示。砖的物理性能包括冻融、泛霜、石灰爆裂和吸水率,除各等级砖必须冻融试验合格外,其他三项均按各自等级的不同,提出相应的具体指标。

表 7.9　烧结多孔砖外观质量指标

项　目	产品等级		
	优等品	一等品	合格品
颜色(一条面和一顶面)	基本一致	—	—
完整面不得少于	一条面和一顶面	一条面和一顶面	—
缺棱掉角 3 个不得同时/mm,大于	20	30	30
裂纹长度/mm,不大于			
1.大面深入孔壁 15 mm 以上的宽度方向裂纹	80	100	140
2.大面深入孔壁 15 mm 以上的长度方向裂纹	100	120	160
3.条面或顶面上的水平裂纹	120	120	160
杂质在砖面上造成的凸出高度/mm,不大于	3	4	5

烧结多孔砖根据 GB 13544—92 规定的技术要求,试验方法和检验规划,进行检验和判定。

②烧结空心砖根据其大面和条面的抗压强度值分为 5.0、3.0、2.0 三个强度等级,根据其表观密度分为 800、900、1 100 三个密度级别。每个密度级别按孔洞及排数、尺寸偏差、外观质量、强度等级和物理性能分为优等品、一等品、合格品,具体见表 7.10。

表 7.10　烧结空心砖的强度分级,MPa

等级	强度等级	大面抗压强度		条面抗压强度	
		平均值,不小于	单块最小值,不小于	平均值,不小于	单块最小值,不小于
优等品	5.0	5.0	3.7	3.4	2.3
一等品	3.0	3.0	2.2	2.2	1.4
合格品	2.0	2.0	1.4	1.6	0.9

烧结空心砖的检验,同样按 GB 13545—92 规定执行。

③烧结多孔砖和空心砖的成品中,除满足与各级别相对应的具体指标外,均不允许夹杂有欠火砖和酥砖。

7.2 砌 块

砌块是比砌墙尺寸大的人造块材,外形多为六面直角体,也有多种异形体。砌块具有适用性强,原料来源广,制作简单及施工方便等特点。常见的有混凝土砌块、轻骨料混凝土小型空心砌块、加气混凝土砌块和粉煤灰砌块。

7.2.1 混凝土砌块

混凝土砌块是用普通混凝土制成的空心砌块。空心砌块是指空心率不小于 25 的砌块。其主规格尺寸为 390 mm×190 mm×190 mm,系列中主规格的高度大于 115 mm,而又小于 380 mm 者,为小型砌块;380~390 mm 者为中型砌块;大于 980 mm 者为大型砌块。

小型空心砌块建筑体系比较灵活,其自重轻,造价低,砌筑方便,特别适用于中小城市和农村建筑。混凝土小型空心砌块的主规格尺寸为 390 mm×190 mm×190 mm,其他规格尺寸可根据实际使用情况由供需双方协商。该类砌块的空洞率应不小于 25%,最小外壁厚应不小于 30 mm,最小肋厚应不小于±5 mm,按规定的尺寸允许偏差和外观质量,分为优等品、一等品、合格品 3 个产品等级。其强度等级分为 MU3.5、MU5.0、MU7.5、MU10.0、MU15.0 和 MU20.0 六个等级。由于砌块的体积稳定性与其含水率有关,故出厂产品均按使用地区的大气温度不同,规定了允许含水率的指标。用于清水墙的砌块还应保证抗渗性。

混凝土中型空心砌块的原材料、制作工艺均与小型空心砌块基本相同,只是制作的成型设备不同。其主要特点是规格大,施工机械化程度高,并具有轻质、高强、价低的优点,适用于民用及一般工业建筑墙体。

7.2.2 轻骨料混凝土空心砌块

轻骨料混凝土小型空心砌块,是指空心率不小于 25% 的,以各种轻骨料为主要原料,加水和水泥配制而成的砌块。其主规格也为 300 mm×190 mm×190 mm,但壁和肋较薄,孔的排数有单排、双排、3 排和 4 排等几种。

轻骨料小型空心砌块的强度级别有 1.5、2.5、3.5、5.0、7.5、10.0 六个,密度等级有 500、600、700、800、900、1 000、1 200 和 1 400 八个,按尺寸偏差和外观质量分为优等品、一等品、合格品 3 个等级。该砌块吸水率不大于 20%,强度等级应符合表 7.11 要求,含水率、抗冻性、碳化系数、软化系数等指标应符合 GB 15229 的要求。

表 7.11 轻骨料混凝土小型空心砌块的强度等级

强度等级	砌块抗压强度/MPa		密度等级范围
	平均值	最小值	
1.5	≥1.5	1.2	≤800
2.5	≥2.5	2.0	≤800
3.5	≥3.5	2.8	≤1 200
5.0	≥5.0	4.0	≤1 200
7.0	≥7.5	6.0	≤1 400
10.0	≥10.0	8.0	≤1 400

注:表列指标全部达到的为优等品或一等品,仅密度等级范围未达标的为合格品。

7.2.3 加气混凝土砌块

加气混凝土砌块全称为蒸压加气混凝土砌块,具有质轻、绝热性能好、施工效率高等特点。

蒸压加气混凝土砌块是以钙质材料(水泥或生石灰)和含硅材料(砂、粉煤灰、矿渣等)为基本原料,加入发气剂,经搅拌、发气、切割、蒸压养护处理而成的,表观密度在 800 kg/m³ 以下,最高公称强度为 10 MPa 的多孔轻质混凝土制品,可用作绝热和砌筑墙体。

蒸压加气混凝土砌块的公称尺寸有两个系列:a.长度为 600 mm,高为 200 mm、250 mm、300 mm,宽度为 100、125、150、200、250、300 mm;b.长度及高度同 a 系列,宽度为 120、180、240 mm,但该砌块的制作宽度按公称宽度,长度和高度按各自的公称尺度减 10 mm,购货单位可按实际需要的规格与生产厂家协商确定。

蒸压加气混凝土砌块,强度级别有 A1.0、A2.0、A2.5、A3.5、A5.0、A7.5、A10.0 七个;体积密度级别有 B03、B04、B05、B06、B07、B08 六个;产品等级有优等品、一等品和合格品三级。其抗压强度见表 7.12;强度级别见表 7.13;干体积密度见表 7.14;尺寸偏差和外观质量见表 7.15 所示;干燥收缩、抗冻性和导热系数三项性能指标见表 7.16。

表 7.12 蒸压加气混凝土砌块的抗压强度

强度级别	立方体抗压强度/MPa	
	平均值,不小于	单块最小值,不小于
A1.0	1.0	0.8
A2.0	2.0	1.6
A2.5	2.5	2.0
A3.5	3.5	2.8
A5.0	5.0	4.0
A7.5	7.5	6.0
A10.0	10.0	8.0

表 7.13 蒸压加气混凝土砌块的强度级别

体积密度级别		B03	B04	B05	B06	B07	B08
强度级别	优等品（A）			A3.5	A5.0	A7.5	A10.0
	一等品（B）	A1.0	A2.0	A3.5	A5.0	A7.5	A10.0
	合格品（C）			A2.5	A3.5	A5.0	A7.5

表 7.14 蒸压加气混凝土砌块的干体积密度

体积密度级别		B03	B04	B05	B06	B07	B08
体积密度/（kg·m⁻³）	优等品（A），≤	300	400	500	600	700	800
	一等品（B），≤	330	430	530	630	730	830
	合格品（C），≤	350	450	550	650	750	850

表 7.15 蒸压加气混凝土砌块的外观质量

项 目				指 标		
				优等品（A）	一等品（B）	合格品（C）
尺寸允许偏差/mm		长度	L_1	±3	±4	±5
		宽度	B_1	±2	±3	+3 −4
		高度	H_1	±2	±3	+3 −4
缺棱掉角	个数/个，不多于			0	1	2
	最大尺寸/mm，不大于			0	70	70
	最小尺寸/mm，不大于			0	30	30
平面弯曲/mm，不大于				0	3	5
裂 纹	条数/条，不多于			0	1	2
	任一面上的裂纹长度不得大于裂纹方向尺寸的			0	1/3	1/2
	贯穿一棱二面的裂纹长度不得大于裂纹所在面的裂纹方向尺寸总和的			0	1/3	1/3
爆裂、粘模和损坏深度/mm，不大于				10	20	30
表面疏松、层裂				不允许		
表面油污				不允许		

表 7.16 蒸压加气混凝土砌块的三项性能指标

体积密度级别		B03	B04	B05	B06	B07	B08
干燥收缩值/(mm·m⁻¹)	标准法,≤	0.50					
	快速法,≤	0.80					
抗冻性	质量损失,%,≤	5.0					
	冻后强度,MPa,≥	0.8	1.6	2.0	2.8	4.0	6.0
导热系数(干态),W/m·K,≤		0.10	0.12	0.14	0.16	—	—

注:①规定采用标准法、快速法测定砌块干燥收缩值,若测定结果发生矛盾不能判定时,则以标准法测定的结果为准。
②用于墙体的砌块,允许不测导热系数。

干表观密度 500 kg/m³、强度 3.5 级的蒸压加气混凝土砌块,适用于 3 层以下,总高度不超过 10 m 的横墙承重房屋;干表观密度为 700 kg/m³、强度 5.0 级的砌块,适用于 5 层以下,总高度不超过 16 m 的横墙承重房屋。对于采用横墙承重的结构方案,横墙间距不宜大于 4.2 m,并尽可能使横墙对正贯通,且每层均应设置现浇钢筋混凝土圈梁,以保证房屋有较好的空间整体刚度。

建筑物的基础,处于浸水、高温和化学侵蚀环境,承重制品表面温度高于 80 ℃的部位,均不得采用加气混凝土砌块。对加气混凝土的外表面,应采取饰面防护措施。

7.2.4 粉煤灰硅酸盐砌块

以粉煤灰、石灰、石膏和骨料等为原料,加水搅拌、振动成型、蒸汽养护而成的密实砌块,称为粉煤灰砌块,由于其中的石灰与粉煤灰中的活性成分,在水湿条件下反应,生成硅酸盐类产物,故粉煤灰砌块又称为粉煤灰硅酸盐砌块。该类砌块端面应加灌浆槽,坐浆面宜设抗剪槽。砌块的强度等级,按其立方体试件的抗压强度分为 10 级和 13 级。砌块按外观质量、尺寸偏差和干缩性能,分为一等品(B)及合格品(C)。

粉煤灰硅酸盐砌块的抗压强度、碳化石强度、抗冻性和密度应符合表 7.17 的规定;外观质量和尺寸允许偏差应符合表 7.18 的规定。砌块的干缩性能,以干缩值为指标,一等品≤0.75 mm/m,合格品≤0.90 mm/m。

表 7.17 粉煤灰硅酸盐砌块的性能

项 目	指 标	
	10 级	13 级
抗压强度/MPa	3 块试件平均值不小于 10.0,单块最小值不小于 8.0	3 块试件平均值不小于 13.0,单块最小值不小于 10.5
人工碳化后强度/MPa	不小于 6.0	不小于 7.5
密度/(kg·m⁻³)	不超过产品设计密度 10%	
抗冻性	强度损失率不超过 20%,外观无明显疏松、剥落或裂缝	

粉煤灰硅酸盐砌块的主要原料中,煤渣占 55%左右,粉煤灰占 30%多,因此能有效利用工业废料,对节能、环保有重要的经济意义。

粉煤灰硅酸盐砌块的表观密度小于 1 900 kg/m³,属于轻混土的范畴,比较适用于一般建筑的墙体和基础。

粉煤灰硅酸盐砌块的检验和评定,按 JC 238—91 的有关规定执行。

表 7.18　粉煤灰硅酸盐砌块的外观质量和尺寸允许偏差　　　　　　　　　（mm）

项　　　目		指　　　标	
		一等品(B)	合格品(C)
外观质量	表面疏松	不容许	
	贯穿面棱的裂纹	不容许	
	任一面上的裂纹长度,不得大于裂纹方向砌块尺寸的	1/3	
	石灰团、石膏团	尺寸大于 5 的,不容许	
	粉煤灰团、空洞和爆裂	直径大于 30 的不容许	直径大于 50 的不容许
	局部突起高度,≤	10	15
	翘曲,≤	6	8
	缺棱掉角在长、宽、高 3 个方向上投影的最大值,≤	30	50
高低差	长度方向	6	8
	宽度方向	4	6
尺寸容许偏差	长　度	+4,−6	+5,−10
	高　度	+4,−6	+5,−10
	宽　度	±3	±6

7.3　墙　板

在不同的建筑体系中,采用各种类型预制墙板,是提高设计标准化、施工机械化和构件装配化水平的有效途径,也是墙体材料改革的重要内容。

按墙板的功能不同,可分为外墙板、内墙板和隔墙板 3 类。按生产的材料和工艺分为石膏墙板、水泥混凝土墙板和复合墙板等。按墙板的规格,可分为大型墙板、条拼板和小张的轻型板。按墙板的结构,可分为实心板、空心板。

7.3.1　石膏墙板

石膏墙板主要有各种板材和砌块,包括纸面石膏板、纤维石膏板、空心石膏条板和石膏砌块等。

(1)纸面石膏板

纸面石膏板是以建筑石膏为主要原料,掺入纤维、外加剂(发泡剂、缓凝剂)和适量的轻质填料等制成芯材,然后表层牢固黏结护面纸的建筑板材,它是与龙骨相配合构成墙面或墙体的轻质薄板。

纸面石膏板有普通纸面石膏板、耐水纸面石膏板和耐火纸面石膏板三类,其产品标记代号分别为 P、S 和 H。3 种板芯材的填加料,均有纤维增强材料。普通纸面石膏板是以重磅纸为护面纸。耐水纸面石膏板采用耐水护面纸,并在石膏料浆中加入适量的耐水外加剂,其主要技术要求见表7.19所列。耐火纸面石膏板的芯材是在建筑石膏料浆中掺入适量无机耐火纤维增强材料后制作而成,其主要技术要求是在其高温明火下燃烧时,能在一定时间内保持不断裂,国家标准规定,耐火纸面石膏板过火稳定时间:优等品不小于 30 min,一等品不小于 25 min,合格品不小于 20 min。

表 7.19　耐水纸面石膏板的主要技术要求

等级	技术要求																
	含水率/%		吸水率/%		表面吸水量/%	受潮挠度/mm			纵向断裂荷载平均值、最小值/N			横向断裂荷载平均值、最小值/N					
						厚度/mm			厚度/mm			厚度/mm					
	平均值	最大值	平均值	最大值	平均值	9	12	15	9	12	15	9	12	15			
优等	2.0	2.5	5.0	6.0	1.6	48	32	16	392/353	539/485	686/617	167/150	206/185	255/229			
一等	2.0	2.5	8.0	9.0	2.0	52	36	20	353/318	490/441	637/573	137/123	176/159	216/194			
合格	3.0	3.5	10.0	11.0	2.4	56	40	24									

纸面石膏板按棱边形状分为矩形、45°倒角形、楔形和圆形 4 种,产品标记代号分别为 J、D、C 和 Y,产品的规格尺寸:长度为 1 800、2 100、2 400、2 700、3 000 和 3 600 mm;宽度有 900 和 1 200 mm 两种;厚度为 9.5、12、15 mm。

纸面石膏板的技术要求,包括外观质量、尺寸限定和物理力学性能 3 个方面。外观质量要求,板的表面应平整,不得有影响使用的破损、波纹、沟槽、污痕、翘曲、亏料、边部漏料和纸面脱开等缺陷。板的尺寸偏差:长度最大为 −6 mm、宽度最大为 −5 mm,厚度 9.5 mm 的板允许 ±0.5 mm,厚不小于 12.0 mm 的板允许 ±0.6 mm。板材应切割成矩形,两条对角线的长度差,不应大于 5 mm。楔形棱边的断面尺寸,宽度为 30~80 mm、深度为 0.6~1.9 mm。板材的断裂荷载和单位面积质量,应不低于 7.20 规定。护面纸与芯材黏结应牢固,按规定方法测试,芯材应不裸露。此外,耐水纸面石膏板的吸水率应不大于 10.0%,表面吸水量应不大于 160 g/m^2。

表 7.20　纸面石膏板的单位面积质量和破坏荷载

板材厚度/mm	单位面积质量/(kg·m^{-2}),≤	断裂荷载 N,≥	
		纵向	横向
9.5	9.5	360	140
12.0	12.0	500	180
15.0	15.0	650	220
18.0	18.0	800	270
21.0	21.0	950	320
25.0	25.0	1 100	370

纸面石膏板既可用做室内内隔墙,钉在金属、木材或石膏龙骨上,也可直接贴在砖墙上。在厨房、卫生间以及空气相对湿度大于 70% 的潮湿环境中使用时,必须采取相应的防潮措施,

否则,石膏板受潮后会产生下垂,而且纸纤维受潮膨胀后,使纸与芯板之间的黏结力削弱,从而导致纸的隆起和剥离。通常耐水纸面石膏板主要用于厨房、卫生间等潮湿场合。耐火纸面石膏板主要用于耐火性能要求较高的室内隔墙。

纸面石膏板与轻钢龙骨组成轻质墙体,有两层板隔墙和4层板隔墙两种,这种墙体最适合于多层或高层建筑的分室墙。轻钢龙骨石膏板墙体体系具有以下优点:

①质轻,强度较高。轻钢龙骨石膏板墙体质量为 30~50 kg/m²,仅为同厚度红砖的 1/5。

②尺寸稳定。胀缩变形不大于 0.1%。

③抗震性好。由于石膏板轻,且有一定弹性,故地震时惯性力小,不易震坍。

④自动调湿性好。当室内空气较潮湿时,石膏板能吸收一部分水分,当室内空气很干燥时,又会放出一定量的水分。

⑤装饰方便。

⑥占地面积小,有利于增加室内有效使用面积。

⑦便于管道及电线等工程管线的埋设。

⑧施工简便,效率高,施工不受季节影响,且为干法作业,有利减轻劳动强度。

石膏板贮存时应按不同品种、规格及等级在室内分类、水平堆放,底层应用垫条及地面隔开,且堆高不宜超过 300 mm。在贮存和运输过程中,还应防止板材受潮和破损。

纸面石膏板出厂必须进行出厂检验。以每 2 500 张同型号、同规格的产品为一批,随机抽样 5 张为一组,按 GB/T 9775—1995 的规定试验和评定。

(2)石膏空心条板

石膏空心条板的生产方法与普通混凝土空心板类似。主要用于民用住宅的分室墙。

石膏空心条板的尺寸规格一般为:宽 450~600 mm,厚 60~100 mm,长 2 700~3 000 mm,孔数 7~9,孔洞率 30%~40%。生产时常加入纤维材料或轻质填料,以提高板的抗折强度和减轻自重。

(3)纤维石膏板

纤维石膏板是将玻璃纤维、纸筋或矿棉等纤维材料先在水中松解,然后与建筑石膏及适量的浸润剂(提高玻璃纤维与石膏的黏结力)混合制成浆料,在长网成型机上经铺浆、脱水而制成的无纸面石膏板,其抗弯强度和弹性模量都高于纸面石膏板。

纤维石膏板主要用做建筑物的内隔墙。

(4)石膏砌块

石膏砌块比砖重量轻,与石膏板相反,它不需用龙骨,因而是一种良好的隔墙材料。

石膏砌块有实心、空心和夹心砌块 3 种,空心砌块又有单孔与双孔之分。其中空心石膏砌块的石膏用量少、绝热性能好、应用也较多。该类制品有 500 mm×800 mm、500 mm×600 mm 和 500 mm×400 mm 3 种,厚度 80、90、110、130 和 180 mm 等 5 种。

此外,采用聚苯乙烯泡沫塑料为芯层制成的夹心石膏砌块,由于泡沫塑料的导热系数小,因而达到相同绝热效果的砌块厚度可以减小,从而增加建筑物的有效使用面积,其产品规格为 500 mm×800 mm×800 mm。

7.3.2 水泥混凝土墙板

水泥混凝土墙板一般有普通混凝土墙板、混凝土空心墙板、蒸压加气混凝土墙板、轻骨料混凝土墙板等4种。在装配式大板建筑中,多采用一间一块的水泥混凝土大型内、外墙板。在内膜外挂的建筑中,多采用一间一块的水泥混凝土大型外墙板。

(1)普通混凝土墙板

普通混凝土墙板,是由水泥、砂、石加水按规定的配合比制成的混凝土墙板,一般为实心结构,混凝土强度等级应大于C15,制成大型墙板时,一般为一间一块,厚140 mm,主要用做承重内墙板。

(2)混凝土空心墙板

混凝土空心墙板是由水泥、砂、石或矿渣加水按规定配合比制成的混凝土墙板,强度等级一般为C20,制成大型墙板时,一般为一间一块,当厚度为150 mm时,可抽ϕ114 mm孔;当厚度为1 400 mm时,可抽ϕ89 mm孔。该类板主要用做建筑物内、外墙板。

(3)轻骨料混凝土墙板

轻骨料混凝土墙板是由水泥、轻骨料、水按规定配合比制成的混凝土墙板,其中的轻骨料有膨胀矿渣珠、膨胀珍珠岩、页岩陶粒、粉煤灰陶粒等,具体采用何种轻骨料,应视实际情况确定。其强度等级一般为C7.5~C15,制成大型墙板时,一般为一间一块,厚度为160~280 mm,该类板主要用做建筑物的自承重内、外墙板。

(4)蒸压加气混凝土墙板

蒸压加气混凝土墙板为配筋的条形可拼板,多用于框架轻板建筑体系。

①产品规格

蒸压加气混凝土墙板有竖向外墙板、横向外墙板和隔墙板3类。其一般规格见表7.21所示。

表7.21 蒸压加气混凝土墙板的一般规格

品种	代号	产品标准尺寸/mm			产品制作尺寸/mm				
		长度 L	宽度 B	厚度 D	长度 L₁	宽度 B₁	厚度 D₁	槽	
								高度 h	宽度 d
外墙板	JQB	1 500—6 000	500 600	150 175 180 200 240 250	竖向:L 横向:L-20	B-2	D	30	30
隔墙板	JGB	按设计要求	500 600	75 100 120	按设计要求	B-2	D	—	—

②技术要求

a.蒸压加气混凝土墙板应符合GB/T 11968—97《蒸压加气混凝土砌块》的性能要求;所用钢筋应符合GB 13031—91中的相应规定。钢筋涂层的防腐能力不小于8级。05、06级蒸压加气混凝土制作的板,板内钢筋黏着力不小于0.8 MPa,单盘黏着力不小于0.5 MPa;07、08级蒸压加气混凝土制作的板,板内钢筋黏着力不小于1 MPa,单盘黏着力不小于0.5 MPa。

b.板的尺寸偏差应符合表 7.22 的规定。

表 7.22 加气混凝土墙板的尺寸偏差

项 目		基本尺寸	容许偏差/mm		
			优等品	一等品	合格品
外形尺寸	长度	按制作尺寸	±4	±5	±7
	宽度	按制作尺寸	+2,-4	+2,-5	+2,-6
	厚度	按制作尺寸	±3	±3	±4
	槽	按制作尺寸	-0,+5	-0,+5	-0,+5
侧向弯曲		—	$L_1/1\,000$	$L_1/1\,000$	$L_1/750$
对角线差		—	$L_1/600$	$L_1/600$	$L_1/500$
表面平整		—	5	5	5
钢筋保护层	主筋	20	+5,-10	+5,-10	+5,-10
	端部	0,-15			

c.板不能有露筋、掉角、侧面损伤,大面损伤、端部掉头等缺陷。优等品和一等品的板不得有裂缝,合格品板不得有贯穿裂缝,其他裂缝不得多于 3 条。

蒸压加气混凝土墙板的检验,应按 GB 15762—1995 的相关规定进行。

7.3.3 复合墙板

复合墙板是将两种或两种以上不同功能的材料组合制成的墙板。其优点是:能充分发挥所用材料各自的特长,减少墙体自重和厚度,提高使用功能和使用层面。复合墙板主要用于外墙和分户墙,有承重和非承重之分。

复合墙板的组成一般有外层、中间层和内层、内层为饰面层、外层为防水和装饰层,中间层为保温、隔声层。内外层之间,多用龙骨或板肋联结,墙板的承重层,可设在板的内侧或外侧,单纯承重的结构复合板,靠面层承重,如加气混凝土夹层外墙板,混凝土保温材料夹心外墙板,粉煤灰陶粒无砂大孔混凝土复合外墙板,钢丝网水泥复合外墙板等都属此类结构复合板。

非承重的轻型复合墙板品种较多,一般多用成品平板作面层,保温材料作为夹心,如各种复合石膏板,压型钢板复合板、木丝石棉水泥板复合板等。也有以胶凝材料和增强材料为面层,保温材料作夹心的墙板,如玻璃纤维增强水泥聚苯板、钢丝网架水泥聚苯乙烯夹心板等。

复习思考题

1.砌墙砖有几类?其划分依据是什么?

2.什么是烧结普通砖?其技术性能要求有哪些?强度等级和产品等级怎样划分?

3.何谓砖的泛霜和石灰爆裂?它们对建筑物有何影响?

4.采用烧结空心砖有何优越性?烧结多孔砖和烧结空气砖在规格、性能,应用等方面有何不同?

5.什么叫蒸压加气混凝土砌块?与其他类型砌块相比,有何特点?

6.简述粉煤灰砌块的组成、性能及应用。

7.墙板是如何分类的?什么是复合墙板?水泥混凝土墙板有哪几种?

第**8**章
建 筑 钢 材

建筑钢材是重要的建筑材料。它是指用于钢结构中的各种型材(如角钢、槽钢、工字钢、圆钢等)、钢板、钢管和用于钢筋混凝土结构中的各种钢筋、钢丝和钢绞线等。由于钢材是在严格的技术和工艺控制下生产的材料,因此质量通常能够得到保证。

钢材与其他建筑材料相比具有如下特点:材质均匀,性能可靠;强度高,塑性、韧性好,抗疲劳性能好;具有承受冲击和振动荷载的能力;加工性能好,便于装配,可采用焊接、铆接或螺栓连接。所以钢材被广泛地应用于建筑工程中。但是钢材也存在易锈蚀及耐火性差的缺点。

8.1 建筑钢材的基本知识

8.1.1 钢的冶炼对钢材质量的影响

钢是由生铁冶炼而成。生铁是由铁矿石、熔剂(石灰石)、燃料(焦炭)在高炉中经过还原反应和造渣反应而得到的一种碳铁合金,其中碳的含量为 2.06% ~ 6.67%,磷、硫等杂质的含量也较高。生铁硬而脆,无塑性和韧性,不能进行焊接、锻造、轧制等加工,在建筑中很少应用。含碳量小于 0.04 %的铁碳合金,称为工业纯铁,在建筑中也很少应用。

炼钢的原理是将熔融的生铁进行氧化,使碳的含量降低到一定的限度,同时把其他杂质的含量也降低到允许范围内。所以,在理论上凡含碳量在 2%以下,含有害杂质较少的铁碳合金可称为钢。钢的密度为 7.84 ~ 7.86 g/cm³。

目前,大规模炼钢方法主要有氧气转炉炼钢法、平炉炼钢法和电炉炼钢法 3 种。

(1)转炉炼钢法

目前,氧气转炉炼钢法发展迅速,已成为现代炼钢法的主流。它是以纯氧代替空气吹入炼钢炉的铁水中,能有效地除去硫、磷等杂质,使钢的质量显著提高。冶炼速度快而成本却较低,常用来炼制较优质的碳素钢和合金钢。

(2)平炉炼钢法

以固态或液态生铁、废钢铁或铁矿石作原料,用煤气或重油为燃料在平炉中进行冶炼。平炉钢熔炼时间长,化学成分控制严格,杂质含量少,成品质量高。其缺点是能耗高,冶炼时间长,成本高。

（3）电炉炼钢法

以电为能源迅速加热生铁或废钢原料。这种方法熔炼温度高,且温度可自由调节,清除杂质容易。因此钢的质量最好,但成本高。主要用于冶炼优质碳素钢及特殊合金钢。

在冶炼钢的过程中,必须供给足够的氧以保证杂质元素被氧化,从而排除杂质元素。这样使部分铁也被氧化,使钢的质量降低。因而在炼钢后期精炼时,需在炉内或钢包中加入脱氧剂（锰铁、硅铁、铝锭等）进行脱氧,使氧化铁还原为金属铁。钢水经脱氧后才能浇铸成钢锭,轧制各种钢材。

根据脱氧程度不同,钢材可分为沸腾钢、镇静钢及半镇静钢3种。

沸腾钢是脱氧不完全的钢,钢水浇注后,产生大量一氧化碳气体逸出,引起钢水沸腾,故称沸腾钢。沸腾钢组织不够致密,气泡含量较多,化学偏析较大,成分不均匀,质量较差,但成本较低。

镇静钢脱氧充分,铸锭时钢水不致产生气泡,在锭模内平静地凝固,故称镇静钢。镇静钢组织致密,化学成分均匀,机械性能好,是质量较好的钢种。缺点是成本较高。

半镇静钢的脱氧程度及钢的质量均介于上述二者之间。

在铸锭冷却过程中,由于钢内某些元素在铁的液相中的溶解度高于固相,使这些元素向凝固较迟的钢锭中心集中,导致化学成分在钢锭截面上分布不均匀,这种现象称为化学偏析,其中尤以硫、磷偏析最为严重,偏析现象对钢的质量影响很大。

由于在铸锭过程中往往出现偏析、缩孔、气泡、晶粒粗大、组织不致密等缺陷,故钢材在浇铸后,大多要再经过热压加工。热压加工是将钢锭加热至呈塑性状态,再施加压力改变其形状,并使钢锭内部气泡焊合,疏松组织密实。通过热压加工,不仅使钢锭轧成各种型钢及钢筋,也提高了钢的强度和质量,一般碾轧的次数越多,钢的质量提高也越大。

8.1.2　钢的分类

钢的品种繁多,为了便于选用,常将钢按不同角度进行分类。

1）钢按化学成分可分为碳素钢和合金钢两大类。

碳素钢中除铁和碳以外,还含有在冶炼中难以除净的少量硅、锰、磷、硫、氧和氮等。其中磷、硫、氧、氮等对钢材性能产生不利影响,为有害杂质。

碳素钢根据含碳量可分为:低碳钢（含碳量低于 0.25%）、中碳钢（含碳量 0.25% ~ 0.60%）、高碳钢（含碳量高于 0.60%）。

合金钢中含有一种或多种特意加入或超过碳素钢限量的化学元素。如锰、硅、钒、钛等。这些元素称为合金元素。合金元素的作用是改善钢的性能,或者使其获得某些特殊性能。合金钢按合金元素的总含量可分为:低合金钢（合金元素总量小于 5%）、中合金钢（合金元素总量 5% ~ 10%）、高合金钢（合金元素总量大于 10%）。

2）根据钢中有害杂质的多少,工业用钢可分为普通钢、优质钢和高级优质钢。

3）根据用途不同工业用钢可分为结构钢、工具钢和特殊性能钢。

目前建筑工程中使用的钢材主要是碳素结构钢和低合金高强度结构钢。

8.2 钢材的主要性能

钢材的性能主要包括力学性能、工艺性能和化学性能等。只有了解、掌握钢材的各种性能,才能做到正确、经济、合理地选择和使用钢材。

8.2.1 力学性能

建筑钢材的力学性能主要有拉伸、冲击韧性、疲劳性能和硬度等。

(1) 抗拉性能

抗拉性能是建筑钢材的重要性能,由拉力试验测定的屈服点、抗拉强度和伸长率是钢材的重要技术指标。

将低碳钢(软钢)制成一定规格的试件,放在材料试验机上进行拉伸试验,可以绘出如图8.1 所示的应力-应变关系曲线。钢材的抗拉性能就可以通过该图来阐明。从图 8.1 中可以看出,低碳钢受力拉至拉断,全过程可划分为 4 个阶段:弹性阶段(0—A)、屈服阶段(A—B)、强化阶段(B—C)和颈缩阶段(C—D)。

①弹性阶段

曲线中 0—A 段是一条直线,应力与应变成正比。如卸去外力,试件能恢复原来的形状,这种性质称为弹性,此阶段的变形为弹性变形。与 A 点对应的应力称为弹性极限,以 σ_p 表示。应力与应变的比值为常数,称为弹性模量,用 E 表示,$E = \sigma/\varepsilon$。弹性模量反映钢材抵抗弹性变形的能力,是钢材在受力条件下计算结构变形的重要指标。建筑上常用的碳素结构钢 Q235 的弹性模量 $E = 2.0 \sim 2.1 \times 10^5 \text{ N/mm}^2$。

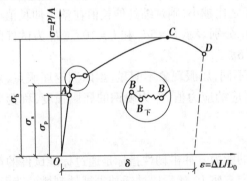

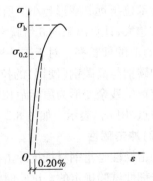

图 8.1　低碳钢拉伸的应力-应变图　　　　　图 8.2　中、高碳钢的应力-应变图

②屈服阶段

应力超过 A 点后,应力、应变不再成正比关系,应变增长的速度大于应力增长的速度,开始出现塑性变形。当应力达 $B_\text{上}$点(上屈服点)后,瞬时下降至 $B_\text{下}$点(下屈服点),变形迅速增加,而此时应力则大致在恒定的位置上波动,直到 B 点,这就是所谓的"屈服现象",似乎钢材不能承受外力而屈服,所以 A—B 段称为屈服阶段。与 $B_\text{下}$点(此点较稳定,易测定)对应的应力称为屈服点(屈服强度),用 σ_s 表示。

钢材受力大于屈服点后,会出现较大的塑性变形,已不能满足使用要求,因此屈服强度是设计上钢材强度取值的依据,是工程结构计算中非常重要的一个参数。

③强化阶段

当应力超过屈服强度后,由于钢材内部组织中的晶格发生了畸变,阻止了晶格进一步滑移,钢材得到强化,所以钢材抵抗塑性变形的能力又重新提高,B—C 呈上升曲线,称为强化阶段。对应于最高点 C 的应力值 σ_b 称为极限抗拉强度,简称抗拉强度。碳素结构钢 Q235 的抗拉强度 $\sigma_b = 375 \sim 460\ N/mm^2$。

显然,σ_b 是钢材受拉时所能承受的最大应力值。抗拉强度虽然不像屈服强度那样直接作为强度取值指标,但是屈服强度和抗拉强度之比(即屈强比 $= \sigma_s / \sigma_b$)能反映钢材的利用率和结构安全可靠程度。计算中屈强比越小,其结构的安全可靠程度越高,但屈强比过小,又说明钢材强度的利用率偏低,造成钢材浪费。建筑结构钢合理的屈强比一般为 0.60 ~ 0.75。碳素结构钢 Q235 的屈强比为 0.58 ~ 0.63。

④颈缩阶段

试件受力达到最高点 C 点后,其抵抗变形的能力明显降低,变形迅速发展,应力逐渐下降,试件被拉长,在有杂质或缺陷处断面急剧缩小,直到断裂。故 C—D 段称为颈缩阶段。

将拉断后的试件在断口处拼合起来,测定出标距范围内的长度 $l_1(mm)$,即可按下式计算伸长率 δ。

$$\delta = \frac{l_1 - l_0}{l_0} \times 100\%$$

式中,l_0——试件原标距长度,mm。

伸长率 δ 是衡量钢材塑性的一个重要指标,δ 越大说明钢材的塑性越好,具有一定的塑性变形能力,可保证应力重新分布,避免应力集中,从而使钢材用于结构的安全性增大。

应当注意,由于发生颈缩,塑性变形在试件标距内的分布是不均匀的,颈缩处的变形最大,离颈缩部位越远其变形越小。所以,原标距与直径之比越小,则颈缩处伸长值在整个伸长值中的比重越大,计算出来的 δ 值就大。通常以 δ_5 和 δ_{10} 分别表示 $l_0 = 5d_0$ 和 $l_0 = 10d_0$(d_0 为试件的原直径)时的伸长率。对于同一种钢材,其 δ_5 大于 δ_{10}。

中碳钢与高碳钢(硬钢)的拉伸曲线与低碳钢不同,屈服现象不明显,难以测定屈服点,规范规定产生残余变形为原标距长度的 0.2% 时所对应的应力值,作为硬钢的屈服强度,称为条件屈服点,用 $\sigma_{0.2}$ 表示。如图 8.2 所示。

(2)冲击韧性

冲击韧性是指钢材抵抗冲击荷载而不被破坏的能力。冲击韧性指标是通过标准试件的弯曲冲击韧性试验确定的。试验时将试件放置在固定支座上,然后以摆锤冲击试件刻槽的背面,使试件承受冲击弯曲而断裂,如图 8.3 所示。试件冲断时缺口处单位面积上所消耗的功(J/cm^2)即钢材的冲击韧性指标,其符号为 α_k。显然,α_k 值越大,钢材的冲击韧性越好。

影响钢材冲击韧性的因素很多,当钢材内硫、磷的含量高,存在化学偏析,含有非金属夹杂物及焊接形成的微裂纹时,都会使冲击韧性显著降低。同时,环境温度对钢材的冲击韧性影响也很大。试验表明,冲击韧性随温度的降低而下降,开始时下降缓和,当温度降低到一定范围时,突然下降很多而呈脆性,这种性质称为钢材的冷脆性。这时的温度称为脆性临界温度(如图 8.4 所示)。脆性临界温度越低,钢材的低温冲击性能越好。所以,在负温下使用的结构,应当选用脆性临界温度较使用温度低的钢材。由于脆性临界温度的测定较复杂,故规范中通常

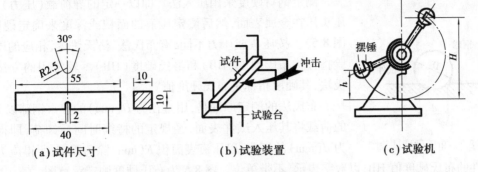

图 8.3　冲击韧性试验图

是根据气温条件规定 −20 ℃ 或 −40 ℃ 的负温冲击值指标。

　　钢材随时间的延长而表现出强度提高,塑性和冲击韧性下降的现象。这种现象称为时效。因时效作用,冲击韧性还将随时间的延长而下降。通常,完成时效的过程可达数十年,但钢材如经冷加工或使用中经受振动和反复荷载的影响,时效可迅速发展。因时效导致钢材性能改变的程度称为时效敏感性。时效敏感性越大的钢材,经过时效后冲击韧性的降低就越显著。为了保证安全,对于承受动荷载的重要结构,应当选用时效敏感性小的钢材。

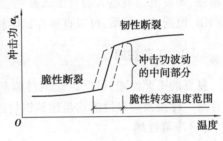

图 8.4　钢的脆性转变温度

　　总之,对于直接承受动荷载而且可能在负温下工作的重要结构,必须按照有关规范要求进行钢材的冲击韧性检验。

(3)疲劳强度

　　钢材在交变荷载反复多次作用下,可在最大应力远低于抗拉强度的情况下突然破坏,这种破坏称为疲劳破坏。钢材的疲劳破坏指标用疲劳强度(或称疲劳极限)来表示,它是指试件在交变应力的作用下,不发生疲劳破坏的最大应力值。在设计承受反复荷载且须进行疲劳验算的结构时,应当了解所用钢材的疲劳强度。

　　测定疲劳强度时,应根据结构使用条件来确定采用的应力循环类型(如拉—拉型、拉—压型等)、应力特征值(最小与最大应力之比,又称应力比值 ρ)和周期基数。例如,测定钢筋的疲劳极限时,通常采用的是承受大小改变的拉应力循环;应力比值通常非预应力筋为 0.1~0.8,预应力筋为 0.7~0.85;周期基数为 200 万次或 400 万次以上。

　　研究证明,钢材的疲劳破坏是拉应力引起的,首先在局部开始形成微细裂纹,其后由于裂纹尖端处产生应力集中而使裂纹迅速扩展直至钢材断裂。因此,钢材的内部成分的偏析、夹杂物的多少,以及最大应力处的表面光洁程度、加工损伤等,都是影响钢材疲劳强度的因素。疲劳破坏经常是突然发生的,因而具有很大的危险性,往往造成严重事故。

　　钢材的疲劳强度与其抗拉强度有关,一般抗拉强度高,其疲劳强度也较高。

(4)硬度

　　硬度是指金属材料抵抗硬物压入表面局部体积的能力。亦即材料表面抵抗塑性变形的能力。

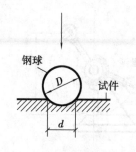

图 8.5　布氏硬度试验图

测定钢材硬度采用压入法。即以一定的静荷载(压力),通过压头压在金属表面,然后测定压痕的面积或深度来确定硬度(如图 8.5)。按压头或压力不同,有布氏法、洛氏法等,相应的硬度试验指标称布氏硬度(HB)和洛氏硬度(HR)。较常用的方法是布氏法,其硬度指标是布氏硬度值。

布氏法的测定原理是:用直径为 $D(mm)$ 的淬火钢球以 $P(N)$ 的荷载将其压入试件表面,经规定的持续时间后卸荷,即得直径为 $d(mm)$ 的压痕,以压痕表面积 $F(mm)$ 除荷载 P,所得应力值即为试件的布氏硬度值 HB,以数字表示,不带单位。图 8.5 为布氏硬度测定示意图。

各类钢材的 HB 值与抗拉强度之间有较好的相关关系。材料的强度越高,塑性变形抵抗力越强,硬度值也就越大。对于碳素钢,当 HB 低于 175 时,$\sigma_b \approx 3.6$ HB;HB 高于 175 时,$\sigma_b \approx 3.5$ HB。根据这一关系,可以直接在钢结构上测出钢材的 HB 值,并估算该钢材的 σ_b。

8.2.2　工艺性能

良好的工艺性能,可以保证钢材顺利通过各种加工,而使钢材制品的质量不受影响。冷弯、冷拉、冷拔及焊接性能均是建筑钢材的重要工艺性能。

(1)冷弯性能

冷弯性能是指钢材在常温下承受弯曲变形的能力。其指标是以试件弯曲的角度 α 和弯心直径对试件厚度(或直径)的比值 d/a 来表示。图 8.6 为钢材的冷弯试验示意图。

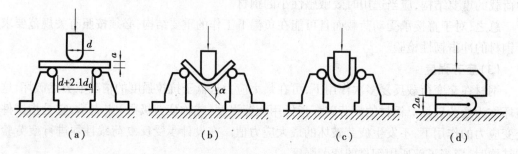

图 8.6　钢材冷弯试验示意图

试验时采用的弯曲角度越大,弯心直径对试件厚度(或直径)的比值越小,表示对冷弯性能的要求越高。冷弯检验是:按规定的弯曲角度和弯心直径进行试验,试件的弯曲处不产生裂缝、裂断或起层,即认为冷弯性能合格。

通过冷弯试验钢材局部发生非均匀变形,更有助于暴露钢材的某些内在缺陷。相对于伸长率而言,冷弯是对钢材塑性更严格的检验,它能揭示钢材内部是否存在组织不均匀、内应力和夹杂物等缺陷。冷弯试验对焊接质量也是一种严格的检验,能揭示焊件在受弯表面存在未熔合、微裂纹及夹杂物等缺陷。

(2)冷加工性能及时效

冷加工是钢材在常温下进行加工,建筑钢材常见的冷加工方式有:冷拉、冷拔、冷轧、冷扭和刻痕等。

钢材冷加工后,在常温下存放 15~20 d 或加热至 100~200 ℃,保持 2 h 左右,其屈服强度、抗拉强度及硬度明显提高,而塑性及韧性明显降低,这种现象称为时效。前者称为自然时效,后者称为人工时效。由于时效过程中内应力的消减,故弹性模量可基本恢复到冷加工前的数值。钢材的时效是普遍而长期的过程,有些未经冷加工的钢材,长期存放后也会出现时效现象。冷加工只是加速了时效发展。

钢材经冷加工及时效处理后,其应力-应变关系变化的规律,可明显地在应力-应变图上得到反映。如图 8.7 所示,$OABCD$ 为未经冷拉和时效试件的曲线。当试件冷拉至超过屈服强度的任意一点 K,卸去荷载,此时由于试件已产生塑性变形,则曲线沿 KO' 下降,KO' 大致与 AO 平行。如立即再拉伸,则 $\sigma\text{-}\varepsilon$ 曲线将成为 $O'KCD$(虚线)曲线,屈服强度由 B 点提高到 K 点。但如在 K 点卸荷后进行时效处理,然后再拉伸,则 $\sigma\text{-}\varepsilon$ 曲线将成为 $O'K_1C_1D_1$ 曲线,这表明冷拉时效后,屈服强度和抗拉强度均得到提高,但塑性和韧性则相应

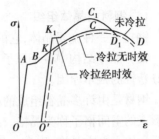

图 8.7　钢材经冷加工实效后的
应力-应变图的变化

降低。建筑工程中常利用该原理对钢筋或低碳盘条按一定制度进行冷拉或冷拔加工,以提高屈服强度,节约钢材。

①冷拉

是将热轧钢筋用冷拉设备加力进行张拉,使之伸长。钢材经时效后,屈服强度可提高 20%～30%,可节约钢材 10%～20%,钢材经冷拉后屈服阶段缩短,伸长率降低,冲击韧性降低,材质变硬。通常强度较低的钢筋宜采用自然时效,强度较高的钢筋宜采用人工时效。

②冷拔

将光面圆钢筋通过硬质合金拔丝模孔强行拉拔。每次拉拔断面缩小应在 10% 以下。钢筋在冷拔过程中,不仅受拉,同时还受到挤压作用,因而冷拔的作用比纯冷拉作用强烈。经过一次或多次冷拔后的钢筋,表面光洁度高,屈服强度提高 40%～60%,但塑性大大降低,具有硬钢的性质。

(3)焊接性能

焊接是各种型钢、钢板、钢管和钢筋的重要联接方式。建筑工程的钢结构有 90% 以上是焊接结构。焊接的质量取决于焊接工艺、焊接材料及钢的焊接性能。

钢材的可焊性,是指钢材是否适应用通常的方法与工艺进行焊接的性能。可焊性好的钢材,指易于用一般焊接方法和工艺施焊,焊口处不易形成裂纹、气孔、夹渣等缺陷;焊接后钢材的力学性能,特别是强度不低于原有钢材,硬脆倾向小。

钢材可焊性能的好坏,主要取决于钢的化学成分。钢的含碳量高将增加焊接接头的硬脆性,含碳量小于 0.25% 的碳索钢具有良好的可焊性。加入合金元素(如硅、锰、钒、钛等),也将增大焊接处的硬脆性,降低可焊性,特别是硫能使焊接产生热裂纹及硬脆性。

选择焊接结构用钢,应注意选含碳量较低的氧气转炉或平炉镇静钢。对于高碳钢及合金钢,为了改善可焊性,焊接时一般需要采用焊前预热及焊后热处理等措施。

焊接过程的特点是:在很短的时间内达到很高的温度,金属熔化的体积很小,由于金属传热快,故冷却的速度很快。因此,在焊件中常产生复杂的、不均匀的反应和变化,存在剧烈的膨胀和收缩。所以,易产生变形、内应力,甚至导致裂缝。

钢筋焊接应注意的问题是:冷拉钢筋的焊接应在冷拉之前进行;钢筋焊接之前,焊接部位

应清除铁锈、熔渣、油污等;应尽量避免不同国家的进口钢筋之间或进口钢筋与国产钢筋之间的焊接。

8.2.3 钢材的组织和化学成分

(1)钢材的晶体组织

钢材是一种金属晶体,它的宏观力学性能基本上是它的晶体力学性能的表现。

钢材晶体结构中各个原子是以金属键方式结合的。这种结合方式是钢材具备较高强度和良好塑性的根本原因。

钢材是由许多晶粒组成的(图8.8)。各晶粒中原子是规则排列的。描述原子在晶体中排列形式的空间格子称为晶格。晶格按原子排列的方式不同分为若干类型,例如纯铁在910 ℃以下为体心立方晶格,称为 α-铁,其最小几何单元(晶胞)如图8.9所示。就每个晶粒讲,其性质是各向不同的,但由于许多晶粒是不规则聚集的,故钢材是各向同性材料。

钢材的力学性能与其晶体结构有密切关系。现将主要内容介绍如下:

①晶格中有些平面上的原子较密集,因而结合力较强。这些面与面之间,则由于原子间距离较大,结合力较弱。这种情况,使晶格在外力作用下,容易沿原子密集面产生相对滑移(图8.10)而 α-铁晶格中这种容易导致滑移的面较多。这是建筑钢材塑性变形能力较大的原因。

②晶格中存在许多缺陷,如点缺陷"空位""间隙原子",线缺陷"刃型位错"[图8.11(a)]和晶粒间的面缺陷"晶界面"[图8.11(b)]。这些缺陷对力学性能的影响主要表现在:由于缺陷的存在,使晶格受力滑移时,不是整个滑移面全部原子一齐移动,只是缺陷处局部移动,这是钢材的实际强度比理论强度为低的原因。

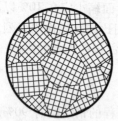

图8.8　晶粒聚集示意

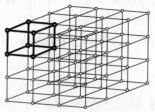

图8.9　体心立方体晶体

图8.10　晶格滑移面示意

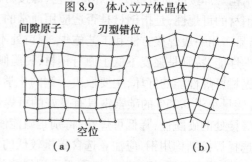

间隙原子　　刃型错位

空位

(a)　　　　　　　(b)

图8.11　晶格缺陷示意

③晶粒界面处原子排列紊乱,对滑移的阻力很大。对于同体积钢材,晶粒越细,晶界面积越大,因而强度将越高。同时,由于细晶粒的受力变形比粗晶粒均匀,故晶粒越细,其塑性和韧性也越好。生产中常利用合金元素以细化晶粒,提高钢材的综合性能。

④α-铁晶格中可溶入其他元素如碳、锰、硅、氮等,形成固溶体。形成固溶体会使晶格产生畸变,因而提高强度,塑性和韧性则降低。生产中常利用合金元素形成固溶体以提高钢材的强度。这种方法称为固溶强化。

建筑钢材的基本成分是铁与碳,碳原子与铁原子之间的结合有 3 种基本方式:固溶体、化合物和机械混合物。由于铁与碳结合方式的不同,碳素钢在常温下形成的基本组织有:

铁素体　是碳溶于 α-铁晶格中的固溶体,铁素体晶格原子间的空隙较小,其溶碳能力很低,常温下只能溶入小于 0.005% 的碳。由于溶碳少而晶格中滑移面较多,故其强度低,塑性很好。

渗碳体　是铁与碳的化合物,分子式为 Fe_3C,含碳量为 6.67%。它的晶体结构复杂,性质硬脆,是碳钢中的主要强化组分。

珠光体　是铁素体和渗碳体相间形成的机械混合物。其层状可认为是铁素体基体上分布着硬脆的渗碳体片。珠光体的性能介于铁素体和渗碳体之间。

碳素钢基本组织相对含量与含碳量的关系可简示为图 8.12。

建筑钢材的含碳量不大于 0.8%,其基本组织为铁素体和珠光体,含碳量增大时,珠光体的相对含量随之增大,铁素体则相应减小。因而强度随之提高,塑性和韧性则相应下降。

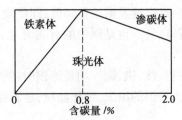

图 8.12　碳素钢基本组织相对含量与含碳量的关系

(2)钢材的化学成分

钢材中除基本元素铁和碳外,常有硅、锰、硫、磷及氧、氮等元素存在。这些元素来自炼钢原料、炉气及脱氧剂,在熔炼中无法除净。各种元素对钢的性能都有一定的影响,为了保证钢的质量,在国家标准中对各类钢的化学成分都做了严格的规定。

①碳　它是钢中的重要元素,对钢的机械性能有重要的影响(如图 8.13)。当含碳量低于 0.8% 时,随着含碳量的增加,钢的抗拉强度 σ_b 和硬度(HB)提高,而塑性 δ 及韧性 α_k 降低,同时,还将使钢的冷弯、焊接及抗腐蚀等性能降低,并增加钢的冷脆性和时效敏感性。

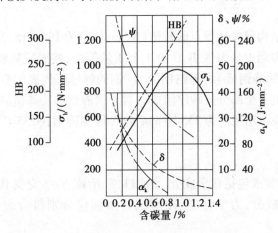

图 8.13　含碳量对热轧碳素钢性能的影响

②硅　它是钢中的有益元素,是为了脱氧去硫而加入的。硅是钢的主要合金元素。含量常在1%以内,可提高强度,对塑性和韧性没有明显影响。但含硅量超过1%时,冷脆性增加,可焊性变差。

③锰　锰能消除钢的热脆性,改善热加工性能。当含量为0.8%~1%时,可显著提高钢的强度和硬度,几乎不降低塑性及韧性,所以它也是钢中主要的合金元素之一。当其含量大于1%时,在提高强度的同时,塑性及韧性有所下降,可焊性变差。

④磷　它是钢中的有害元素,由炼钢原料带入。磷可显著降低钢材的塑性和韧性,特别是低温下冲击韧性下降更为明显。常把这种现象称为冷脆性。磷还能使钢的冷弯性能降低,可焊性变坏。但磷可使钢材的强度、硬度、耐磨性、耐蚀性提高。

⑤硫　硫在钢的热加工时易引起钢的脆裂,称为热脆性。硫的存在还使钢的冲击韧性、疲劳强度、可焊性及耐蚀性降低,即使微量存在也对钢有害,因此硫的含量要严格控制。

⑥氧、氮　也是钢中的有害元素,它们显著降低钢的塑性和韧性,以及冷弯性能和可焊性能。

⑦铝、钛、钒、铌　均是炼钢时的强脱氧剂,也是合金钢常用的合金元素。适量加入到钢内,可改善钢的组织,细化晶粒,显著提高强度和改善韧性。

8.3　常用建筑钢材

建筑钢材可分为钢结构用钢和钢筋混凝土结构钢两大类。

8.3.1　钢结构用钢材

(1)碳素结构钢

碳素结构钢包括一般结构钢工程用热轧钢板、钢带、型钢等。现行国家标准 GB 700—88《碳素结构钢》具体规定了它的牌号表示方法、代号和符号、技术要求、试验方法、检验规则等。

①牌号表示方法

标准中规定:碳素结构钢按屈服点的数值(N/mm^2)分为195、215、235、255、275五个等级;按硫、磷杂质的含量由多到少分为A、B、C、D 4个质量等级;按照脱氧程度不同分为特殊镇静钢(TZ)、镇静钢(z)、半镇静钢(b)和沸腾钢(F)。钢的牌号由代表屈服点的字母Q、屈服点数值、质量等级和脱氧程度4个部分按顺序组成。对于镇静钢和特殊镇静钢,在钢的牌号中予以省略。如Q235-A·F,表示屈服点为235 N/mm^2的A级沸腾钢;Q235-C表示屈服点为235 MPa的C级镇静钢。

②技术要求

碳素结构钢的技术要求包括化学成分、力学性能、冶炼方法、交货状态及表面质量5个方面,碳素结构钢的化学成分、力学性能、冷弯试验指标应分别符合表8.1、表8.2、表8.3的要求。

表 8.1 碳素结构钢的化学成分 (GB 700—88)

牌号	等级	化学成分/%					脱氧方法
		C	Mn	Si	S	P	
					≤		
Q195	—	0.06~0.12	0.25~0.50	0.30	0.050	0.045	F、b、Z
Q215	A	0.09~0.15	0.25~0.55	0.30	0.050	0.045	F、b、Z
	B				0.045		
Q235	A	0.14~0.22	0.30~0.65①	0.30	0.050	0.045	F、b、Z
	B	0.12~0.20	0.30~0.70②		0.045		
	C	≤0.18	0.35~0.80		0.040	0.040	Z
	D	≤0.17			0.035	0.035	TZ
Q255	A	0.18~0.28	0.40~0.70	0.30	0.050	0.045	Z
	B				0.045		
Q275	—	0.20~0.38	0.50~0.80	0.35	0.050	0.045	Z

注:①②Q235A、B 级沸腾钢的锰含量上限为 0.60%。

表 8.2 碳素结构钢的力学性能 (GB 700—88)

牌号	等级	拉伸试验														冲击试验	
		屈服点 σ_b/(N·mm^{-2})						抗拉强度 σ_b /(N·mm^{-2})	伸长率 δ_5/%							温度 /℃	V 型冲击功 (纵向)
		钢材厚度(直径)/mm							钢材厚度(直径)/mm								
		≤16	>16 ~40	>40 ~60	>60 ~100	>100 ~150	>150		≤16	>16 ~40	>40 ~60	>60 ~100	>100 ~150	>150			
		≥							≥								≥
Q195	—	195	185	—	—	—	—	315~430	33	32	—	—	—	—	—	—
Q215	A	215	205	195	185	175	165	335~450	31	30	29	28	27	26	—	—
	B														20	27
Q235	A	235	225	215	205	195	185	375~500	26	25	24	23	22	21	—	—
	B														20	27
	C														0	
	D														−20	
Q255	A	255	245	235	225	215	205	410~550	24	23	22	21	20	19	—	—
	B														20	27
Q275	—	275	265	255	245	235	225	490~630	20	19	18	17	16	15	—	—

表 8.3 碳素结构钢的冷弯试验指标(GB 700—88)

牌号	试样方向	冷弯试验 $B=2a$ 180°		
		钢材厚度(直径)/mm		
		60	>60~100	>100~200
		弯心直径 d		
Q195	纵	0	—	—
	横	0.5a		
Q215	纵	0.5a	1.5a	2a
	横	a	2a	2.5a
Q235	纵	a	2a	2.5a
	横	1.5a	2.5a	a
Q255	—	2a	3a	3.5a
Q275		3a	2a	4.5a

碳素结构钢的冶炼方法采用氧气转炉、平炉或电炉。一般为热轧状态交货,表面质量也应符合有关规定。

③各类牌号钢材的性能和用途

从表 8.2、表 8.3 中可知,钢材随钢号的增大,含碳量增加,强度和硬度相应提高,而塑性和韧性则降低。

建筑工程中应用最广泛的是 Q235 号钢。其含碳量为 0.14%~0.22%,属低碳钢,具有较高的强度,良好的塑性、韧性及可焊性,综合性能好,能满足一般钢结构和钢筋混凝土用钢要求,且成本较低。在钢结构中主要使用 Q235 钢轧制成的各种型钢、钢板。

Q195、Q215 号钢,强度低,塑性和韧性较好,易于冷加工,常用作钢钉、铆钉、螺栓及铁丝等。Q215 号钢经冷加工后可代替 Q235 号钢使用。

Q255、Q275 号钢,强度较高,但塑性、韧性较差,可焊性也差,不易焊接和冷弯加工,可用于轧制带肋钢筋,作螺栓配件等,但更多用于机械零件和工具等。

(2)低合金高强度结构钢

低合金高强度结构钢是在碳素结构钢的基础上,添加少量的一种或几种合金元素(总含量小于 5%)的一种结构钢。其目的是提高钢的屈服强度、抗拉强度、耐磨性、耐蚀性及耐低温性能等。因此,它是综合性较为理想的建筑钢材,尤其在大跨度、承受动荷载和冲击荷载的结构中更适用。另外,与使用碳素钢相比,可节约钢材 20%~30%。低合金高强度结构钢采用氧气转炉、平炉和电炉冶炼,成本与碳素结构钢接近。

①牌号表示方法

根据国家标准 GB 1591—94《低合金高强度结构钢》规定,共有 5 个牌号。所加元素主要有锰、硅、钒、钛、铌、铬、镍及稀土元素。其牌号的表示方法由屈服点字母 Q、屈服点数值、质量等级(分 A、B、C、D、E 5 级)3 个部分组成。

②标准与选用

低合金高强度结构钢的化学成分、力学性能见表8.4、表8.5。

表 8.4 低合金高强度结构钢的化学成分(GB 1591—94)

牌号	质量等级	化学成分/%										
		C≤	Mn	Si	P≤	S≤	V	Nb	Ti	Al	Cr	Ni
Q295	A	0.16	0.80~1.50	0.55	0.045	0.045	0.02~0.15	0.015~0.060	0.02~0.20	—		
	B	0.16	0.80~1.50	0.55	0.040	0.040	0.02~0.15	0.015~0.060	0.02~0.20	—		
Q345	A	0.20	1.0~1.60	0.55	0.045	0.045	0.02~0.15	0.015~0.060	0.02~0.20	—		
	B	0.20	1.0~1.60	0.55	0.040	0.040	0.02~0.15	0.015~0.060	0.02~0.20	—		
	C	0.20	1.0~1.60	0.55	0.035	0.035	0.02~0.15	0.015~0.060	0.02~0.20	0.015		
	D	0.18	1.0~1.60	0.55	0.030	0.030	0.02~0.15	0.015~0.060	0.02~0.20	0.015		
	E	0.18	1.0~1.60	0.55	0.025	0.025	0.02~0.15	0.015~0.060	0.02~0.20	0.015		
Q390	A	0.20	1.0~1.60	0.55	0.045	0.045	0.02~0.20	0.015~0.060	0.02~0.20	—	0.30	0.70
	B	0.20	1.0~1.60	0.55	0.040	0.040	0.02~0.20	0.015~0.060	0.02~0.20	—	0.30	0.70
	C	0.20	1.0~1.60	0.55	0.035	0.035	0.02~0.20	0.015~0.060	0.02~0.20	0.015	0.30	0.70
	D	0.20	1.0~1.60	0.55	0.030	0.030	0.02~0.20	0.015~0.060	0.02~0.20	0.015	0.30	0.70
	E	0.20	1.0~1.60	0.55	0.025	0.025	0.02~0.20	0.015~0.060	0.02~0.20	0.015	0.30	0.70
Q420	A	0.20	1.0~1.70	0.55	0.045	0.045	0.02~0.20	0.015~0.060	0.02~0.20	—	0.40	0.70
	B	0.20	1.0~1.70	0.55	0.040	0.040	0.02~0.20	0.015~0.060	0.02~0.20	—	0.40	0.70
	C	0.20	1.0~1.70	0.55	0.035	0.035	0.02~0.20	0.015~0.060	0.02~0.20	0.015	0.40	0.70
	D	0.20	1.0~1.70	0.55	0.030	0.030	0.02~0.20	0.015~0.060	0.02~0.20	0.015	0.40	0.70
	E	0.20	1.0~1.70	0.55	0.025	0.025	0.02~0.20	0.015~0.060	0.02~0.20	0.015	0.40	0.70
Q460	C	0.20	1.0~1.70	0.55	0.035	0.035	0.02~0.20	0.015~0.060	0.02~0.20	0.015	0.70	0.70
	D	0.20	1.0~1.70	0.55	0.030	0.030	0.02~0.20	0.015~0.060	0.02~0.20	0.015	0.70	0.70
	E	0.20	1.0~1.70	0.55	0.025	0.025	0.02~0.20	0.015~0.060	0.02~0.20	0.015	0.70	0.70

注:表中的 Al 为全铝含量。如化验酸溶铝时,其含量应不小于0.010%。

133

表 8.5 低合金高强度结构钢的力学性能（GB 1591—94）

牌号	质量等级	屈服点 σ_s/(N·mm⁻²) 厚度(直径,边长)/mm ≥				抗拉强度 σ_b/(N·mm⁻²)	伸长率 δ_5 /% ≥	V型冲击功 (A_{kv},纵向)/J ≥				180°弯曲试验 d——弯心直径 a——试件厚度(直径) 钢材厚度(直径)/mm	
		≤15	>16~35	>35~50	>50~100			+20	0	-20	-40	≤16	>16~100
Q295	A	295	275	255	235	390~570	23	—				$d=2a$	$d=3a$
	B						23	34					
Q345	A	345	325	295	275	470~630	21	—				$d=2a$	$d=3a$
	B						21	34					
	C						22		34				
	D						22			34			
	E						22				27		
Q390	A	390	370	350	330	490~650	19	—				$d=2a$	$d=3a$
	B						19	34					
	C						20		34				
	D						20			34			
	E						20				27		
Q420	A	420	400	380	360	520~680	18	—				$d=2a$	$d=3a$
	B						18	34					
	C						19		34				
	D						19			34			
	E						19				27		
Q460	C	460	440	420	400	550~720	17		34			$d=2a$	$d=3a$
	D						17			34			
	E						17				27		

在钢结构中常采用低合金高强度结构钢轧制的型钢、钢板来建造桥梁、高层及大跨度建筑。在重要的钢筋混凝土结构或预应力钢筋混凝土结构中,主要应用低合金钢加工成的热轧带肋钢筋。

（3）钢结构用钢材

①钢材的种类

钢结构构件一般应直接选用各种型钢。构件之间可直接或附联接钢板进行联接。联接方式有铆接、螺栓联接或焊接。所用母材主要是碳素结构钢及低合金高强度结构钢。型钢有热轧和冷轧成型两种。钢板也有热轧（厚度为 0.35~200 mm）和冷轧（厚度为 0.2~5 mm）两种。

a.热轧型钢

热轧型钢有角钢、工字钢、槽钢、T 型钢、H 型钢、Z 型钢等。

我国建筑用热轧型钢主要采用碳素结构钢 Q235-A（含碳量为 0.14%~0.22%），其强度适中，塑性及可焊性较好，成本低，适合建筑工程使用。在钢结构设计规范中，推荐使用的低合金高强度结构钢主要有两种：Q345（16Mn）及 Q390（15MnV）。用于大跨度、承受动荷载的钢结构中。采用低合金结构钢可件轻结构的重量，延长使用寿命，特别是大跨度、大柱网结构技术经济效果更显著。

b.冷弯薄壁型钢

通常是用 2~6 mm 薄钢板冷弯或模压而成，有角钢、槽钢等开口薄壁型钢及方形、矩形等空心薄壁型钢。主要用于轻型钢结构。其标示方法与热轧型钢相同。

c.钢板、压型钢板

用光面轧辊轧制而成的扁平钢材，以平板状态供货的称钢板；以卷状供货的称钢带。按轧制温度不同，分为热轧和冷轧两种；热轧钢板按厚度分为厚板（厚度大于 4 mm）和薄板（厚度为 0.35~4 mm）两种；冷轧钢板只有薄板（厚度为 0.2~4 mm）一种。

建筑用钢板及钢带主要是碳素结构钢。一些重型结构、大跨度桥梁、高压容器等也采用低合金钢板。一般厚板可用于焊接结构；薄板可用做屋面或墙面等围护结构，或用作涂层钢板的原材料；钢板还可用来弯曲为型钢。

薄钢板经冷压或冷轧成波形、双曲形、V 形等形状，称为压型钢板。彩色钢板（又称有机涂层薄钢板）、镀锌薄钢板、防腐薄钢板等都可用来制作压型钢板。其特点是：单位质量轻、强度高、抗震性能好、施工快、外形美观等。主要用于围护结构、楼面、屋面等。

②钢材的选用原则

a.荷载性质

对经常承受动力或振动荷载的结构，易产生应力集中，引起疲劳破坏，需选用材质高的钢材。

b.使用温度

经常处于低温状态的结构，钢材易发生冷脆断裂，特别是焊接结构，冷脆倾向更加显著，应该要求钢材具有良好的塑性和低温冲击韧性。

c.连接方式

焊接结构当温度变化和受力性质改变时，易导致焊缝附近的母体金属出现冷、热裂纹，促使结构早期破坏。所以，焊接结构对钢材化学成分和机械性能要求应较严。

d.钢材厚度

钢材力学性能一般随厚度增大而降低，钢材经多次轧制后，钢的内部结晶组织更为紧密，强度更高，质量更好。故一般结构用的钢材厚度不宜超过 40 mm。

e.结构重要性

选择钢材要考虑结构使用的重要性，如大跨度结构、重要的建筑物结构，须相应选用质量更好的钢材。

8.3.2 钢筋混凝土用钢材

钢筋混凝土结构用的钢筋和钢丝,主要由碳素结构钢和低合金结构钢轧制而成。主要品种有热轧钢筋、冷拉钢筋、热处理钢筋、冷拔低碳钢丝、冷轧带肋钢筋、预应力混凝土用钢丝和钢绞线。钢筋混凝土结构用的钢筋和钢丝按照直条或盘条(也称盘圆)供货。

(1)热轧钢筋

用加热钢坯轧成的条型成品钢筋,称为热轧钢筋。它是建筑工程中用量最大的钢材品种之一,主要用于钢筋混凝土和预应力钢筋混凝土结构的配筋。

热轧钢筋按其轧制外形分为:光圆钢筋和带肋钢筋。带肋钢筋通常为圆形横截面,且表面通常带有两条纵肋和沿长度方向均匀分布的横肋。按肋纹的形状分为月牙肋和等高肋。月牙肋的纵横肋不相交,而等高肋则纵横肋相交。月牙肋钢筋有生产简便、强度高、应力集中敏感性小、疲劳性能好等优点,但其与混凝土的黏结锚固性能稍逊于等高肋钢筋。根据 GB 13013—91《钢筋混凝土用热轧光圆钢筋》和 GB 1499— 1998《钢筋混凝土用热轧带肋钢筋》,热轧钢筋的力学性能和工艺性能应符合表 8.6 的规定。

表 8.6 热轧钢筋的性能

强度等级代号	外形	钢种	公称直径 a/mm	屈服强度 /(N·mm^{-2})	抗拉强度 /(N·mm^{-2})	伸长率 δ_5/%	冷弯试验	
							弯曲角度	弯心直径
HPB235	光圆	低碳钢	8~20	235	370	25	180°	$d=a$
HRB335	月牙肋	低碳钢合金钢	6~25	335	490	16	180°	$d=3a$
			28~50					$d=4a$
HRB400			6~25	400	570	14	180°	$d=4a$
			28~50					$d=5a$
HRB500	等高肋	中碳钢合金钢	6~25	500	630	12	180°	$d=6a$
			28~50					$d=7a$

注:H、R、B 分别表示热轧、带肋、钢筋。

(2)冷拉钢筋

将热轧钢筋进行冷拉强化处理,即在常温下将钢筋拉伸至超过屈服点而小于抗拉强度的某一应力,然后卸掉荷载经时效处理,即制成了冷拉钢筋。冷拉钢筋既提高了钢材的强度,又增加了品种,并且设备简单,易于操作,所以工程中经常使用冷拉钢筋。实践中,钢筋的冷拉、除锈、调直通常合并为一道工序。它的性能应符合《混凝土结构工程施工及验收规范》(GB 50204—2002)的要求。见表 8.7。

表 8.7　冷拉热轧钢筋的技术性能

钢筋级别	钢筋直径/mm	屈服强度/(N·mm⁻²)	抗拉强度/(N·mm⁻²)	伸长率 δ₁₀/%	冷弯试验 d,弯心直径;a,试件直径	
		≥			弯曲角度	弯曲直径/mm
HPB235	≤12	280	370	11	180°	$d=3a$
HRB335	≤25	450	510	10	90°	$d=3a$
	28~40	430	490	10	90°	$d=4a$
HRB400	8~40	500	570	8	90°	$d=5a$
HRB500	10~28	700	835	6	90°	$d=5a$

(3)预应力混凝土用热处理钢筋

预应力混凝土用热处理钢筋,是用热轧带肋钢筋经淬火和回火调质处理后的钢筋。通常,直径为 6、8.2、10(mm)3 种规格,其条件屈服强度为不小于 1 325,抗拉强度不小于 1 470 N/mm²,伸长率(δ_{10})不小于 6%,1 000 h 应力松弛率不大于 3.5%。按外形分为有纵肋和无纵肋两种,但都有横肋。钢筋热处理后卷成盘,使用时开盘,钢筋自行伸直,按要求的长度切断。不能用电焊切断,也不能焊接,以免引起强度下降或脆断。热处理钢筋在预应力结构中使用,具有与混凝土黏结性能好、应力松弛率低、施工方便等优点。

(4)冷拔低碳钢丝

冷拔低碳钢丝是由直径为 6~8 mm 的 Q195、Q215 或 Q235 热轧圆盘条经冷拔而成。低碳钢经冷拔后,屈服强度可提高 40%~60%,同时塑性大为降低,已失去了低碳钢的性能,变得硬脆,属硬钢类钢丝。冷拔低碳钢丝按力学强度分为甲、乙两级,其中乙级冷拔丝不得用于预应力混凝土结构。冷拔丝应用时应对其质量严格控制,对其外观要求分批取样化验,表面不准锈蚀、油污、伤痕、皂泽、裂纹等。它的性能要求和应用应符合有关标准和规范。

(5)冷轧带肋钢筋

冷轧带肋钢筋是由热轧圆盘条经冷轧,在其表面带有沿长度方向均匀分布的三面或两面横肋的钢筋。钢筋冷轧后允许进行低温回火处理。根据 GB 13788—2000 规定,冷轧带肋钢筋按抗拉强度分为 5 个牌号,分别为 CRB550、CRB650、CRB800、CRB970、CRB1170。C、R、B 分别为冷轧、带肋、钢筋 3 个词的英文首位字母,数值为抗拉强度的最小值。冷轧带肋钢筋的力学性能及工艺性能见表 8.8。与冷拔低碳钢丝相比较,冷轧带肋钢筋具有强度高、塑性好、与混凝土黏结牢固,节约钢材,质量稳定等优点。CRB550 宜用做普通钢筋混凝土结构,其他牌号宜用在预应力混凝土结构中。

表8.8 冷轧带肋钢筋力学性能和工艺性能

牌 号	抗拉强度 σ_b/(N·mm^{-2}) $\nless$	伸长率/% $\nless$		冷弯试验 180°	反复弯曲 次数	应力松弛 (初始应力, $\sigma_{con}=0.7\sigma_b$)	
		δ_{10}	δ_{100}			(1 000 h,%)$\ngtr$	(1000 h,%)$\ngtr$
CRB550	550	8.0	—	$d=3a$	—	—	—
CRB650	650	—	4.0	—	3	8	5
CRB800	800	—	4.0	—	3	8	5
CRB970	970	—	4.0	—	3	8	5
CRB1170	1 170	—	4.0	—	3	8	5

(6)预应力混凝土用钢丝

预应力混凝土用钢丝是由优质碳素钢经冷加工或再经回火处理制成,是预应力钢筋混凝土的专用产品。根据 GB/T 5223—2002《预应力混凝土用钢丝》,碳素钢丝分为冷拉钢丝(代号 WCD)、和消除应力钢丝,消除应力钢丝又分为低级松弛应力钢丝(代号 WLR)和普通松弛应力钢丝(代号 WNR)钢丝根据外形分为光圆钢丝代号 P)、螺旋肋钢丝(代号 H)和刻痕钢丝代号 I)3 种。消除应力钢丝比冷拉钢丝的塑性和韧性好,螺旋肋钢丝、刻痕钢丝比光圆钢丝与混凝土的黏结力好。碳素钢丝的力学性能应符合表8.9、表8.10 的规定。

预应力混凝土用钢丝国标规定,其产品标记应包含下列内容:预应力钢丝;公称直径;抗拉强度等级;加工状态代号;外形代号;标准号。

表8.9 冷拉钢丝的力学性能(GB/T 5223—2002)

公称直径 /mm	抗拉强度 σ_b /(N·mm^{-2})	规定非比例 伸长应力 $\sigma_{0.2}$ /(N·mm^{-2}) $\nless$	最大应力下 总伸长率 σ_{200}/%	弯曲次数		断面收缩率 ψ/%	每 210 mm 扭距的扭转 次数	初始应力 (0.7×σ_b) 1 000 h 应力 损失/%,$\ngtr$
				次数 (180°)$\nless$	弯曲半径 /mm	$\nless$		
3.00	1 470	1 100			7.5	—		
4.00	1 570	1 180		4	10	35	8	
	1 670	1 250			15			
5.00	1 770	1 330	1.5		15			8
6.00	1 470	1 100			15		7	
7.00	1 570	1 180		5	20	30	6	
	1 670	1 250			20			
8.00	1 770	1 330			20		5	

标记事例 1:直径为 4 mm,抗拉强度为 1 670 N/mm^2 的冷拉光圆钢丝,其标记为:预应力钢丝 4.00-1670-WCD-P-GB/T 5223—2002。

标记事例 2:直径为 7 mm,抗拉强度为 1 570 N/mm^2 的低松弛螺旋肋钢丝,其标记为:预应力钢丝 7.00-1570-WLR-H-GB/T 5223—2002。

预应力混凝土用钢丝具有较好的柔韧性,质量稳定,施工方便,使用时可根据要求的长度切断。它适用于大荷载、大跨度和曲线配筋的预应力钢筋混凝土结构。

表 8.10　消除应力钢丝的力学性能（GB/T 5223—2002）

钢丝名称	公称直径/mm	抗拉强度 σ_b/(N·mm^{-2})	规定非比例伸长应力 $\sigma_{0.2}$/(N·mm^{-2}) WLR	WNR	最大应力下总伸长率 δ_{200}/%	180°弯曲次数 ≮	弯曲半径/mm	初应力(×σ_b)	1000 h 应力松弛率/% WLR	WNR
光圆及螺旋肋钢丝	4.00	1 470	1 290	1 250		3	10			
	4.00	1 570	1 380	1 330						
	4.80	1 670	1 470	1 410		4	15			
	4.80	1 770	1 560	1 500						
	5.00	1 870	1 640	1 580						
	6.00	1 470	1 290	1 250	3.5		15	0.6	1.0	4.5
	6.00	1 570	1 380	1 330		4	20	0.7	2.0	8
	6.25	1 670	1 470	1 410			20	0.8	4.5	12
	7.00	1 770	1 560	1 500			20			
	8.00	1 470	1 290	1 250		4	20			
	9.00	1 570	1 380	1 330			25			
	10.00	1 470	1 290	1 250		4	25			
	12.00						30			
刻痕钢丝	≤5.0	1 470	1 290	1 250						
		1 570	1 380	1 330						
		1 670	1 470	1 410			15			
		1 770	1 560	1 500				0.6	1.2	4.5
		1 870	1 640	1 580		3		0.7	2.5	8
	>5.0	1 470	1 290	1 250				0.8	4.5	12
		1 570	1 380	1 330						
		1 670	1 470	1 410			20			
		1 770	1 560	1 500						

（7）预应力混凝土用钢绞线

钢绞线是有数根碳素钢丝经绞捻和热处理后制成，它也是预应力钢筋混凝土的专用产品。钢绞线按所用的根数分为 1×2、1×3 和 1×7 三种类型，它的应用与碳素钢丝基本相同。它的技术要求应符合表 8.10 的。

表 8.11　钢绞线尺寸及拉伸性能表

类型		公称直径/mm	强度级别/(N·mm⁻²)	整根钢绞线破断荷载/(N·mm⁻²)	屈服负荷/(N·mm⁻²)	伸长率/%	1 000 h 应力松弛/%, ≯			
							Ⅰ级松弛		Ⅱ级松弛	
							初始负荷(破断荷载×)			
				≮			0.70	0.80	0.70	0.80
1×2		10.00	1 720	67.9	57.7	3.5	8.0	12	2.5	4.5
		12.00		97.9	83.2					
1×3		10.80		102	86.7					
		12.90		147	125					
1×7	标准型	9.50	1 860	102	86.7					
		11.10		138	117					
		12.70		184	156					
		15.20	1 720	239	203					
			1 860	259	220					
	模拔型	12.70	1 860	209	178					
		15.20	1 720	300	255					

注:①Ⅰ级松弛即普通松弛,Ⅱ级松弛即低级松弛;
　　②屈服负荷不小于整根钢绞线公称破断荷载的85%。

复习思考题

1.钢的冶炼方法主要有哪几种？对钢材的质量有何影响？

2.根据脱氧程度不同钢材分为哪几种？

3.钢材有哪几种分类方法？

4.低碳钢受拉时的应力-应变图中,分为哪几个阶段？

5.什么是屈服强度、抗拉强度、伸长率？

6.什么是屈强比？其在工程中的实际意义是什么？

7.什么是钢材的冷弯性能和冲击韧性？有何实际意义？

8.什么是钢材的冷加工和时效处理？有何实际意义？

9.什么是钢材的低温脆性？

10.钢材的晶体组织与钢材的质量有什么关系？

11.钢材的化学成分对其性能有什么影响？

12.影响钢材可焊性的主要因素是什么？

13.碳素结构钢如何划分处牌号？其牌号与性能之间的关系如何？

14.说明下列钢材牌号的含义:Q235—A·F;Q235—B;Q235—B·b。

15.普通低合金高强度结构的牌号如何表示？

16.钢筋混凝土结构用钢材有哪些种类？

17.为什么建筑工程中广泛使用低合金高强度结构钢？

18.热轧钢筋如何划分等级？各级钢筋的应用范围如何？

19.钢材的选用原则是什么？

第9章
防水材料及沥青混合料

防水材料是保证房屋建筑免受雨水、地下水及其他水分侵蚀、渗透的主要材料,是建筑工程中不可缺少的建筑材料,其质量的优劣直接影响建筑物的使用功能及寿命。而目前我国房屋建筑的渗漏主要集中体现在房屋建筑的地下室、卫生间、山墙及房屋屋面等4个方面,其中山墙由于墙体材料、内外温差、受力承重及施工条件等原因,渗漏问题尤为突出。因此了解和学习防水材料的分类、组成、性质及其使用特点,具有十分重要的意义。

9.1 沥 青

沥青属有机胶结材料,是高分子碳氢化合物及其非金属(氧、氮、硫等)衍生物组成的复杂混合物,在常温下呈固体、半固体或黏稠液体状态,它具有一定的黏性和良好的憎水性,不透水、不导电、耐酸碱腐蚀,并有受热软化、冷后变硬的特点,具有一定的塑性,能适应基材的变形。因此在建筑工程上广泛用于防水、防潮、防腐、耐酸、绝缘及水工建筑与道路工程等。

沥青一般分类如下:

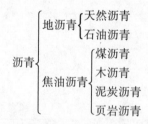

目前工程中使用最多的是石油沥青,其次为煤沥青。在使用沥青时,一般要经过调制,通常有以下几种方式。

①将沥青加热,使其熔化至液体,除去水分和杂质,趁热涂刷,或加入预热的骨料、填充料,制成各种沥青制品。

②用熔剂(汽油、柴油、工业苯)等将沥青稀释为所需的使用稠度,用做直接涂刷或制作冷用制品。

③通过机械作用,同时加入乳化剂,使沥青分散成微小颗粒,均匀分布在溶有乳化剂的水

中,制成冷用的沥青乳液。

④用几种不同规格的沥青掺配,或加入其他物料,得到改性沥青。

9.1.1　石油沥青

石油沥青是由石油提炼制取的各种轻质油(如汽油、柴油等)及润滑油后的残留物,或经再加工而得到的副产品。按加工工艺不同,分为直馏沥青、氧化沥青和热裂沥青等品种。

直馏沥青是用加热蒸馏的方法,自原油中蒸馏出几种沸点不同的油类,对其残留物再加热分馏,并同时采用真空抽气及蒸汽蒸馏而得到的残渣沥青。该沥青的化学成分很少发生变化。

氧化沥青是将较稀软的石油蒸馏残渣加热并吹入空气,使其中的氧与渣油产生聚合作用,而得到的沥青。

采用热裂方法提炼石油时,可得到热裂石油沥青,这种沥青的品质较差。

(1)石油沥青的组成

石油沥青是由多种高分子碳氢化合物及非金属(主要为氧、硫、氮等)衍生物组成的复杂混合物,其组成元素的大致含量为:碳 70%～85%,氢 10%～15%,氧 1%～5%,硫 2%～8%,氮 0.5%～2%。因为沥青的化学组成复杂,对其组成进行分析很困难,而且其化学组成也不能反映出沥青性质的差异,因此通常从使用角度出发,将沥青中性质相近,与使用性能有直接关系的组合物,划分成若干"组分"来研究。

①油分

油分为淡黄色至红褐色的油状液体,是沥青中分子量最小的黏性液体,密度为 0.7～1.00 g/cm³,溶于大多数有机溶剂,但不溶于酒精。在沥青中占 40%～60%,使沥青具有流动性。

②树脂

树脂又称为沥青脂胶,为黄色至黑褐色的黏稠半固体物质,分子量比油大,密度为 1.0～1.1 g/cm³,它易溶于酒精、氯仿而难溶于石油醚和苯,能为碱皂化,是沥青中的表面活性物质。在沥青中占 15%～30%,使沥青具有良好的塑性和黏结性。

③地沥青质

地沥青质为深褐色至黑色的固态无定形超细颗粒固体粉末,分子量比树脂更大,密度大于 1.0 g/cm³,不溶于汽油,但能溶于二硫化碳和四氯化碳中。它能提高石油沥青的耐热性和黏滞性,在沥青中占 10%～30%,其含量越多,则软化点越高,黏性也越大,但塑性降低,脆性增大。

此外,还有若干其他组分,由于沥青中所含各组分的比例不同,从而导致它们在结构、形态和性质上的差异。

(2)石油沥青的结构

油分、树脂和地沥青质是石油沥青的 3 个主要组分,其中油分和树脂可以互相溶解,树脂能浸润地沥青质,并在地沥青质的超细颗粒表面形成树脂薄膜。因此石油沥青的结构是以地沥青质为核心,周围吸附部分树脂和油分的互溶物而构成的胶团,无数胶团分散在油分中而形成的胶体结构。根据沥青中各组分的相对比例不同,胶体结构可分为溶胶型、凝胶型和溶凝胶型 3 种结构。

(3)石油沥青的技术性质

①黏滞性

黏滞性又称黏性或稠度,是反映沥青材料内部阻碍其相对流动性的一种特性,是沥青材料软硬、稀稠程度的反映。各种沥青黏滞性变化范围很大,其大小与组分及温度有关,在一定范围内同一温度下,黏滞性强的沥青,黏结性高。

对黏稠(半固体或固体)的石油沥青用针入度表示,对液体石油沥青则用黏滞度表示,针入度是石油沥青的重要技术指标之一。

针入度反映了石油沥青抵抗剪切变形的能力。针入度值越小,则黏度越大。通常针入度是在25 ℃温度下,以荷重为100 g的标准针,在规定的时间(5 s)内垂直贯入试样中的深度表示,每深入0.1 mm定为针入度一度。

黏滞度是指将一定量的液体沥青,在某一温度下经一定直径的小孔流出50 cm³所需的时间,以秒表示。

②塑性

塑性是指石油沥青在外力作用下所具有适应变形而不破坏的能力。塑性好的沥青,对冲击振动荷载有一定吸收能力,并能减少摩擦时的噪声,同时塑性好的沥青,其开裂后的自愈能力就愈强。沥青之所以能配制成性能良好的柔性防水材料,很大程度上取决于沥青的塑性。

沥青的塑性用延度表示,延度越大,塑性越好。延度测定是将沥青样品制成"8"字形试件,在25 ℃水中,以55 cm/min的速度拉伸,用拉断时的长度来表示,单位为cm。延度也是石油沥青的重要技术指标之一。

③温度稳定性

温度稳定性是指石油沥青的黏滞性和塑性随温度的变化而改变的程度。温度稳定性高的沥青,通常改变其固有状态时,需要的温度也较高,建筑工程中一般宜选用温度稳定性较高的沥青。

温度稳定性以软化点作为其指标。由于沥青材料从固态至液态有一定的变态间隔,故规定以其中某一状态作为从固态转变至液态的起点,相对应的温度即为沥青的软化点。软化点亦是沥青的重要技术指标。其测定一般采用"环球法",将沥青试样装入规定尺寸的铜环内,顶面上放置一标准钢球,浸入水或甘油中,在规定的温升速度下,试样软化下垂至规定高度时的温度即为软化点,以摄氏度(℃)表示。

此外,沥青的脆点也是反映沥青温度稳定性的另一指标,该指标主要反映沥青的低温变形能力。寒冷地区应用的沥青应考虑其脆点。沥青的软化点越高,脆点越低,则其温度稳定性越好。

④大气稳定性

大气稳定性是指石油沥青在各种大气因素的长期综合作用下,抵抗老化的能力,也是沥青的耐久性。

沥青在热、阳光、氯气和水等大气因素的长期综合作用下,随时间的增长,其流动性、塑性逐渐减小,硬脆性逐渐增大,直至脆裂的过程称为老化。

石油沥青的大气稳定性,可通过蒸发损失和蒸发前后针入度比的检测来评定。将试样置于160 ℃的烘箱中5 h,测其重量及针入度,计算出蒸发损失重量占原重量的百分数,称为蒸发损失百分率;测得蒸发后针入度占原针入度的百分数称为蒸发后的针入度比。这两项测值越小,说明沥青的大气稳定性越好。

除以上4项主要指标外,通过溶解度表示沥青在有机溶剂中可溶物的含量,通过闪点时的温度作为安全性的重要参数。

(4)石油沥青的牌号及作用

根据我国石油沥青的标准,在建筑工程中常用的石油沥青有道路石油沥青、建筑石油沥青、防水防潮和普通石油沥青等4种,各牌号沥青的技术指标要求同见表9.1。

表 9.1 石油沥青的牌号和技术要求

质量指标	道路石油沥青(SH0522-92)							建筑石油沥青(GB 494-85)		防水防潮石油沥青(SH0002-90)				普通石油沥青(SY1665-77)(1988年确认)		
	200	180	140	100甲	100乙	60甲	60乙	30	10	3号	4号	5号	6号	75	65	55
针入度(25℃,100 g,1/10 mm)	201~300	161~200	121~160	91~120	81~120	51~80	41~80	25~40	10~25	25~45	20~40	20~40	30~50	75	65	55
延度(25℃)/cm,不小于	—	100	100	90	60	70	40	3	1.5					2	1.5	1
软化点(环球法)/℃	30~45	35~45	38~48	42~52	42~52	45~55	45~55	≮70	≮95	≮85	≮90	≮100	≮95	≮60	≮80	≮100
针入度指数,不小于	—	—	—	—	—	—	—	—	—	3	4	5	6	—	—	—
溶解度(三氯乙烯,三氯甲烷或苯)/%,不小于	99.0	99.0	99.0	99.0	99.0	99.0	99.0	99.5	99.5	98	98	95	92	98	98	98
蒸发损失(163℃,5 h)/%,不大于	1	1	1	1	1	1	1	1	1	1	1	1	1			
蒸发后针入度比/%,不小于	50	60	60	65	65	70	70	65	65	—	—	—	—			
闪点(开口)/℃,不低于	180	200	230	230	230	230	230	230	230	250	270	270	270	230	230	230
脆点/℃,不高于	—	—	—	—	—	—	—	报告	报告	-5	-10	-15	-20			

由表9.1可以看出,石油沥青的牌号除200号有些例外,其他都是按针入度指标来划分牌号的。因此,石油沥青牌号越大,针入度越大,沥青越软,黏滞性越低。同时随牌号的增加,沥青的黏性减少,塑性增加,温度稳定性降低。

工程中使用石油沥青时,应根据工程性质、气候条件、建筑类型、要使用部位及施工方法来选择适宜的品种和牌号。一般在经常受热及日晒部位,为防止过分软化,应选牌号较小的沥青。而在夏季暴晒、冬季受冻的部位,不仅要考虑受热软化问题,而且还应考虑低温脆裂等因素,则软化点也不宜考虑过高,因此应选用中等牌号沥青,对一些不易受温度影响的部位,则可选用牌号较大的沥青。当缺乏所需牌号沥青时,可用不同牌号的沥青进行掺配(一般选两种),但不能与煤沥青相掺。

道路石油沥青的牌号较多,主要用于道路路面或车间地面等工程,一般拌制成沥青混凝土、沥青拌和料或沥青砂浆等。另外还可作为密封材料,黏结剂及沥青涂料等,此时宜选用黏性较大和软化点较高的道路石油沥青,如 60 甲。

建筑石油沥青黏性较大,耐热性较好,但塑性较小,主要用于屋面及地下防水、防腐等,也可用于油毡、油纸、防水涂料及黏结剂的制作。

普通石油沥青含蜡较多,又称多蜡沥青,其各项性指标均较建筑石油沥青低劣,在建筑工程中较少单独使用。目前通常采用对其进行改性处理的办法,改善其技术性能,以便扩大使用范围,如吹气氧化改性处理,即将普通石油沥青和 10 号建筑沥青按 1∶1.5~1∶0.7(质量比)的比例混合,充分熔化搅拌后便可使用。

防水防潮石油沥青,温度稳定性好,质量优于建筑石油沥青,特别适用于做油毡的涂覆材料及建筑屋面和地下防水的黏结材料。

9.1.2 煤沥青

煤沥青是在炼焦或制煤气时,由烟煤在干馏过程中所挥发的物质冷凝而得到煤焦油,再通过将煤焦油进行蒸馏提取轻油、中油、重油等多种产品后的残留物。根据蒸馏程度不同,煤沥青分为低、中、高温。建筑上所采用的多为黏稠或半固体的低温沥青。

按煤沥青在常温时的形态,分为硬煤沥青和软煤沥青。硬煤沥青在常温下为硬块状,性脆,使用时需与蒽油、重油等掺配成适宜稠度。软煤沥青在常温下呈液体至半固体状,必要时可掺配适量的固定煤沥青使用。

(1)煤沥青的组成及特性

煤沥青的组成主要是中性油分、树脂、游离碳,同时含有少量酸、碱等物质。此外,在煤沥青的中性油分中还含有酚和奈等。奈能使煤沥青的低温变形能力变差。酚能溶于水,有毒且易氧化。煤沥青主要特征如下:

①温度稳定性差,因含可溶性树脂多,由固态变为液态的温度间隔较窄,受热易软化,受冷易脆裂。

②大气稳定性差,含挥发性成分及化学稳定性差的成分较多,易硬脆。

③塑性较差,含较多游离碳,使用中易变形而开裂。

④因所含酸、碱物质都是表面活性物质,故与矿料表面的黏附力较好。

⑤因含酚、蒽等有毒物质,防腐能力强,适用于木材的防腐处理,但因酚溶于水,故防水性不及石油沥青。

⑥密度比石油沥青大,其值为 1.25~1.28。

(2)煤沥青与石油沥青简易鉴别方法

煤沥青与石油沥青有时外观相似,两者掺混时,将发生沉渣变质现象而失去胶凝性,故不能随意掺混使用,其简易鉴别方法见表 9.2。

表 9.2　煤沥青与石油沥青简易鉴别方法

鉴别方法	石油沥青	煤沥青
密度法	近似于 1.0 g/cm³	大于 1.10 g/cm³
锤击法	声哑,有弹性、韧性感	声脆,韧性差
燃烧法	烟无色,基本无刺激性臭味	烟呈黄色,有刺激性臭味
溶液比色法	用 30~50 倍汽油或煤油熔解后,将溶液滴于滤纸上,斑点呈棕色	溶解方法同左,斑点有两圈,内黑外棕

(3) 沥青的保管和检验

沥青在储藏过程中,应防止混入杂质、砂石和水分。现场临时堆放,场地应平整、清洁,地势高,不积水,应设棚盖,避免日晒和雨淋。简装沥青应立放,口要封严,以防流失和进水。放置地点忌靠近火源,四周不得有易燃物。不同品种或牌号的沥青,应分别标识堆放,切忌混乱。当沥青中混入异物时,要设法清除,或在加热时进行过滤。

煤沥青因含有毒物质,在贮运和施工中应遵守有关劳保规定,以防中毒。

沥青的检验,除查明包装、标志及出厂证明相符,并符合相关标准规定外,应按规定的抽样方法和试验方法,检查各项性能指标是否达到要求。

9.2　防水卷材

防水卷材主要包括沥青防水卷材、改性沥青防水卷材和高分子防水卷材 3 类。根据防水卷材有无胎体,又可分为有胎卷材和无胎卷材两种。有胎卷材是用纸或玻璃布、石棉布、棉麻织品等胎料浸渍石油沥青而制成的卷状材料。用石棉、橡胶粉等掺入沥青材料中,经碾压而制成的卷状材料则称为无胎卷材。

9.2.1　沥青防水卷材

(1) 油毡和油纸

采用低软化点石油沥青浸渍原纸所制成的无涂盖层的纸胎防水卷材称为油纸,再采用高软化点石油沥青涂覆油纸两面,并涂或撒隔离材料制成的防水卷材称为油毡,所有隔离材料为粉状时(如滑石粉)称为粉毡,为片状时(如云母片)则称为片毡。

石油沥青油毡和油纸的质量应符合 GB 326—89 的规定,卷材的幅宽有 915 mm 和 1 000 mm 两种,每卷总面积为(20±0.3) m²,按浸涂材料总量和物理性能,石油沥青纸胎油毡分为合格品、一等品及优等品 3 个等级,其各种标号、等级、卷重和物理性能见表 9.3。

表 9.3　石油沥青油毡的卷重和物理性能

指标名称	标号与等级	200 号			350 号			500 号		
		合格	一等	优等	合格	一等	优等	合格	一等	优等
每卷重量不小于/kg	粉毡	17.5			28.5			39.5		
	片毡	20.5			31.5			42.5		
单位面积浸涂材料总量/(g·m^{-2}),不小于		600	700	800	1 000	1 050	1 100	1 400	1 450	1 500
不透水性	压力/MPa,不小于	0.05			1.0			1.5		
	保持时间/min,不小于	15	20	30	30		45	30		
吸水率(真空法)/%,不大于	粉毡	1.0			1.0			1.5		
	片毡	3.0			3.0			3.0		
耐热度	/℃	85±2	90±2		85±2	90±2		85±2	90±2	
	要求	受热 2 h 涂盖层应无滑动和集中性气泡								
拉力(25 ℃时纵向)/N,不小于		240	270		340	370		440	470	
柔度	/℃	18±2			18±2	16±2	14±2	18±2		14±2
	要求	绕 φ20 mm 圆棒或弯板无裂纹						绕 φ25 mm 圆棒或弯板无裂纹		

　　油毡和油纸均按其所用原纸每平方的重量克数来划分标号。其中 200 号油毡适用于简易防水、临时性建筑防水、建筑防潮及包装等。350 号和 500 号粉毡适用于屋面、地下、水利等工程的多层防水。片毡则用于单层防水。油纸主要用于建筑防潮和包装,也可作多层防水层的下层。油毡和油纸施工时应注意石油沥青油毡(油纸)只能用石油沥青粘贴;煤沥青油毡则要用焦油沥青(或煤焦油聚乙烯涂料)粘贴。油纸和油毡贮运时应竖直堆放,最高不超过两层。要避免雨淋、日晒、受潮和高温等环境(粉毡不高于 40 ℃,片毡不高于 50 ℃),其存放期不宜超过一年。

　　(2)沥青玻璃布油毡

　　沥青玻璃布油毡是用石油沥青浸涂玻璃纤维织布两面,并撒粉状隔离材料而制成的防水卷材。

　　玻璃布油毡的幅宽有 900 mm 和 1 000 mm 两种,每卷总面积为(20±0.3) m^2,每卷的质量,包括不大于 0.5 kg 的硬质卷心在内,应不大于 14 kg。沥青玻璃布油毡的物理性能,见表 9.4。

表 9.4　玻璃布油毡的物理性能指标

项目名称	指　　标
单位面积涂盖材料的质量/(g·m^{-3}),不小于	500
不透水性(动水压法,保持 15 min)/MPa,不小于	0.3
吸水性,100 g/cm^2,不大于	0.10
耐热度(在 85 ℃下加热 5 h)/℃	涂盖层应无滑动起泡现象
拉力(在 18±2 ℃时纵向拉力)/N,不小于	540
抗剥离性,剥离面积,不大于	2/3
柔度(绕直径 20 mm 圆棒,0 ℃)	无裂纹

沥青玻璃布油毡,主要作地下防水、防腐层用,也可用于平屋面防水层及非热力的金属管道防腐保护层。

(3)铝箔面油毡

铝箔面油毡是采用玻璃纤维毡为胎基,浸涂氧化沥青,在其上表面用压纹铝箔贴面,底面撒以细颗粒矿物材料或覆盖聚乙烯膜而制成的具有热反射和装饰功能的防水卷材。

铝箔面油毡的幅宽为1 000 mm,每卷面积(10±0.1)m²,其卷重及厚度见表9.5。

表9.5 铝箔面油毡的卷重和厚度

标 号	30	40
每卷的标称质量/kg	30	40
每卷的最低质量/kg	28.5	38.0
厚度/mm,不小于	2.4	3.2

铝箔面油毡按物理性能分为优等品(A)、一等品(B)、合格品(C)3个等级,各项物理性能指标见表9.6。

表9.6 铝箔面油毡的物理性能指标

标号 等级 项目	30			40		
	优等品	一等品	合格品	优等品	一等品	合格品
可溶物含量/(g·m⁻²),不小于	1 600	1 550	1 500	2 100	2 050	2 000
拉力/N,纵横向均不小于	500	450	400	550	500	450
断裂延伸率/%,纵横向均不小于	2					
柔度/℃,不高于	0	5	10	0	5	10
	绕 $r=35$ mm 圆弧,无裂纹			同左		
耐热度/℃	(80±2)℃受热2 h,涂层应无滑动					
分层	(50±2)℃,7 d,无分层现象					

其中,30号铝箔面油毡,适用于多层防水工程的面层。40号适用于单层或多层防水工程的面层。

9.2.2 改性沥青防水卷材

(1)沥青再生胶油毡

沥青再生胶油毡是用再生橡胶,10号石油沥青和碳酸钙经混炼,压延而成的防水卷材。

再生胶油毡价格低廉,具有较好的弹性、抗蚀性、不透水性和低温柔韧性,并具有较高的抗拉强度,其各项物理性能指标见表9.7。

表 9.7　再生胶油毡的物理性能指标

项　目	指　标
抗拉强度，(20±2)℃时纵向，MPa，不小于	0.8
延伸率，(20±2)℃纵向，%，不小于	120
低温柔性，−20℃时，1 h，φ1 mm 金属丝对折	无裂纹
不透水性，动水压法，保持 90 min，MPa，不小于	0.3
耐热度，在 120℃下加热 5 h	不起泡，不发黏
吸水性，(18±2)℃时，24 h，%，不大于	0.5

再生胶油毡的规格为：厚度(1.2±0.2)mm，幅宽(1 000±10)mm，卷长(20±0.3)mm。

再生胶油毡主要用作水工、桥梁、地下建筑物、管道和建筑物变形缝处防水，尤其适用于对防水层的延伸性和低温柔性要求较高的工程。

(2)焦油沥青耐低温油毡

焦油沥青耐低温油毡是以煤焦油为基料，以聚氯乙烯为主要改性材料制成的纸胎油毡。其特点是：耐热和耐低温性能较好，其他技术指标与 350 号石油沥青纸胎油毡相当。

焦油沥青耐低温油毡最低开卷温度为−15℃，比一般油毡约低 25℃，延长了冬季施工期，与配套的煤沥青氯化聚烯烃改性黏结剂联用，可在负温下冷作业。该油黏的幅宽：0.9 mm，厚度：1.2 mm，长度：20 m。

焦油沥青耐低温油毡主要用于屋面防水施工。

(3)SBS 改性沥青防水卷材

SBS 改性沥青防水卷材是近年来生产的一种新型防水卷材，它是"苯乙烯-丁二烯-苯乙烯"的英文词头缩写，属嵌段共聚物。其聚苯乙烯嵌段，有较高的抗拉强度和温度稳定性，而聚丁二烯嵌段有良好的弹性，柔性和耐疲劳性，致使 SBS 共聚物的性能优异。

SBS 改性防水卷材的生产是先将沥青，约 12% 的 SBS、助剂等共混研磨，加入填充料混拌、浸渍或喷涂于聚酯毡、玻纤毡或黄麻布的胎基上，经撒砂、冷却、隔离后卷制而成。

SBS 改性沥青防水卷材，属弹性体改性沥青防水卷材，各项技术要求应符合 GB 18242—2000 的规定。

SBS 改性沥青防水卷材已广泛用于各类建筑防水，防潮工程。它的耐撕裂强度比玻璃纤维胎油毡大 15~17 倍，耐穿性大 15~14 倍，可用氯丁黏合剂进行冷黏施工，也可用汽油喷灯进行热熔施工，是目前性能较好的防水卷材之一。

(4)APP 改性沥青防水卷材

APP 为无规聚丙烯，实为生产有规聚丙烯的副产品，系无定性蜡状物，其熔点、硬度、刚度均低，但与沥青相容性较好，可显著提高沥青软化点，改善低温柔性。

APP 改性沥青防水卷材是以聚酯毡或玻纤毡为胎体，经轻度浸渍氧化沥青后，两面涂覆 APP 改性沥青，然后上表面撒布隔离材料，下表面覆以聚乙烯薄膜或撒布细纱而成。该类卷材抗拉强度高，延伸率大，有较强的抗穿刺和撕裂能力。

APP 改性沥青防水卷材的各项技术要求应符合 GB 18243—2000 的规定，目前该类卷材已广泛用于各类建筑防水、防潮工程，由于其耐高温和耐老化性突出，尤其适用于高温环境或太阳辐射强烈地区的防水工程。

9.2.3 高分子防水卷材

（1）橡胶系防水卷材

硫化型橡胶防水卷材是用涤纶短纤维无纺布为胎体，或无胎体。以氯丁橡胶、天然橡胶或改性再生橡胶为面料，制成的卷材。也有以氯丁橡胶为主要成分，加入适量炭黑制成的耐候性较高的橡胶防水卷材。炭黑起补强作用，还是紫外线遮蔽剂。

三元乙丙橡胶卷材，是橡胶防水卷材的主要品种。由乙烯、丙烯和少量的双环戊二烯共聚合成的三元乙丙橡胶，由于分子结构中的主链上无双键，是耐候性比其他类型橡胶优越的根本原因。三元乙丙橡胶防水卷材的使用温度范围宽，耐老化性能优良，对基层伸缩或开裂的适应性较强。

以彩色三元乙丙橡胶为面层，以改性胎面再生橡胶为底层，经过压延、复合、硫化，并加工制成自黏型彩色三元乙丙复合防水卷材。该类自黏型卷材，剥开背面的隔离纸，就可贴用，是一项方便施工的重大改进。

橡胶系防水卷材也有以三元乙丙橡胶与丁基橡胶为主要原料制成的。

（2）塑料系防水卷材

聚氯乙烯防水卷材，是以聚氯乙烯树脂为主要原料，并加以适量的添加物制造的匀质防水卷材。根据这种卷材所用的基料及其特性，分为 S 型和 P 型两类。S 型是以煤焦油与聚氯乙烯树脂溶料为基料制成的柔性卷材；P 型是以增塑聚氯乙烯为基料的塑性卷材。

聚氯乙烯防水卷材的幅宽，有 1 000、1 200 和 1 500 mm 3 种；每卷的面积为 10、15 或 20 m^2；S 型卷材的厚度为 1.80、2.00 和 2.50 mm；P 型的厚度为 1.20、1.50、和 2.00 mm。卷材的各项物理力学性质，见表 9.8。

表 9.8 聚氯乙烯防水卷材各项物理力学性质

项 目	P 型			S 型	
	优等品	一等品	合格品	一等品	合格品
拉伸强度/MPa，不小于	15.0	10.0	7.0	5.0	2.0
断裂伸长率/%，不小于	250	200	150	200	120
热处理尺寸变化率/%，不大于	2.0	2.0	3.0	5.0	7.0
低温弯折性	−20 ℃，无裂纹				
抗渗透性	不透水				
抗穿孔性	不渗水				
剪切状态下的黏合性	≥2.0 N/mm 或在接缝外断裂				

氯化聚乙烯防水卷材是以氯化聚乙烯树脂为主要原料，加入适量添加物制成的非硫化型防水卷材。该卷材分 I 型和 II 型，I 型为非增强型，塑性较大；II 型为增强型，塑性较低。

氯化聚乙烯防水卷材厚度为 1.00、1.20、1.50 和 2.00 mm；幅宽为 900、1 000、1 200 和 1 500 mm；每卷的面积为 10、15 或 20 m^2。其各项主要性能指标见表 9.9。

表 9.9　氯化聚乙烯防水卷材的物理力学性能指标

项　目	Ⅰ型			Ⅱ型		
	优等品	一等品	合格品	优等品	一等品	合格品
拉伸强度/MPa,不小于	12.0	8.0	5.0	12.0	8.0	5.0
断裂伸长率/%,不小于	300	200	100	10*		
热处理尺寸变化率/%,不大于	纵向2.5 横向1.5	3.0		1.0		
低温弯折性	−20 ℃,无裂纹					
抗渗透性	不透水					
抗穿孔性	不渗水					
剪切状态下的黏合性/(N/mm)⁻¹,不小于	2.0					

注：＊Ⅱ型卷材的断裂伸长率是指最大拉力的延伸率。

（3）橡塑共混型防水卷材

氯化聚乙烯-橡胶共混防水卷材是一种新型的橡塑共混制品,它兼有塑料和橡胶的优点,具有抗拉强度高、耐老化性能好等特点,在以玻璃纤维网格布为骨架制成的氯化聚乙烯-橡胶共混防水卷材中,由于玻璃纤维的增强作用,使卷材的抗拉强度和抗撕裂强度明显增加。

硫化型橡塑防水卷材、铝箔橡塑防水卷材、丁苯橡胶基复合片材等,均为橡塑共混型产品。

9.3　防水涂料

9.3.1　沥青基防水涂料

（1）冷底子油

冷底子油是用汽油、煤油、柴油、工业苯等有机溶剂与沥青材料按一定比例融合配制而成的沥青涂料。它的黏度较小,能渗入混凝土、砂浆、木材等材料的毛细孔隙中,使沥基胶与基材面之间具有更好的黏结作用。冷底子油通常随配随用,其配合比一般为石油沥青(10 号或 30号,熬热熔化脱水)30%～40%加煤油或轻柴油 60%～70%(称慢挥发性冷底子油,涂刷 12～48 h后干);也可用石油沥青 30%～40%加汽油 60%～70%配制(称快挥发性冷底子油,涂刷后5～10 h 后干)。施工中,一般要求基面清扫干净,并完全干燥后方可进行涂或喷。

（2）乳化沥青

乳化沥青是通过乳化剂的作用,将沥青以微粒强力分散在水中的悬浮液。乳化沥青作为冷用的水性沥青基防水涂料,因采用的乳化剂不同,分为厚质和薄质两种。厚质乳化沥青涂料,采用膨润土或石灰膏等矿物乳化剂配制,常温下为膏体或黏稠体,不具有流平性,可用涂刷和抹压法施工。薄质乳化沥青涂料,采用皂液或其他化学乳化剂配制,常温下为液体,具有流平性,可涂刷或喷涂施工。

乳化沥青可购买成品,也可自行配制。配制时,先在水中加入少量乳化剂(常用阴离子乳化剂,如钠皂或肥皂、洗衣粉等),再将沥青热熔后缓缓倒入,同时高速搅拌,使沥青分散成微小颗粒,均匀分布在溶有乳化剂的水中。施工时,配合量必须通过试验确定。

乳化沥青可涂刷或喷涂在材料表面作防潮或防水层,也可粘贴玻璃纤维毡(片)或油膏作屋面防水及地下工程防渗、防漏,或用于拌制冷用沥青砂浆或沥青混凝土。

乳化沥青可在潮湿基底施工,改善了热作业的劳动条件,有利于环保,但其稳定性差,不宜在负温或高温条件下作业。

乳化沥青应用密闭容器包装存放,运输中必须立放。贮存温度为 $10\sim45\ ℃$,应避免曝晒,贮存期一般自出厂之日起 3 个月。

9.3.2　改性沥青防水涂料

(1)氯丁胶改性沥青防水涂料

氯丁胶改性沥青防水涂料是以氯丁胶和石油沥青为基料制成的防水涂料,分溶剂型和水乳型两类。

溶剂型氯丁胶改性沥青防水涂料是以溶剂(苯、甲苯、汽油等)为稀释剂制成的涂料,该类涂料黏结力强,施工简便,可在 $-6\ ℃$ 下施工作业,但要求基底必须干透,且不利于环保。水乳型则是以水和稀释剂制成的涂料,该类涂料不污染环境,对基底干燥性无特殊要求。

氯丁胶改性沥青防水涂料,有较好的抗老化性和热稳定性,低温脆性也有所提高,可替代二毡二油作屋面防水、地下室墙面和地面防水,尤其适用于复杂及有振动的屋面。

(2)再生胶沥青防水涂料

再生胶沥青防水涂料是以石油沥青为基料,再生橡胶为改性材料,复合而成的防水涂料。分为水乳型和溶剂型两类。

水乳型是用再生橡胶和沥青经乳化等工艺制成,属水性涂料,其性能及适用性与前述氯丁胶改性沥青防水涂料类同。

溶剂型再生橡胶沥青防水涂料基料品种与水乳型相同,但不用乳化工艺,是以汽油、煤油等作为溶剂,并加入适量填料配制而成,其黏结力较强,弹塑性较好,可在负温度下施工。

(3)合成树脂改性沥青防水涂料

该类涂料是以合成树脂作为改性物料制成的防水涂料,如在石油沥青中加入高密度聚乙烯、无规聚丙烯、乙烯-醋酸乙烯共聚物或聚氯脂;在煤焦油中加入聚氯乙烯、氯化聚乙烯、氯磺化聚乙烯、聚氨酯及酚醛树脂等。

9.3.3　高分子防水涂料

高分子防水涂料属高档防水涂料,比沥青基及改性沥青基防水涂料具有更好的弹性和塑性,更能适应防水基层的变形,从而提高了建筑防水效果,延长了使用寿命,其所用基料均为合成树脂或合成橡胶,如聚氨酯、硅酮橡胶等。通常采用双组分或单组分配制。

(1)聚氨酯防水涂料

为双组分型,甲组分为含异氰酸基的聚氨酯预聚物,乙组分为含多羟基或氨基的固化剂及填充料、增韧剂、防雾剂和稀释剂等组成。甲、乙两组分按一定比例均匀拌和,形成常温反应固化的黏稠物资,涂布固化后形成具有柔韧、耐火、抗裂、富有弹性的整体防水涂层。

聚氨酯防水涂膜固化时无体积收缩,故具有较高的弹性和延伸能力,使用温度范围宽,为−30~+80 ℃;耐久性好,当涂膜厚1.5~2 mm时,耐用年限达10年以上,适用于工业与民用建筑中有保护层的屋面、地下室、浴室、卫生间及水池的防水工程。

聚氨酯防水涂料按技术要求分为一等品和合格品两个等级,各项性能指标,见表9.10。

表9.10 双组分型聚氨酯防水涂料的性能指标

试验项目		指　标	
		一等品	合格品
拉伸强度/MPa	无处理,大小	2.45	1.65
	加热处理	无处理值的80%~150%	不小于无处理值80%
	紫外线处理	无处理值的80%~150%	不小于无处理值80%
	碱　处理	无处理值的60%~150%	不小于无处理值60%
	酸　处理	无处理值的80%~150%	不小于无处理值80%
断裂时的延伸率 /%,大于	无处理	450	350
	加热处理	300	200
	紫外线处理	300	200
	碱　处理	300	200
	酸　处理	300	200
加热伸缩率 /%,小于	伸　长	1	
	缩　短	4	6
拉伸时的老化	加热老化	无裂缝及变形	
	紫外线老化	无裂缝及变形	
低温柔性/℃	无处理	−35 无裂纹	−30 无裂纹
	加热处理	−30 无裂纹	−25 无裂纹
	紫外线处理	−30 无裂纹	−25 无裂纹
	碱　处理	−30 无裂纹	−25 无裂纹
	酸　处理	−30 无裂纹	−25 无裂纹
不透水性,0.3 MPa,30 min		不渗漏	
固体含量/%		≥94	
适用时间/min		≥20,黏度不大于10^5 MPa·S	
膜层表干时间/h		≤4,不黏手	
涂膜实干时间/h		≤12,不黏手	

（2）丙烯酸酯防水涂料

该涂料是以纯丙酸酯乳液或以改性丙烯酸共聚乳化液为基料,加入各种配剂制成的水乳型防水涂料。其涂膜具有较高的黏结力、柔韧性和耐候性,质轻,整体性好,施工方便,易配制成多种颜色的防水涂料。

丙烯酸系防水涂料已有多种,主要是橡胶等共聚物对丙烯酸酯的改性,如氯丁二烯—丙烯酸酯、丙烯酸丁酯—丙烯腈—苯乙烯等。

（3）硅橡胶防水涂料

硅橡胶防水涂料是以硅橡胶乳液与其他高分子复合物为基料,加入配剂和填料而制成的涂渗性防水涂料。

该涂料可在潮湿基层上施工,能较深渗入基层毛细孔,故黏结力和透水性能优良,且施工方便,成膜速度快,不污染环境。

9.4　密封材料

密封材料已有悠久的应用历史,如装配门窗玻璃用的油灰及填嵌公路、机场跑道和桥面板接缝用的沥青膏等,均属此类材料。常用的防水密封材料分为弹性密封膏、弹塑性密封膏及塑性密封膏等 3 类。

9.4.1　弹性密封膏

弹性密封材料有单组分型和双组分型两大类。单组分型又可分为无溶剂型、溶剂型和乳液型 3 种。按其基础聚合物的不同分为硅酮系、聚氨酯系、聚硫系和丙烯酸系等系列。

(1)聚氨酯建筑密封膏

聚氨酯建筑密封膏是以聚氨基甲酸酯聚合物为主要成分,再配加其他组分材料的制成的双组分反应固化型密封膏。是目前较好的密封材料之一。该类密封膏弹性大,黏结力强,防水性优良。同时还具有很好的耐油性、耐候性、耐磨性和耐久性。

由于聚氨酯密封材料对于混凝土具有良好的黏结性,而且不需要打底,故可用作混凝土屋面和墙面的水平或垂直接缝的密封防水材料,也可用作公路及机场跑道的补缝、接缝及玻璃和金属材料的嵌缝等。

聚氨酯密封膏,按流性分为 N 型和 L 型,N 型为非下垂性,L 型为自流平性,其理化指标见表 9.11。

表 9.11　聚氨酯建筑密封膏的理化性能指标

项　　目		技术指标		
		优等品	一等品	合格品
密度/(g·cm⁻³)		规定值±0.1		
适用期/h,不小于		3		
表干时间/h,不大于		24	48	
渗出性指数,不大于		2		
流变性	下垂度(N 型)/mm,不大于	3		
	流平性(L 型)	5 ℃自流平		
低温柔性/℃		−40	−30	
拉伸黏结性	最大拉伸强度/MPa,不小于	0.200		
	最大伸长率/%,不小于	400	200	
定伸黏结性/%		200	160	
恢复率/%,不小于		95	90	85
剥离黏结性	剥离强度/(N·mm)⁻¹,不小于	0.9	0.7	0.5
	黏结破坏面积/%,不大于	25	25	40
拉伸-压缩循环性能级别		9 030	8 020	7 020
		黏结和内聚破坏面积不大于25%		

（2）聚硫橡胶密封膏

聚硫橡胶密封膏是以液态聚硫橡胶为基料,加入硫化剂、增塑剂、填料等制成的常温硫化双组分密封膏。按其伸长率和模量分为 A 类和 B 类两种,其中 A 类指高模量低伸长率的聚硫密封膏,B 类指低模量高伸长率的聚硫密封膏。按其流变性分为 N 和 L 两种,其中 N 型指非下垂型,L 型指自流平型。其各项理化性能指标见表 9.12。

表 9.12　聚氨酯建筑密封膏的理化性能指标

项　　目		A 类		B 类		
		一等品	合格品	优等品	一等品	合格品
密度/$(g \cdot cm^{-3})$		规定值±0.1				
适用期/h		2~6				
表干时间/h,不大于		24				
渗出性指数,不大于		4				
流变性	下垂度（N 型）/mm,不大于	3				
	流平性（L 型）	光滑平整				
	低温柔性/℃	−30		−40	−30	
拉伸黏结性	最大拉伸强度/MPa,不小于	1.2	0.8	0.2		
	最大伸长率/%,不小于	100		400	300	200
	恢复率/%,不小于	90		80		
拉伸-压缩循环性能	级　　别	8 020	7 010	9 030	8 020	7 010
	黏结破坏面积/%,不大于	25				
加热失重/%,不大于		10	6	10		

聚硫橡胶密封膏弹性好,黏结力强,适应温度范围宽（−40~+80 ℃）,低温柔性好,且抗紫外线曝晒及抗冰雪和水侵能力强,属优质密封材料。适用于墙板及屋面板缝,水库、堤坝及游泳池等工程的防水密封,也适用于中空玻璃的密封,由于该密封膏为双组分,A 组分为基料,B 组分为硫化组分,故使用前需根据气温不同,采用恰当比例调配均匀。

（3）硅酮建筑密封膏

是以聚硅氧烷(或称硅酮)为主要成分制得的密封膏,由于其分子中有大量重复的硅氧键,故具有良好的弹性及耐水、防震、绝缘、耐高低温和耐老化等特性。该类产品有单组分和双组分两类,按用途分为建筑接缝用(F 类)、镶装玻璃用(G 类),按流动性分为非下垂型(N 型)和自流平型(L 类)。

9.4.2　弹塑橡胶

（1）氯丁橡胶基密封膏

以氯丁橡胶和丙烯系塑料为主体材料,掺入少量配料及填料配制而成的一种黏稠溶剂型密封膏,该密封膏有如下特征:

①与砂浆、混凝土、金属及石膏板等有良好的黏结能力。

②具有优良的延伸性和回弹性能,伸长率达500%,恢复率69%~90%。用于工业厂房屋面及墙板嵌缝,能适应由于振动、沉降、冲击及温度变化等引起的各种变化。

③较好的抗老化性、耐热、耐低温和耐候性。

④可用于各种异形变形缝、纵向缝、水平缝等。

(2)煤焦油-聚氯乙烯嵌缝膏

属热塑性嵌缝密封材料,包括俗称的PVC胶泥和塑料油膏,它是以煤焦油为基料,聚氯乙烯为改性材料,按一定比例加入配料及填充料等,在140℃温度下塑化而成的膏状密封材料。

该嵌缝膏具有与普通油膏相近的各项性能,但其黏结性和耐腐性较强。

(3)塑性密封膏

主要指建筑防水沥青嵌缝油膏,除此以外,还有以动、植物油作为基料配制而成的密封材料,如亚麻仁油油膏、桐油油膏、鱼油油膏等。

建筑防水沥青嵌缝油膏,是普及最早的一大类橡胶改性沥青非弹性不定型密封材料。是以石油沥青为基料,以废橡胶粉和硫化鱼油、稀释剂(松焦油、松节油和机油)及填充料(石棉绒和滑石粉)等,经混拌均匀后制成,其主要特点是炎夏不易流淌,寒冬不易脆裂,具有较好的黏结性、延伸性、塑性和耐候性。使用油膏嵌缝时,应将缝内清洁干净,待完全干燥后,先涂刷冷底子油一道,干燥后再嵌填油膏。油膏表面可加油毡、玻纤布、塑料、砂浆等作覆盖层,以延缓油膏老化。建筑防水沥青嵌缝油膏的各项性能指标见表9.13。

表9.13　建筑防水沥青嵌缝油膏的技术要求

指标名称		标　　号					
		701	702	703	801	802	803
耐热度	温度/℃	70			80		
	下垂值/mm,不大于	4					
保油性	黏结性/mm,不小于	15					
	渗油幅度/mm,不大于	5					
	渗油张数/张,不多于	4					
	挥发率/%,不大于	2.8					
	施工度/mm,不大于	22					
低温柔性	温度/℃	-10	-20	-30	-10	-20	-30
	黏结状况	合格					
浸水后粘黏性/mm,不小于		15					

9.5　沥青混合料

沥青混合料主要包括沥青胶、沥青砂浆和沥青混凝土。

9.5.1 热拌沥青混合料

(1)热拌沥青胶

热拌沥青胶即热沥青玛帝脂,是将70%~90%的沥青加热至180~200 ℃,使其脱水后,与30%~10%的干燥填料热拌混合均匀后热用施工。它与沥青相比,有较好的黏性,耐热性和柔韧性。主要用于粘贴防水卷材,嵌缝,补漏,作为沥青防水涂层,沥青砂浆防水层的底层等,其各项技术性能见表9.14。

表 9.14　沥青胶的技术性能

指标名称	石油沥青胶						焦油沥青胶		
	S-60	S-65	S-70	S-75	S-80	S-85	J-55	J-60	J-65
耐热度	用 2 厚 mm 的沥青胶粘贴两张沥青油纸,于不低于下列温度(℃),在 100%(成 45°角)的坡度上,停放 5 h,沥青胶结材料不应流出,油纸不应滑动								
	60	65	70	75	80	85	55	60	65
柔韧性	涂在沥青油纸上的 2 厚 mm 的沥青胶层,在 18±2 ℃时,围绕下列直径(mm)的圆棒以 2 s 且均衡速度弯曲成半周,沥青胶结材料不应有裂纹								
	10	15	15	20	25	30	25	30	35
黏结力	将两张沥青胶粘贴在一起的沥青油纸揭开时,若被撕开的面积超过粘贴面积的 1/2 时,则认为黏结力不合格,否则即为合格								

沥青胶的性质主要取决于沥青的性质。施工时所采用的沥青应与被粘贴的卷材的沥青种类一致,沥青胶中填充料的掺入应适宜,掺入量适宜不仅可节省沥青用量,而且可提高沥青的温度稳定性及耐久性,改善沥青的黏结性和柔韧性。填充料过多,会影响沥青胶的施工流动性,降低黏结性和塑性,一般填充料在沥青中占 10%~30%。

(2)热拌沥青砂浆与沥青混凝土

以沥青为胶结料,以一定比例拌合砂,或砂石等粗、细骨料,就可得到沥青砂浆或沥青混凝土。

热拌沥青砂浆与沥青混凝土,是先将砂或砂石等粗细骨料预热至 120~140 ℃,再放入拌锅或搅拌机中,然后将加热至 180~220 ℃的熔化沥青加入,经搅拌均匀趁热施工的沥青混合料,其质量关键在于沥青的用量、骨料的级配和组成材料的配合比等。

在建筑工程中,这两种材料主要用于道路路面、特殊房间的地面,也可用于高压下的防水层。

9.5.2　沥青混合料的配合比设计

(1)沥青胶

沥青胶是由沥青掺入适量粉状(滑石粉、白云石粉等)或纤维状(石棉屑、木纤维等)填充料拌制而成的混合物。对热带地区使用的沥青胶,可选用 10 号或 30 号的建筑石油沥青配制。地下防水工程中使用的沥青胶,其沥青牌号可大些,但其软化点不宜低于 50 ℃。

施工中,若采用一种沥青不能满足沥青胶所要求的软化点时,可采用两种或 3 种沥青进行掺配。掺配时,先按下式估算:

$$p_1 = \frac{t-t_2}{t_1-t_2} \times 100\%$$

$$p_2 = 100-p_1$$

式中, P_1、P_2——分别为高软化点、低软化点石油沥青的用量百分数, %;

　　　t——要求达到的软化点, ℃;

　　　t_1、t_2——分别为高软化点、低软化点石油沥青的软化点值, ℃。

然后, 根据计算出的配比在±5%～10%范围内进行试配, 并绘出掺配比-软化点曲线图, 再从图中曲线上找到与所要求软化点相对应的实际掺配比例。

例 1　某防水工程需用软化点为 80 ℃的石油沥青配制沥青胶, 现有 10 号及 60 甲两种石油沥青, 试据确定两种石油沥青掺配比例。

解　1. 由试验测得(参见表 9.1)10 号石油沥青软化点为 95 ℃, 60 甲沥青为 50 ℃, 则

$$p_1 = \frac{80-50}{95-50} \times 100\% = 67$$

$$p_2 = 100-67 = 33$$

2. 试配调整。先确定三组不同掺配比, 并测定其软化点。

10 号：60 甲＝60：40, 测得软化点为 77 ℃;

10 号：60 甲＝67：33, 测得软化点为 84 ℃;

10 号：60 甲＝74：26, 测得软化点为 89 ℃。

作掺配比-软化点曲线图(图 9.1), 从图中查得, 软化点为 80 ℃时的掺配比是：10 号石油沥青 64%, 60 甲石油沥青为 36%。按比例再做重复试验, 验证后即可。

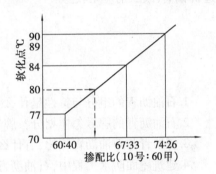

图 9.1　掺配比-软化点曲线

石油沥青选配好后, 沥青胶按热用和冷用分按不同比例配制。热用：将 70%～90%沥青加热至 180～200 ℃, 使其脱水后, 加入 30%～10%的干燥填料(纤维状填料不超过 5%)热拌混合。冷用：将 40%～50%的沥青熔化脱水后, 缓慢加入 25%～30%的溶剂(柴油、蒽油等), 再掺入 30%～10%的填料, 混合拌匀而得。

(2) 沥青砂浆与沥青混凝土

一般用于防水的沥青砂浆配合比(重量比)为：沥青 12%～16%, 粉料 22%～32%, 砂 50%～60%, 如沥青黏性较低, 其用量可适当减少, 具体配合比则要根据用途和施工条件经试拌而确定, 用于砌筑和涂刷的耐酸砂浆配合比, 参照表 9.15, 经试拌确定。

表 9.15　耐酸沥青砂浆配合比

用　途	配　合　比(重量比)			
	沥青	耐酸粉料	6～7 级耐酸石棒	耐酸细骨料(石英砂)
砌筑	100	100	6～8	101～150
涂刷	100	100	6～8	150～200

上表配合比的特点是沥青用量较多, 方便涂刷和烫平。一般选用软化点为 50～80 ℃的低黏性沥青。

对用量不大, 不能采用碾压施工的沥青混凝土, 其配合比可在沥青砂浆配合比的基础上,

按混凝土中沥青砂浆的体积为粗骨料空隙体积的 1.1~1.15 倍计算,经试拌确定。

对可碾压施工的特殊房屋地面、道路路面所用的沥青砂浆和沥青混凝土,可参考表 9.16 进行配制。一般用 100 号或 60 号道路石油沥青,对骨料的级配要求严格,沥青用量较少。

表 9.16　沥青砂浆与沥青混凝土参考配合比

混合料种类	砂、石通过下列筛孔(mm)的百分数/%									沥青用量 /%
	25	15	5	2.5	1.25	0.63	0.315	0.15	<0.16	
沥青砂浆	—	—	100	60~80	43~67	29~55	20~45	14~37	10~30	11~14
细粒沥青混凝土	—	100	63~78	40~63	30~53	22~45	15~35	12~30	10~25	8~10
中粒沥青混凝土	100	80~90	50~70	33~37	25~48	18~40	15~32	10~28	8~23	7~9

"热拌热铺"是沥青砂浆和沥青混凝土的主要施工方法,"冷拌冷铺"沥青砂浆和沥青混凝土是采用液体沥青或乳化沥青配制,优点是:施工安全方便,但由于有时需采用较贵的稀释剂,造价偏高,故目前应用较少。

复习思考题

1.石油沥青的组分与特性是什么? 其组分与性质有何关系?

2.石油沥青的牌号怎样划分? 牌号大小与沥青的主要性质之间的关系怎样?

3.煤沥青与石油沥青相比,有什么特性? 两者如何鉴别?

4.建筑屋面防水工程中,石油沥青的选用原则是什么?

5.防水卷材有哪几类? 各有何特点?

6.防水涂料有哪几类? 各有何特点?

7.密封材料有哪些? 各有何特点?

8.沥青混合料有哪些? 沥青胶、沥青砂浆和沥青混凝土的组成使用特点是什么?

9.乳化沥青和冷底子油的相同点和不同点是什么?

10.某工地需使用软化点为 85 ℃的石油沥青,但工地仅有 10 号和 60 甲两种石油沥青,问如何掺配?

11.试结合建筑物山墙的特点,分析其防水和补漏施工中应选用何种防水材料? 并说明为什么?

第 **10** 章

木 材

$$\approx$$

木材在建筑上的应用,已有悠久历史。近年来,虽然出现了很多新材料,但由于木材具有其独特优点,在建筑工程中,木材和水泥、钢材居于同等重要的地位,成为 3 大建筑材料之一。至今仍广泛应用于房屋建筑、矿井建筑、铁路运输和通信工程。在建筑工程中,木材可用做屋架、桁架、梁、柱、支撑、门窗、地板、脚手架及混凝土模板、室内装修等。

木材作为建筑材料,具有许多优良性能。如轻质高强,即比强度高;弹性和韧性较高,耐冲击和振动;木质轻软,易于加工;多种树木纹理美观,是建筑装修和制作家具的理想材料;对热、声、电的绝缘性好;如长期保持干燥或长期置于水中,耐久性较高。综合以上优点,木材被誉为世界上最成功的纤维复合材料。但木材也存在如下缺点:内部构造不均匀,导致各向异性;含水量易随周围环境湿度变化而改变,即易湿胀干缩;易腐朽及虫蛀;易燃烧,天然疵病较多;尺寸受到限制等。不过,采取一定的加工措施,这些缺点可以得到相当程度的减轻。

木材是天然资源,树木的生长期比较缓慢,而我国的社会主义建筑事业对木材的需要量又很大,因此,应节约使用木材,并积极采用新技术、新工艺;扩大和寻求木材综合利用的新途径。

10.1 木材的分类及构造

10.1.1 木材的分类

木材按树种通常分为针叶树材和阔叶树材两大类。

(1)针叶树

树叶细长呈针状,树干通直高大,材质均匀轻软,纹理平顺,加工性较好,故又称软材。其强度较高,干湿变形较小,耐腐蚀性较强,建筑中多用于承重结构构件和门窗、地面用材及装饰用材等。常用树种有冷杉、云杉、红松、马尾松、落叶松、柏树等。

(2)阔叶树

树叶宽大呈片状,多为落叶树,材质一般重而硬,又称硬材。其通直部分一般较短,干湿变形大,易翘曲和干裂,强度大。建筑上常用做尺寸较小的构件,不宜制作承重构件。有些树种纹理美观,适宜于作内部装修、家具及胶合板等。常用树种有榆木、水曲柳、柞木、青岗木、栎木、杨木、桦木等。

10.1.2 木材的构造

木材的构造是决定木材的性能的重要因素。由于树种的差异和树木生长环境的不同,木材构造差别很大。通常研究木材的构造通常从宏观和微观两方面进行。

(1)木材的宏观构造

木材的宏观构造系指用肉眼或借助低倍放大镜所能观察到的木材组织,亦称木材的粗视特征。

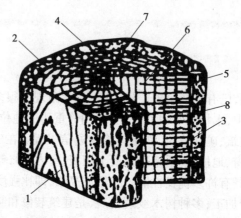

图 10.1 树干的宏观构造

1—弦切面;2—横切面;3—径切面;4—年轮;
5—树皮;6—髓线;7—髓心;8—木质部

根据木材各向异性,我们可从树干的 3 个切面上来剖析其宏观构造,此 3 切面分别为横切面(垂直于树轴的切面)、径切面(通过树轴的纵切面)和弦切面(平行于树轴的纵切面),如图 10.1 所示。由图可见,树干是由树皮、木质部和髓心 3 部分组成。

①树皮

树皮是指木材外表面的整个组织,起保护树木作用,建筑上用途不大。针叶树材树皮一般呈红褐色,阔叶树材多呈褐色。

②木质部

木质部是木材作为建筑材料使用的主要部分。木质部是髓心和树皮之间的部分,即木材的主体。研究木材的构造主要是指木质部的构造。许多树种的木质部接近树干中心的部分颜色较深,称为心材。心材是由树干中心部分较老的细胞,随着树龄的增加而逐渐失去生活机能所形成的,仅起支持树干的力学作用。心材储有较多的树脂(指针叶树材)和单宁等物质,含水量较少,所以湿胀干缩较小,抗腐蚀能力也较强。心材外边颜色较浅的部分称为边材,它是由负担运输与储存养料的活细胞所组成。

从横切面上可看到深浅相间的同心圆环,即所谓"年轮"。在同一年轮内,春天生长的木质,色浅质软,称为春材(早材);夏秋两季生长的木质,色深质硬,称为夏材(晚材)。同一树种,年轮越密而均匀,材质越好;夏材部分愈多,木材强度愈高。

③髓心

在树干中心由第一轮年轮组成的初生木质部分称为髓心。其细胞已无生活机能,材质松软,强度低,易腐朽开裂。髓心的结构系指髓心腔内物质和腔壁形状,如图 10.2 所示。

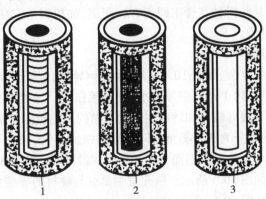

图 10.2　髓心的构造
1—分隔髓;2—实心髓;3—空心髓

从髓心向外呈放射状穿过年轮的线条,称为髓线,木材弦切面上髓线呈长短不一的纵线,在径切面上则形成宽度不一的射线斑纹。髓线与周围细胞结合力弱,木材干燥时易沿髓线开裂。

(2) 木材的微观结构

在显微镜下观察到的木材构造,称为微观结构,又称显微结构。

借助显微镜观察到木材 3 个切面上的细胞排列,90%都是纵向空心管状细胞(如阔叶树材的木纤维与导管,针叶树材的管胞)。在径切面上可看到横向排列的髓线(薄壁细胞)。每一细胞分为细胞壁和细胞腔两部分。细胞壁由细纤维组成,其纵向联结较横向联结牢固。细纤维间具有极小空隙,能吸附和渗透水分。细胞壁愈厚,细胞腔愈小,木材愈密实,表观密度和强度愈大,但胀缩也大。与春材比较,夏材的细胞壁较厚,细胞腔较小。

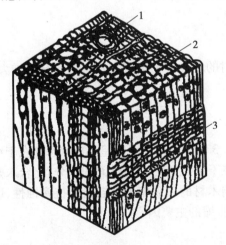

图 10.3　马尼松的微观构造
1—树脂道;2—管胞;3—髓线

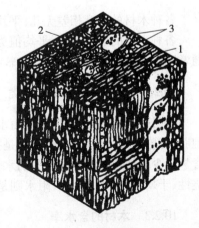

图 10.4　柞木的微观构造
1—髓线;2—木纤维;3—导管

①针叶树材的微观结构

针叶树材的微观结构简单而规则,主要是由管胞和髓线组成,其髓线较细小,不很明显。

如图 10.3 所示。管胞是构造针叶树材的主要细胞,沿树干纵向分布。树木生长时,管胞起支承及输送养分的作用。某些树种在管胞间尚有树脂道,如松树等。树脂道在横切面上为不规则形,周围有一层泌脂细胞。

②阔叶树材的微观结构

阔叶树材微观结构较复杂,如图 10.4 所示,主要由导管、木纤维及髓线组成。其髓线很发达,粗大而明显。木纤维长约 1 mm,壁厚腔小,起支承作用。导管是薄壁粗管,起输送养分的作用。有无导管和髓线是阔叶树材和针叶树材微观结构上的重要差别。根据细胞成熟过程中次生壁增厚的不同,导管可分为 5 种类型:环纹导管、螺纹导管、梯纹导管、网纹导管和孔纹导管。阔叶树材因导管大小和分布不同而分为环孔材和散孔材。环孔材的早材导管大于晚材导管,沿年轮呈环状排列,如图 10.5 所示。散孔材则早材与晚材的导管大小无明显差别,均较小分布均匀;故不显年轮,如图 10.6 所示。

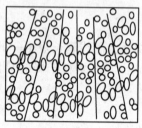

图 10.5　环孔材

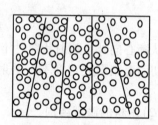

图 10.6　散孔材

10.2　木材的物理和力学性质

10.2.1　密度与表观密度

各种木材的密度相差无几,平均约为 1.55 g/cm³。

各种木材的表观密度,平均值为 500 kg/m³。木材的表观密度随其含水率的提高而增大,通常以含水率为 15%(标准含水率)时的密度为准。

10.2.2　木材中所含水分种类

木材中所含水分,可分为自由水、吸附水和化合水 3 种。自由水是指呈游离状态存在于细胞腔、细胞间隙中的水分;吸附水是指呈吸附状态存在于细胞壁的纤维丝间的水分;化合水是含量极少的构成细胞化学成分的水分。自由水只影响木材的表观密度;传异性、抗腐蚀性、燃烧性、干燥性、渗透性,而吸附水则是影响木材强度和胀缩的主要因素。

10.2.3　木材的含水率

木材的含水率是指用木材中所含水的重量占干燥木材重量的百分比。

(1)纤维饱和点

潮湿的木材在干燥大气中存放或人工干燥时,自由水先蒸发,然后吸附水才蒸发。反之,干燥的木材吸水时,则先吸收成为吸附水,而后才吸收成为自由水。木材细胞壁中吸附水达到饱和,但细胞腔和细胞间隙中尚无自由水时的含水率称为纤维饱和点。纤维饱和点随树种而异,通常介于 25%~35%,平均值约为 30%。纤维饱和点是木材含水率是否影响其强度和湿胀干缩的临界值。

(2) 平衡含水率

当木材长时间处于一定温度和湿度的空气中,其水分的蒸发和吸收趋于平衡,含水率相对稳定,此时木材的含水率称为平衡含水率。木材平衡含水率随大气的温度和相对湿度变化而变化。图 10.7 所示为各种不同温度和湿度的环境条件下,木材相应的平衡含水率。

为了避免木材在使用过程中含水率变化太大而引起变形或开裂,最好在木材加工使用之前,将其风干至使用环境长年平均的平衡含水率。我国平衡含水率平均为 15%(北方约为12%,南方约为 18%)。

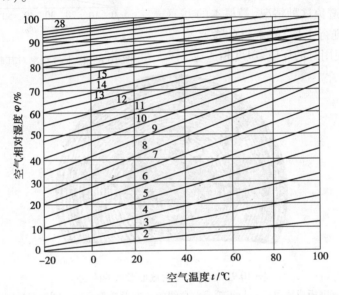

图 10.7 木材的平衡含水率

当周围空气的相对湿度为 100% 时,木材的平衡含水率与其纤维饱和点相等。

新伐木材含水率通常在 35% 以上,长期处于水中的木材含水率更高。风干木材含水率为15%~25%,室内干燥的木材含水率常为 8%~15%。

10.2.4 湿胀干缩

木材具有显著的湿胀干缩性。当潮湿木材进行干燥时,在纤维饱和点之前,蒸发的均为自由水,不影响细胞形状,木材尺寸不变。当含水率降至纤维饱和点以下,亦即当细胞壁中吸附水蒸发时,细胞壁厚度减薄,则木材发生体积收缩。在纤维饱和点以内,木材的收缩与含水率的减小一般为线性关系。反之,当干燥的木材吸水后,由于吸附水增加,产生体积膨胀。达到纤维饱和点时,其体积膨胀率最大。此后,即使含水率继续增加,其体积也不再膨胀,木材的湿胀干缩大小因树种而异。一般而言,木材表观密度越大,夏材含量越多,胀缩就越大,如硬木等。木材由于构造的不均匀,使各方向胀缩不一致。以干缩为例,同一树种木材,其纵向(顺纤维方向)收缩较小(0.1%~0.2%),可以忽略不计。径向收缩较大小,约为 3%~6%,弦向收缩最大,为 6%~12%,为径向的两倍左右,所以木材易沿半径方向开裂。

收缩主要是由细胞壁中吸附水扩散引起的,故在每一年轮中,壁厚的晚材比壁薄的早材收缩大,同时边材含水量高于心材含水量。另外,径向收缩要受到髓线细胞制约,这是弦向收缩力于径向收缩及弦向板易翘曲变形的内因。木材各向湿胀大致如图 10.8 所示。湿材干燥后,因其各向收缩不同,将改变其截面形状和尺寸,如图 10.9 所示。木材的湿胀干缩对木材的使用有严重影响,干缩使木结构构件连接处发生缝隙而导致接合松弛,湿胀则造成凸起,为了避免这种情况,最根本的办法是预先将木材进行干燥,使木材的含水率与将做成的构件使用时的环境、湿度相适应。

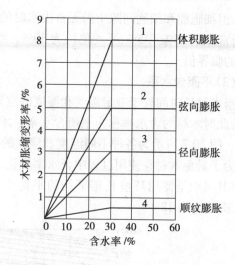

图 10.8 松木含水率对其膨胀的影响

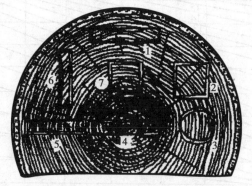

图 10.9 木材干燥后截面形状的改变

1—弦锯板成翘曲;2—与年轮成对角线的正方形变菱形;3—圆形变椭圆形;
4—通常随心锯板两头缩小成纺锤状;5—边材径锯板收缩较均匀
6—板面与年轮成 40°翘曲;7—两边与年轮平行的正方形变长方形

10.2.5 强度

在建筑工程中,通常利用木材的抗压、抗拉、抗剪、抗弯等强度,其中抗压、抗拉及抗弯强度还有顺纹、横纹之分。由于木材结构构造各向不同,在顺纹方向,木材的抗拉强度和抗压强度都比横纹方向高得多,而横纹方向、弦向又不同于径向。

(1)抗压强度

①顺纹抗压

顺纹抗压为作用力与木材纤维主向平行时的抗压强度。顺纹抗压破坏是细胞壁丧失稳定的结果,而并非纤维断裂。木材顺纹抗压强度受疵病影响较小,是木材各种力学性质中基本指标。其强度仅次于顺纹抗拉和抗弯强度,常用于柱、斜撑及桁架等承重构件。

②横纹抗压

横纹抗压为作用力与木材纤维主向垂直时的抗压强度。该受压作用,如同横向挤压一束壁厚不一的空管,随压力增加而产生变形。起初变形与外力成正比,当超过比例极限后,细胞壁丧失稳定,细胞腔被压扁,此时虽然压力增加较小,但变形增加较大,直至细胞腔和细胞间隙逐渐被压紧后,变形的增加又放慢而受压能力继续上升。所以,木材的横纹抗压强度以使用中所限制的变形量来确定,一般取其比例极限作为横纹抗压强度指标。

横纹抗压强度又分弦向与径向两种。当作用力方向与年轮相切时,为弦向横纹抗压。作用力与年轮垂直时,则为径向横纹抗压。木材横纹抗压强度一般只有其顺纹抗压强度的10% ~ 20%。

(2)抗拉强度

①横纹抗拉

横纹拉力的破坏,主要为木材纤维细胞联结的破坏。横纹抗拉强度仅为顺纹的 2% ~ 10%,其值很小。因此使用时应尽量避免木材受横纹拉力作用。

②顺纹抗拉

顺纹受拉破坏时,木纤维往往并未拉断,而只产生纤维的撕裂和联结的破坏。顺纹抗拉强度在木材诸强度中最大,一般为顺纹抗压强度的 2 ~ 3 倍。其值介于 49 ~ 196 MPa 间,波动较大。

另外,木材抗拉强度受木材疵病如木节、斜纹影响较大,导致其实际顺纹抗拉强度低于顺纹抗压强度。木材顺纹抗拉强度虽高,但往往不能加以充分利用。因为木材受拉杆件连接处应力复杂,在顺纹抗拉强度尚未达到之前,其他应力已导致木材受到破坏。这也是顺纹抗拉强度难以被利用的原因。

(3)抗弯强度

木材弯曲时产生较复杂的应力,上部引起顺纹拉力,在下部则为顺纹压力,而在水平面和垂直面中则有剪切力,两个端部又承受横纹挤压。木材受弯破坏时,上部首先达到强度极限,形成微小的不明显的裂纹,但并不立即破坏,随外力增大,裂纹逐渐扩展,产生大量塑性变形。当下部纤维达到强度极限时,纤维本身及纤维间联结断裂而导致木材最后破坏。

木材具有良好抗弯性能,为顺纹抗压强度的 1.5 ~ 2 倍;在建筑工程中常用做木梁、桁架、脚手架、桥梁、地板等。木材中木节、斜纹对抗弯强度影响较大。特别是当它们分布在受拉区时。另外,裂纹不能承受弯曲构件中的顺纹剪切。

(4)抗剪强度

木材的剪切分顺纹剪切、横纹剪切与横纹切断 3 种,如图 10.10 所示。

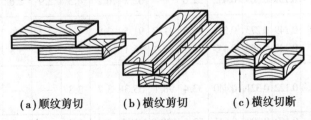

(a)顺纹剪切　　　　(b)横纹剪切　　　　(c)横纹切断

图 10.10　木材的剪切

①顺纹剪切

剪切方向平行于纤维方向。在剪切力作用下,沿纤维方向木材的两部分彼此分开。此时,因纤维间产生纵向位移和受横纹拉力作用,剪切面中纤维的联结遭到破坏,而绝大部分纤维本身不破坏。所以木材顺纹抗剪强度很小,一般为同一方向抗压强度的 15%~30%。木材中有裂纹、斜纹和交错纹理时,对强度有显著影响。

②横纹剪切

剪切力方向垂直于纤维方向,而剪切面则和纤维方向平行。该作用导致剪切面中纤维横向联结破坏,故木材横纹抗剪强度比顺纹抗剪强度低。

③横纹切断

剪切力方向和剪切面均垂直于木材纤维方向,该破坏导致木材纤维横向切断。木材横纹切断强度较大,一般为顺纹抗剪强度的 4~5 倍。

木材各强度数值大小关系见表 10.1。

表 10.1 木材各强度大小关系

抗压		抗弯	抗剪		抗拉	
顺纹	横纹		顺纹	横纹切断	顺纹	横纹
1	1/10~1/3	3/2~2	1/7~1/3	1/2~1	2~3	1/20~1/3

我国常用树种的木材主要物理力学性质见表 10.2。

表 10.2 我国常用树种的木材主要物理力学性质

树种	产地	干缩系数		表观密度 /(g·cm⁻³)	顺纹抗压强度 /MPa	顺纹抗拉强度 /MPa	抗弯强度 /MPa	横纹抗压强度/MPa				顺纹抗剪强度 /MPa		抗弯弹性模量 /GPa
		径向	弦向					局部承压比例极限		全部承压比例极限				
								径向	弦向	径向	弦向	径向	弦向	
针叶树材 杉木	湖南江华	0.123	0.277	0.371	37.8	77.2	63.8	3.1	3.3	1.8	1.5	4.2	4.9	9.6
	四川青衣江	0.136	0.286	0.416	36.0	83.1	63.4	3.1	3.8	2.3	2.6	6.0	5.9	9.6
冷杉	四川大渡河	0.174	0.341	0.433	35.5	97.3	70.0	3.6	4.4	2.4	3.3	4.9	5.5	10.0
	东北长白山	0.122	0.300	0.390	32.5	73.6	66.4	2.8	3.6	2.0	2.5	6.2	6.5	9.3
云杉	四川平武	0.173	0.327	0.459	38.6	94.0	75.9	3.4	4.5	2.8	2.9	6.1	5.9	10.3
	新疆	0.139	0.309	0.432	32.0	—	62.1	6.2	4.3	2.9	2.6	6.1	7.0	8.8
铁杉	四川青衣江	0.149	0.273	0.511	46.3	117.8	91.5	3.8	6.1	3.2	3.6	9.2	8.4	11.3
	云南丽江	0.145	0.269	0.449	36.1	87.4	76.1	4.6	5.5	3.5	3.8	7.0	6.9	9.6
红松	小兴安岭及长白山	0.122	0.321	0.440	33.4	98.1	65.3	3.7	3.8	—	—	6.3	6.9	10.0
落叶松	小兴安岭	0.169	0.398	0.641	57.6	129.9	118.3	4.6	8.4	—	—	8.5	6.8	14.5
	新疆	0.162	0.372	0.563	39.0	113.0	84.6	3.9	6.1	2.9	3.4	8.7	6.7	10.2
马尾松	湖南郴县	0.152	0.297	0.519	44.4	104.9	91.0	4.0	6.6	2.1	3.1	7.5	6.7	12.3
	会同	0.123	0.277	0.499	31.4	66.8	66.5	4.3	4.1	2.6	2.6	7.4	6.7	8.9
柏木	湖北崇阳	0.127	0.180	0.600	54.3	117.1	100.5	10.7	9.6	7.9	6.7	9.6	11.1	10.2

树种	产地	干缩系数		表观密度/(g·cm⁻³)	顺纹抗压强度/MPa	顺纹抗拉强度/MPa	抗弯强度/MPa	横纹抗压强度/MPa				顺纹抗剪强度/MPa		抗弯弹性模量/GPa
		径向	弦向					局部承压比例极限		全部承压比例极限				
								径向	弦向	径向	弦向	径向	弦向	
阔叶树白桦	黑龙江	0.227	0.308	0.607	42.0	—	87.5	5.2	3.3	—	—	7.8	10.6	12.2
柞木	长白山	0.199	0.316	0.766	55.6	155.4	124.0	10.4	8.8	—	—	11.8	12.9	15.5
麻栎	安徽肥西	0.210	0.389	0.930	52.1	155.4	128.6	12.8	10.1	8.3	6.5	15.9	18.0	16.8
竹叶青冈	湖南吊罗山	0.194	0.438	1.042	86.7	172.0	171.7	21.6	16.5	13.6	10.5	15.2	14.6	17.6
枫香	江西全南	0.150	0.136	0.592	—	—	88.1	6.9	9.7	7.8	11.6	9.7	12.8	11.8
水曲柳	东北长白山	0.197	0.353	0.686	52.5	138.7	118.6	7.6	10.7	—	—	11.3	10.5	14.6

10.2.6 影响木材强度的因素

(1)含水率的影响

木材含水率在纤维饱和点以下时,其强度随含水率的增加而降低,在纤维饱和点以上时,含水率的增减对木材强度没有影响。木材含水率的变化对其各种强度的影响程度是不同的,对顺纹抗压强度影响较大,其次是抗弯强度和顺纹抗剪强度,而对顺纹受拉几乎没有影响,如图 10.11 所示。

为了便于比较,通常规定木材以含水率为 15%时强度作为标准,对于其他含水率时的强度,应按下列经验公式进行换算:

$$R_{15} = R_w [1 + \alpha(W - 15)] \qquad (10.1)$$

式中,R_{15}——含水率为 15%时的木材强度;

$\quad R_w$——含水率为 W%时的木材强度;

$\quad W$——试件的实测含水率;

$\quad \alpha$——含水率校正系数,随作用力形式和树种不同而异,其值可取为:

顺纹抗压——0.05(红松、落叶松、杉、榆、桦),0.04(其他树种);

顺纹抗拉——0.015(阔叶树材),0(针叶树材);

抗弯——0.04;

顺纹抗剪——0.03;

横纹抗压——0.045。

当 $W = 8\% \sim 23\%$ 时,上式误差较小。

(2)负荷时间的影响

木材在长期极限荷载下其极限强度将降低,仅为瞬时测定的极限强度的 55%(长期以年

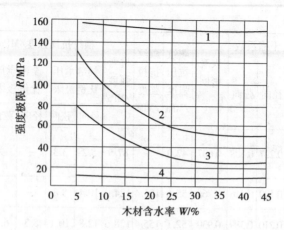

图 10.11　含水率对木材强度的影响

1—顺纹受拉;2—弯曲;3—顺纹受压;4—顺纹受剪

计)或 60%~65%(长期以月计)。木材在长期荷载下不致引起破坏的最大强度,称为持久强度。图 10.12(a)表明,应力不超过持久强度时,变形到一定限度后而趋于稳定。图 10.12(b)表明,应力超过持久强度时,变形不断发展,到一定时间后,会急剧增加,最后导致破坏。一切木结构都处于某一负荷的长期作用下,因此在设计木结构时,应以持久强度作为限值。

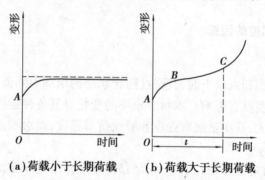

（a）荷载小于长期荷载　　（b）荷载大于长期荷载

图 10.12　木材变形与初始应力关系

A—初始荷载;BC—变形不断发展;C—突变点

(3)温度的影响

环境温度升高时,木材细胞壁成分逐渐软化,强度逐渐降低。在通常气候条件下,如温度升高未引起化学成分改变,则当温度降低时,木材将恢复原有强度。木材含水率越大,其强度受温度的影响也较大。当温度由 25 ℃升至 50 ℃时,针叶树材抗拉强度降低 10%~15%,抗压强度降低 20%~24%。当木材长期处于 60~100 ℃以下时,会引起水分和所含挥发物的蒸发,而呈暗褐色,强度下降,变形增大。温度超过 140 ℃时,木材中纤维素发生热裂解,色渐变黑强度明显下降,所以如果环境温度可能长期超过 50 ℃时,不易采用木结构。

(4)疵点的影响

木材在生长、采伐、保存过程中,所产生的内部和外部的缺陷,统称为疵点燃。由于疵点的类型、产重程度和所处位置的不同,使木材的性能有不同程度的降低,甚至导致木材完全不能使用。木材的疵点主要有木节、斜纹、裂纹和腐朽、虫害等。

木节是包围在树干中的树枝基部,分为活节、死节、松软节、腐朽节等几种。木节可破坏木材的均匀性和完整性,显著降低其顺纹抗拉强度,而对顺纹抗压强度影响较小;木节可增大木材横纹抗压强度,顺纹和横纹抗剪强度。木节对抗弯强度的影响取决于木节在构件截面高度上的位置。愈靠近受拉边部,影响愈大;位于受压区时,影响较小。

斜纹为木纤维与树轴成一定夹角。斜纹易使木材开裂和翘曲,会使柱材严重扭曲,严重降低其顺纹抗拉强度,抗弯次之,对顺纹抗压影响较小。

由于受外力或温度、湿度变化的影响,致使木材纤维之间发生脱离的现象,称为裂纹。按开裂部位和开裂方向不同,分为径裂、轮裂、干裂三种。

此外变色、腐朽、虫害、伤疤等疵点,会影响木材构造的连续性,严重影响其力学性质和使用价值。

10.3 木材的腐朽、防腐、阻燃与防火

10.3.1 木材的腐朽

木材受到真菌侵害后,会使木材改变颜色,结构渐渐变得松软、脆弱,强度降低,这种现象称为木材腐朽。

侵害木材的真菌常见的有霉菌、变色菌、腐朽菌 3 种。霉菌只是寄生在水材表面,对材质无破坏作用,经刨光即可去除。变色菌不破坏木材的细胞壁,它是以细胞腔内淀粉、糖类为养料,使边材变成蓝、红、绿、黄;褐或灰等颜色,除影响外观外,对木材的破坏作用很小。腐朽菌在适宜条件下便可在木材表面、端部、裂缝或林木伤口生长菌丝体;分泌水解酶、氧化还原酶、发酵酶等,可以分解纤维素、木质素等作为其养料,使细胞壁招致完全破坏。受侵木材先变色或着色,最后软腐或粉化。

真菌在木材中的生存和繁殖,必须同时具备 4 个条件:

1)温度适宜。真菌能生活于 2~35 ℃环境中。其中当温度为 15~25 ℃最适宜于真菌生存。高出 60 ℃,真菌不能生存。

2)木材含水率适当。木材中含水率在 18%以上真菌即能生存,含水率 35%~50%更为适宜。含水率低于 18%时,真菌就难以生存,故 18%作为木材气干的极限。木材含水率过大时,空气难以流通,真菌得不到足够的氧或排不出废气,所以长期处于水面以下的木材不会腐朽。反复受干湿循环的作用,则会加快木材腐朽。所以中国木工有句名言"干千年,湿千年,干干湿湿二三年"。

3)足够的空气。有 5%空气即足够真菌存活使用。

4)适当的养料。以木质素、储藏的淀粉、糖类以及分解纤维素为葡萄糖作为营养,如木材含有多量的生物碱、单宁和精油等对真菌有毒成分,真菌就会受到抑制甚至死亡。

10.3.2 木材的防腐

木材防腐的基本原理就在于从以上四个方面来破坏真菌生存和繁殖的条件。木材防腐通常采取两种形式:一种是创造条件,使木材不适于真菌寄生和繁殖;另一种是把木材变成含毒的物质,使其不能作为真菌的养料。

第 1 种形式的主要方法是将木材干燥(风干或烘干)至含水率在 20% 以下,并对结构物采取通风、防潮、表面涂刷油漆等措施,以保证木材处于气干状态,或将木材全部浸入水中保存。

第 2 种形式的主要方法是将防腐剂注入木材内,把木材变为对真菌方毒物质。常用防腐剂的种类、特性、适用范围见表 10.3 所示,配制与处理见表 10.4 所示。

木材腐朽除真菌所致外,还会遭受昆虫的蛀蚀。常见蛀虫有天牛、蠹虫、白蚁等。防止虫蛀方法主要是采用化学药剂处理。一般而言,防虫蛀的办法通常是向木材注入防虫剂。

10.3.3 木材的阻燃与防火

木材防火应根据建筑设计防火规范的规定和设计要求,按建筑物耐火极限的要求,确定所采用的防火剂,如采用浸渍剂,则应依此确定浸渍的等级。木材防火浸渍剂的特性及用途见表 10.5。

表 10.3 木材防腐、防虫药剂的特性及适用范围

类 别	序号	名 称	特 性	适用范围
水溶性	1	氟化钠	为白色粉末,无臭味,不腐蚀金属,不影响油漆,但遇水易流失;不宜和水泥、石灰混合,以免降低毒性	一般房屋木构件的防腐及防虫,但防白蚁效果较差
	2	硼铬合剂	无臭味,不腐蚀金属,不影响油漆,但遇水较易流失,对人、畜无毒	一般房屋木构件的防腐及防虫,但防白蚁效果较差
	3	硼酚合剂	不腐蚀金属,不影响油漆,但因药剂中有五氯酚钠,毒性较大,遇水易流失	一般房屋木构件的防腐及防虫,并有一定的防白蚁效果
	4	铜铬合剂	无臭味,木材处理后呈绿褐色,不影响油漆,遇水不易流失,处理温度不宜超过 76 ℃,对人、畜毒性较低	重要房屋木构件的防腐及防虫,有较好防白蚁效果
	5	氟砷铬合剂	遇水不流失,不腐蚀金属,不影响油漆但有剧毒	有良好的防腐和防白蚁效果,但经常与人直接接触的木构件不应使用
油溶性	6	林丹、五氯酚合剂	遇水不流失,药效持久,木材处理后不影响油漆,因系油溶液性药剂,对防火不利	用于腐蚀严重或虫害严重地区
油类	7	混合防腐油	有恶臭,木材处理后呈暗黑色,不能油漆,遇水不流失,药效持久,对防火不利	用于直接与砌体接触的木构件的防腐和防白蚁,露明构件不宜使用
	8	强化防腐油	有恶臭,木材处理后呈暗黑色,不能油漆,遇水不流失,药效持久,对防火不利	同上。用于南方腐朽及白蚁危害的严重地区
浆膏	9	沥青浆膏	有恶臭,木材处理后呈暗黑色,不能油漆,遇水不流失,药效持久	用于含水率大于 40% 的木材以及常受潮的构件

表 10.4 木材防腐、防虫药剂的配制及处理

类别	编号	名称	配方组成/%	浓度/%	剂量	处理方法
水溶性	1	氟化钠	单剂	4	4.5~6 kg/m³(干剂)	1.常温浸渍 2.热冷槽浸渍
	2	硼铬合剂	硼酸40 硼砂40 重铬酸钠20	5	6 kg/m³(干剂)	1.常温浸渍 2.热冷槽浸渍 3.加压浸注
	3	硼粉合剂	硼酸30 硼砂35 五氯酚钠35	5	4.5~6 kg/m³,白蚁危害 严重地区用8 kg/m³(干剂)	1.常温浸渍 2.热冷槽浸渍 3.加压浸注
	4	铜铬砷合剂	硫酸铜35,重铬酸钠45, 砷酸氢二钠20	5	4.5~6 kg/m³(干剂)	1.常温浸渍 2.加压、减压浸注
	5	氟砷铬合剂	氟化钠60,亚砷酸钠20, 重铬酸钠20	5	4.5~6 kg/m³(干剂)	1.常温浸渍 2.热冷槽浸渍
油溶性	6	林丹、五氯酚合剂	五氯酚5,林丹1,柴油94	5	涂刷法:0.3~0.4 kg/m² 浸渍法:80~100 kg/m³ (溶液)	1.涂刷1~2 次数 2.常温浸渍 3.热冷槽浸渍
油类	7	混合防腐油	煤杂酚油50 煤焦油50	—	常温浸渍:40~60 kg/m³ 热冷槽浸渍和加压浸注: 100~120 kg/m³	1.涂刷2~3 次数 2.热冷槽浸渍 3.加压浸注
	8	强化防腐油	混合防腐油97,五氯粉3	—	涂刷法:0.5~0.6 kg/m² 常温浸渍:40~60 kg/m³ 加压浸注:80~100 kg/m³	1.涂刷2~3 次数 2.热冷槽浸渍 3.加压浸注

表 10.5 木材防火浸渍剂的特性及用途面

编号	名称	配方组成/%	特 性	适用范围	处理方法
1	铵氟合剂	磷酸铵27 硫酸铵62 氟化钠11	空气相对湿度超过80%时易吸湿,降低 木材强度10%~15%	不受潮的 木结构	加压浸渍
2	氨基树脂 1384 型	甲醛46 尿素4 双氰胺 18 磷酸32	空气相对湿度在100%以下,温度为 25 ℃时,不吸湿,不降低木材强度	不受潮的 细木制品	加压浸渍
3	氨基树脂 op144 型	甲醛26 尿素5 双氰胺7 磷酸28 氨水34	空气相对湿度在85%以下,温度为 20 ℃时,不吸湿,不降低木材强度	不受潮的 细木制品	加压浸渍

10.4 木材的综合利用

我国森林资源匮乏,森林覆盖率只有12.7%,人口平均木材蓄积量不及世界平均数的1/6,而我国建设事业木材需要量很大。木材的综合、合理利用,既是节约木材、物尽其用的问题,同时也是使木材在性能上扬长避短,充分发挥其建筑功能的问题。对木材进行干燥、防腐、防火处理,以提高木材耐久性,延长使用年限,也是充分利用木材资源、节约木材重要环节。而充分利用木材的边角废料,生产各种人造板材,则是对木材进行综合利用的重要途径。

10.4.1 木材种类与规格

木材根据用途、材种和加工程度的不同,分为原条、原木、锯材和枕木 4 类,见表 10.6。

表 10.6 木材的分类

分类标准	分类名称	说 明	主要用途
木材分类	原条	系指除去皮、根、树梢的木料,但尚未按一定尺寸加工成规定直径和长度的材料	建筑工程中的脚手架、建筑用材、家具等
	原木	系指已经除去皮、根、树梢的木料,并已按一定尺寸加工成规定直径和长度的材料	直接使用的原木,用于建筑工程,桩木、电杆、枕木等 加工原木,用于胶合板、车辆、机械模型及一般加工用材等
	锯材	系指已经加工锯解成材的木料,凡宽度为厚度 3 倍或 3 倍以上的,称为板材,不足 3 倍的称为枋材	建筑工程、桥梁、家具、车辆、包装箱板等
	枕木	系指按枕木断面和长度加工而成的成材	铁道工程

常用锯材按其厚度、宽度的分类见表 10.7。

表 10.7 针叶树、阔叶树锯材宽度、厚度

分类	厚度/mm	宽度/mm	
		尺寸范围	进级
薄板	12、15、18、21	50～240	
中板	25、30	50～260	10
厚板	40、50、60	60～300	

锯材按质量等级可以分为普通锯材和特等锯材两种,普通锯材又分为一等、二等、三等。各等级技术指标见表 10.8。

表 10.8 锯材的分等标准

缺陷名称	检量方法	容许限度							
		针叶树				阔叶树			
		特等锯材	普通锯材			特等锯材	普通锯材		
			一等	二等	三等		一等	二等	三等
活节、死节	最大尺寸不得超过材宽的/%	10	20	40	不限	10	20	40	不限
	任意材长 1 m 范围内的个数不得大于	3	5	10	不限	2	4	6	不限
腐朽	面积不得超过所在材面面积的/%	不许有	不许有	10	25	不许有	不许有	10	25
裂纹、夹皮	长度不得超过材长的/%	5	10	30	不限	10	15	40	不限
虫害	任意材长 1 m 范围内的个数不得大于	不许有	不许有	15	不限	不许有	不许有	8	不限

续表

缺陷名称	检量方法	容许限度							
		针叶树				阔叶树			
		特等锯材	普通锯材			特等锯材	普通锯材		
			一等	二等	三等		一等	二等	三等
钝棱	最严重缺角尺寸不得大于材宽的/%	10	25	50	80	15	25	50	80
弯曲	横弯不得大于/%	0.3	0.5	2	3	0.5	1	2	4
	顺弯不得大于/%	1	2	3	不限	1	2	3	不限
斜纹	斜纹倾斜高不得大于水平长的/%	5	10	20	不限	5	10	20	不限

10.4.2　人造板材

板材的综合利用是将木材加工过程中的大量边角、碎料、刨花、木屑等,经过再加工处理,制成各种人造板材。有效地提高木材的利用率。

人造板材种类很多,在建筑工程中常用的有胶合板、纤维板、刨花板、木丝板、木屑板等。

人造板材除了胶合板是用原木为原材料制成以外,其余都是利用采伐或加工中的木材碎块废料加工制成的。这类板材与天然木材相比,板面宽,表面平整光洁,无节子、虫眼,不翘曲、不开裂。经加工处理还具有防水、防火、防腐、防酸等性能。

(1)胶合板

胶合板是将原木段在平板旋切机上沿年轮方向旋切成薄片,然后按尺寸切成单板。一般将 3~13 片奇数层单板,按其纹理方向互相垂直叠放,经上胶,热压而成。胶合料有豆胶类(BNC)、血胶类(NC)、耐水的酚醛树脂类(NS)和耐气候、耐沸水的酚醛树脂类(NQF)4 类。

胶合板的分类、特性及适用范围见表 10.9。

表 10.9　胶合板的分类、特性及适用范围

种类	分类	名称	胶种	特性	适用范围
阔叶树材普通胶合板	I类	NQF(耐气候胶合板)	酚醛树脂胶或其他性能相当的胶	耐久、耐煮沸或蒸汽处理、耐干热、抗菌	室外工程
	II类	NS(耐水胶合板)	脲醛树脂或其他性能相当的胶	耐冷水浸泡及短时间热水浸泡,不耐煮沸	室外工程
	III类	NC(耐潮胶合板)	血胶、带有多量填料的脲醛树脂胶或其他性能相当的胶	耐短期冷水浸泡	室内工程一般常态下使用
	IV类	BNS(不耐潮胶合板)	豆胶或其他性能相当的胶	有一定胶合强度,但不耐水	室内工程一般常态下使用
松木普通胶合板	I类	I类胶合板	酚醛树脂胶或其他性能相当的合成树脂胶	耐久、耐热、抗真菌	室外长期使用工程
	II类	II类胶合板	脱水脲醛树脂胶、改性脲醛树脂胶或其他性能相当的合成树脂胶	耐水、抗真菌	潮湿环境下使用的工程
	III类	III类胶合板	血胶和加少量填料的脲醛树脂胶	耐湿	室内工程
	IV类	IV类胶合板	豆胶和加多量填料的脲醛树脂胶	不耐水、不耐湿	室内工程(干燥环境下使用)

胶合板具有如下优良性能:用小直径原木可制成宽幅板材;外层板可避免木节、裂缝等缺陷,面层可选用木纹美观的木材,增加装饰效果;收缩率小;因其各层单板的纤维互相垂直,板的纵横方向物理力学性质基本一致,消除了各向异性,避免了板的翘曲;产品规格化,便于使用。

胶合板广泛用做建筑室内隔墙板、地板、天花板、护壁板、家具、室内装修等,耐水胶合板可用于混凝土模板。

(2)纤维板

纤维板是将木材边角废料及其他植物纤维经破碎、浸泡、制浆、加入胶黏剂或利用木材自身的胶黏物质作用,经热压成型、干燥处理等工序制成。因成型时温度和压力不同,分为硬质、半硬质、软质3种。硬质纤维板是在高温高压下成型的,软质纤维板不经热压处理。

纤维板对木材的利用率高达90%以上。纤维板材质构造均匀,各向强度一致,具有较大弯曲强度,不易胀缩、、不易翘曲开裂,耐磨,不易腐朽,无木节、虫眼,木材利用率高,绝缘性好。

硬质纤维板分为压花和不压花两种,均可用于室内墙壁、门装板、地板、门窗、吊顶等建筑物室内装修,软质纤维板多用作保温吸声材料。

(3)刨花板、木丝板、木屑板

刨花板、木丝板、木屑板是利用木材加工中产生的大量刨花、木丝、木屑为原料经加工、干燥、拌胶、热压而成的板材。所用胶料有动物胶、樟物胶、合成树脂胶或水泥、菱苦土等无机胶结替部该类板材强度较低,表观密度小,主要用做绝热吸声材料,还可用于天棚、隔断及制作家具等。

(4)合成木材(钙塑材料)

钙塑材料包括钙塑发泡板、钙塑硬纸板和增强板及钙塑纸等。

钙塑材料具有木材、纸张、塑料的特性,而且不怕火,吸湿性小,温度变形小,不易燃,可代替部分材料做墙板、地板、天花板、装修板、踢脚板、墙裙、门窗、瓦楞板等。

复习思考题

1.木材按树种通常分为哪几类?其特点和用途如何?

2.针叶树材与阔叶树材的微观结构有何异同?

3.为了防止木材使用后发生翘曲,应采取哪些措施?

4.木材含水率变化对其性能有什么影响?

5.木材弦向收缩大于其径向收缩的原因是什么?

6.木材顺纹抗拉强度最高,但木材多用于受压或受弯构件,较少用于受拉构件,原因是什么?

7.简述影响木材强度的因素。

8.处于水面以下和水位变化部位的木材哪一个易腐朽?为什么?

9.什么是木材的纤维饱和点、平衡含水率、标准含水率?各有什么实际意义?

10.从腐朽菌生存和繁殖的条件说明防止木材腐朽应采取的措施。

11.有哪些人造板材可避免木材各向异性的特点?

12.在建筑工程中合理使用和综合利用木材有何意义?其措施是什么?

第 **11** 章
建筑塑料与胶黏剂

化学建材是继钢材、水泥、木材之后的第 4 大类建筑材料,是一种理想的可用于替代木材、部分钢材和混凝土等传统建筑材料的新型材料。化学建材是指以合成高分子材料为主要成分,配合各种加工、改性剂,经加工制成的适合于建筑工程使用的材料,它是塑料制品中的重要大宗品种,俗称为塑料建材,也称为建筑塑料。化学建材包括塑料管材、塑料门窗、建筑防水材料、隔热保温材料、装饰装修材料等多个品种。广泛用于建筑工程、市政工程、村镇建设和其他工业建设。

塑料是以合成树脂为主要原料,在一定温度和压力下塑化成各种形状,而在常温常压下又能保持其形状不变的制品。建筑塑料之所以发展如此迅速,是因为塑料有如下特点:

①表观密度小,一般为 $0.8 \sim 2.2 \ g/cm^3$,单位体积内的重量比钢材、水泥轻;

②比强度高,有些品种的比强度接近甚至超过钢材;

③导热系数小,约为金属材料的 $1/500 \sim 1/600$,保温性能好;

④化学稳定性好,对酸碱盐及蒸汽的作用具有较好的稳定性;

⑤电绝缘性能好,绝大多数塑料都不导电;

⑥装饰效果好、色彩丰富。

但塑料也普遍存在耐热性低、易燃、易老化、刚度小、价格相对较高等缺点。

11.1 建筑塑料与分类

塑料的主要原料是有机高分子化合物,是现代石油化工产品。这些高分子化合物在加工成塑料制品之前,多数为粉状或颗粒状,通常称之为树脂。在一定温度范围内加热后树脂分子间不发生交联反应,可以反复加热塑性流动冷却后又能硬化的树脂,称为热塑性树脂。而加热后发生交联反应而不能再塑性流动,只能一次成型加工的树脂称为热固性树脂。

11.1.1 热塑性树脂

热塑性树脂是热塑性塑料的主要成分。热塑性树脂分为通用热塑性塑料用树脂和工程塑料用树脂两种。通用热塑性树脂主要是指产量最高、用途最广、满足一般产品性能要求的品种,通常是指聚乙烯(PE)、聚丙烯(PP)、聚氯乙烯(PVC)和聚苯乙烯(PS)4 种。强度较高、可在高温下用作工程材料使用的树脂,其制品称为工程塑料,如聚酰胺(PA、又称为尼龙)、聚碳酸酯(PC)、ABS、聚甲醛(POM)等品种。

(1)聚乙烯(PE)

聚乙烯是由乙烯聚合而成的结构最简单的高分子化合物,其外观为白色蜡状。按密度不同可分为高密度聚乙烯(HDPE)、低密度聚乙烯(LDPE)、线型低密度聚乙烯(LLDPE)3 种。按合成方法不同又分为高压聚乙烯(HPPE)和低压聚乙烯(DPPE)两种。在各种塑料中,聚乙烯产量最高,约占塑料总产量的 30%。

以聚乙烯树脂为主要原料制成的塑料制品机械性能好,柔性好,耐溶剂性好,能耐大多数酸碱作用,在建筑工程中主要用于制作卫生洁具、给排水管材等。

(2)聚丙烯(PP)

聚丙烯是由丙烯聚合而成的树脂,其外观与 PE 相似,但比 PE 更透明、更轻,密度约为 $0.90\ g/cm^3$。PP 具有良好的电性能和化学稳定性,其机械性能、耐热性均高于 PE。经过增强改性,也可用做工程塑料。常用的聚丙烯树脂是等规聚合物,无规共聚聚丙烯(PP-R)主要用于冷热水输送管、饮用水输送管及采暖系统管件。

PP 主要用于生产薄膜,吸塑片、挤出、注射制品。PP 膜透明性好,光泽好,双向拉伸聚丙烯膜(BOPP)强度高、手揉有强声,用做高档防潮包装材料;吸塑片主要用于生产杯、盒等,挤出制品主要用于生产管材,注射制品主要用于生产汽车配件、家电配件、日用制品盒、医疗器具、管件、卫生洁具等。

(3)聚氯乙烯(PVC)

聚氯乙烯是由氯乙烯聚合而成的聚合物,产量仅次于聚乙烯,但在建筑塑料中用量则最大。PVC 树脂为白色或淡黄色粉末,密度为 $1.35\sim1.45\ g/cm^3$。它分为疏松型(XS)和紧密型(XJ)型两种。依照分子量大小又分为 $1\sim8$ 型等多种型号。近年来,弹性较好、耐热性提高、消光性能好的各种高聚合度聚氯乙烯(聚合度达 $4000\sim8000$)和交联聚氯乙烯等开发成功并投入应用。

PVC 制品视增塑剂加入量的多少可制成软、硬制品,一般增塑剂含量在 $0\sim5$ 份为硬制品,$5\sim25$ 份为半硬制品,大于 25 份为软制品。

与 PE 相比,PVC 具有硬度大、耐磨、耐腐、强度高、耐燃等优点,广泛用于代替金属和木材。PVC 树脂主要用于生产各种薄膜、板材、管材、异型材料、中空吹瓶、电缆绝缘包覆材料、注射制品及人造革、地板革、搪塑制品。给排水管道、塑料门窗、电线配管、装饰面板、楼梯扶手和灯片多是 PVC 制成的。

(4)聚苯乙烯(PS)

聚苯乙烯树脂由苯乙烯经聚合而成,是一种无色透明粒料。密度为 $1.05\ g/cm^3$。其最主要的优点是透明性好、电绝缘性好、制品尺寸稳定性高、易成型加工、易着色,但耐磨性差、抗冲击性不好、耐气候性差、耐热性也不高,因而很少用于工业制品。其产量仅次于聚乙烯和聚氯乙烯。

PS 最大的用途是制作泡沫塑料,用于防震及防热包装,在建筑工程中可用做装饰、保温材料、制作成片材用于隔断、吊顶灯片等。

(5)聚甲基丙烯酸甲酯(PMMA)

聚甲基丙烯酸甲酯(又称有机玻璃)是由甲基丙烯酸甲酯经聚合而成的,具有良好的透明性,透光率可达92%以上,耐老化性能优良,但表面硬度较低。在建筑上主要使用其制成板材和管材来制作隔断、护墙板、广告牌等。

(6)ABS 树脂

ABS 树脂是由丙烯腈、丁二烯和苯乙烯共聚而成的一种通用工程塑料,具有较好的抗冲性、耐低温性、耐热性、耐候性及抗静电性。可制作管材、管件、异型板材、建筑模板等。

(7)聚甲醛树脂(POM)

聚甲醛是分子链上含有许多次甲氧基($-CH_2-O-$)的聚合物。外观为白色粉末,密度为$1.41\sim1.43$ g/cm^3。POM 机械性能优良、硬度高、刚性好、冲击性优良,耐疲劳、耐摩擦、有自润滑性、制品尺寸精度高、着色性好、制品有光泽,但热性能差、易分解。主要用于工业配件,如齿轮、滑轮、垫圈、棒材等,日常工业用于制作拉链、打印机外壳、玩具。

(8)聚酰胺树脂(PA)

聚酰胺为分子主链上含有酰胺基团的一类聚合物的总称。常用的有 PA6、PA66、PA610、PA1010 等品种。PA 表观为角质、微黄、透明性不高的颗粒。制品有光泽。密度为$1.04\sim1.15$ g/cm^3。PA 机械性能好,耐磨性优良,有自润滑性,特别适用制作齿轮等制品,可用于制作拉链、水龙头、纽扣、门轴、门扣等,也可用于汽车工业。但抗蠕变性能差,热膨胀系数大,耐环境性也不好。

(9)聚碳酸酯(PC)

聚碳酸酯是分子主链上含有碳酸酯基团的一类聚合物的总称。PC 密度为1.20 g/cm^3,易着色,收缩小,适于制作高精度产品。PC 硬而韧,抗冲击性能是热塑性树脂中最好的品种之一,耐磨性好、摩擦系数大、耐热性、耐寒性都很好,耐溶剂性、耐环境性也不错,但不耐潮湿环境和紫外光。

PC 是一种工程塑料,有不碎玻璃之称。该塑料具有很高的冲击强度,在$-40\sim+120$ ℃温度范围内,其冲击强度是玻璃的250倍,是有机玻璃的150倍,透光率好,厚3 mm 的板材其透光率为86%;质轻,仅为玻璃的50%左右;隔热性能好,与玻璃相比可节约10%的能源;阻燃、具有自熄性;抗紫外线能力强、施工方便,可进行冷弯,最大弯曲半径约为板厚的100倍。常制作成板材,用于办公大楼、宾馆、体育馆、娱乐中心、教学楼、医院、工业厂房等采光大棚、公路隔音墙、车库、车站雨棚、广告牌,出租车防盗及警用防暴盾牌等,也可用于灯罩、信号灯、汽车灯及防护玻璃。

11.1.2　热固性树脂

(1)酚醛树脂(PF)

酚醛塑料是由苯酚与甲醛经缩聚反应制成的树脂,加入填充料后制成的一种热固性塑料。PF 树脂具有较高的强度,耐热、耐磨、耐酸,电绝缘性能良好、耐电弧、耐烧蚀。有电木之称,性脆、坚硬、阻燃,广泛用于制作电器仪表壳、低压电器开关盒。建筑工程上采用酚醛塑料制作各种装饰面板、建筑模板,制作各种涂料或黏结剂,用于粘贴人造板材。

(2)脲醛树脂(UF)

脲醛树脂由尿素和甲醛经缩合反应而得。低分子量时为液态,常用于生产涂料或黏结剂,高分子量时则为固体(又称电玉),用于制作建筑小附件及娱乐用品,经发泡处理可制得填充用保温材料。它具有无色、无味、无毒、着色性好、黏结强度高,有自熄性、耐菌性等特点。

(3)不饱和聚酯树脂(UP)

不饱和聚酯是由不饱和二元酸、饱和二元酸和饱和二元醇共聚而成的树脂。在加工时应加入催化剂、固化剂等使之交联成型。它具有化学稳定性优良、强度高、黏结性好,弹性、耐热性、耐水性及工艺性能良好等特点,可用于生产玻璃钢、卫生洁具、人造大理石、人造花岗石及塑料涂布地板等。

(4)聚氨酯树脂(PU)

聚氨酯是一种性能优良的热固性树脂,根据组成不同可分为单组分和双组分两种。双组分的聚氨酯塑料一般为软性,单组分的为硬性。它具有机械性能良好,耐老化性能、耐热性、耐磨性、耐污性优良等特点,可用于制作建筑涂料、防水材料、黏结剂、塑料地板等。

(5)环氧树脂(EP)

环氧树脂是指分子结构中含有环氧基团的一类聚合物。EP 种类很多,但应用最广泛的是环氧氯丙烷同双酚 A 缩聚而成的 EP。EP 是无色或黄色的黏稠液体或固体。固化后机械强度冲击强度很好。耐热性、耐摩擦性和电绝缘性优良。EP 用玻璃纤维增强后制成的玻璃钢,可作为轻型结构材料。发泡后可做绝热、防震、吸音及漂浮材料,由于 EP 对金属与非金属之间有很强的黏结力,是最常用的黏合剂、涂料的原料。

11.2 常用建筑塑料制品

11.2.1 塑料装饰材料

对建筑物起保护、美化装饰作用的材料称为建筑装饰材料。与传统的装饰材料石料、木料、瓷砖和油漆相比,塑料装饰材料使用性能优良、装饰效果美观大方、加工使用方便、适合工业化生产,因而发展很快,在整个装饰材料中占有相当大的比重。

塑料地面装饰材料的种类很多,主要包括塑料地板、塑料地毯和塑料涂布地面等。

地面装饰对材料的要求很高,其中耐磨性、回弹力、脚感是对地面装饰材料的基本要求。由于聚氯乙烯树脂可以通过改变增塑剂的加入量而制成软硬程度不同的地板,且又具有自熄性,故除地毯、涂布地板外,几乎所有塑料地面装饰材料都采用聚氯乙烯树脂生产。此外,氯乙烯与乙酸乙烯的共聚物也有使用。

塑料地板品种很多,就材质致密性而言,可分为微孔发泡(或称弹性)塑料地板和不发泡(或称非弹性)塑料地板;就生产工艺而言,则有压延法、挤出法和涂布法塑料地板;从产品结构看,又分为单层、多层、发泡、带基层的发泡、增强发泡等品种。

塑料地板按其形状可分为塑料块材地板(或称地砖)和塑料卷材地板。

11.2.2 塑料板材

塑料板材大量用做护墙板、屋面板、顶棚板等。主要的材质有硬聚氯乙烯板、GRP 板、聚丙烯和聚乙烯的钙塑板、MF 装饰板、聚甲基丙烯酸甲酯格子板、复合夹层板以及塑料钢板等。

其结构形式有波形板、异型板材、格子墙板、夹层墙板等。

以树脂和半水石膏、轻质碳酸钙、亚硫酸钙为主要原料生产的塑料制品称钙塑材料,它具有轻质、保温绝热性能好、美观等特点,其制品主要用于天棚装饰、保温绝热、墙面装饰等所用板材以及管道门窗、活动房屋等。

11.2.3 塑料管材及管件

与传统的陶瓷管材和金属管材相比较,塑料管材及管件具有表面光滑、流体阻力较小、不生锈、质轻易搬运,施工、装配方便、价格低廉等优点,应用十分广泛。

塑料管材按用途可分为无压、受压两大类。无压类塑料管材有:下水管、雨水管、排污和放空管、电气电讯护套管、真空和通气管等。受压类塑料管材有:上水管、饮用水管、污水主管、天然气输送管、原油集合管、工业工艺管、真空管、灌溉管等。根据输送水的温度高低,又可分为热水管、冷水管。

塑料管材除了单独用作管材外,还可以用作金属管材的内部衬里和外部包覆,以防护酸碱等化学介质的腐蚀。

在各类塑料建材中,应用最广的塑料管材、管件是聚氯乙烯管材和聚乙烯管材。在建筑工程中使用的塑料管材有硬质聚氯乙烯管(UPVC)、聚乙烯(PE)管、交联聚乙烯管(PEX),聚丙烯管(PP-R)、铝塑复合管、聚丙烯腈-丁二烯-苯乙烯共聚物(ABS)管、氯化聚氯乙烯管,以及各种纤维增强聚酯或环氧树脂管等多种。未来十年内,塑料管的推广应用将以 UPVC 和 PE 塑料管为主,并大力发展其他新型塑料管材。塑料管道市场占有率将达到很高的比例(见表11.1)。

表 11.1　塑料管道市场占有率　　　　　　　　　　　　　　(%)

年　份	建筑污排水管	建筑雨排水管	城市排水管	城市供水管 DN400 以下	电线护套	燃气管
2000 年	50	20	—	30	60	30
2005 年	70	50	30	60	80	50
2010 年	80	70	30	70	90	60
2015 年	85	80	50	80	90	85

11.2.4 塑料异型材

塑料异型材是指截面比较复杂的塑料挤出制品。常见的塑料异型材有:塑料异型管、闭合式中空异型材、隔室式中空异型材、开放式异型材、复合式分节异型材、复合式镶嵌异型材以及实心异型材等。

塑料门窗是塑料异型材中的主要品种,它是以聚氯乙烯(PVC)树脂为主要原料,加入一定比例的稳定剂、着色剂、填充剂、紫外线吸收剂等助剂,经挤出加工成型,然后通过切割、焊接的方式制成门窗框扇,配装上橡塑密封条、毛条、五金件等附件而制成的门窗。为了增加型材的强度和刚度,在规定的长度范围内,型材空腔内必须安装钢衬(加强筋),所以称之为塑钢门窗。

目前,世界上已开发出 3 种材质的塑料门窗:聚氯乙烯(PVC)、玻璃纤维增强不饱和聚酯

（GUP）和聚氨基甲酸酯（PUR）硬质泡沫塑料门窗。其中 PVC 塑料门窗比例最大。塑料门窗之所以被大力推广，形成规模巨大、技术成熟、标准完善的产业，除可代替木材、铝材、钢材外，主要是因为：

1）绝热保温性能优良。塑料门窗对房屋散失的能量（不论是采暖还是制冷空调），只有钢窗散失能量的 26%，铝合金窗散失能量的 30%。

2）隔音性能好。塑料门窗采用挤压成型，双层真空玻璃隔音效果大于 30 分贝。

3）耐老化。在气温零下 30 ℃至零上 70 ℃之间，塑钢门窗经得起风吹、雨淋、日晒、干燥及潮湿，其色彩、光泽经久如新。

4）耐侵蚀。塑钢门窗具有高于木材和铝材的抗压、抗拉、抗重击、抗裂、抗膨胀的强度和优于钢铁、木材和铝材的耐蚀性。

5）密闭性强。塑钢门窗采用多层密封设计，而且 PVC 型材表面光滑，不易粘着灰尘、污物，防尘效果极佳。

6）高雅美观。PVC 可配成各种颜色，如白、棕、蓝、红、黄等，可以随意选取。而大框格、宽玻璃的框架结构，则有利于室内采光。如果配以装饰性的金属配件，则可美化室内环境。

11.2.5　玻璃纤维增强塑料

合成树脂与玻璃纤维增强后所构成的塑料统称为玻璃纤维增强塑料（GFRP）。由于这类复合材料性能优异，习惯上称为玻璃钢。

玻璃纤维增强塑料所用的合成树脂有热固性和热塑性两类，因此玻璃纤维增强塑料也有热固性玻璃纤维增强塑料（FRP）和热塑性玻璃纤维增强塑料（FRTP）量类。FRP 目前仍是我国玻璃纤维增强塑料的主要品种。

轻质高强、耐腐蚀性能好、电性能好、性能可设计性及工艺性能好是 FRP 的特点；而弹性模量低、耐温性差、层间剪切度低以及耐老化性能不够理想是其弱点。

FRP 的成型方法根据工艺特点可分为糊成型、层压成型、模压成型、缠绕成型等几种。

GFRP 在建筑工程中应用十分广泛，其中波形板广泛用作屋面和墙面围护材料；也用于大口径地下排水管道，采光材料、装饰材料，如透明波形板、半透明的中空夹层板、采光罩、各种复合板、门窗、浮雕、贴面板等，还可制作浴缸及各种容器。

11.3　胶 黏 剂

胶黏剂是指自身具有良好的黏结性能，能把两种物体牢固地胶接起来的一类物质，胶黏剂又称黏合剂、黏着剂或黏结剂。建筑胶粘剂可分为溶剂型胶黏剂、水乳型胶黏剂和无溶剂型胶黏剂 3 类。建筑用胶黏剂中，溶剂型胶黏剂以氯丁胶黏剂和聚氨酯胶黏剂为代表。水基型胶黏剂以聚乙烯醇溶液为代表，乳液型以聚醋酸乙烯酯乳胶为代表，无溶剂型胶黏剂以环氧树脂胶黏剂为代表，粉状胶黏剂以纤维素衍生物为主。由于环境保护和防火安全的要求，发展无毒溶剂型，尤其是水乳型胶黏剂已成为未来胶黏剂的方向。

木材胶黏剂至今世界上大多数国家都仍以脲醛胶为主，其次是酚醛胶和三聚氰胺-甲醛树脂胶，主要用于生产人造板、人造板再加工和其他木材加工工业。未来"三醛"胶的发展趋势是低毒化、快速固化。

建筑胶黏剂一般应满足结构性能的要求,即应选用结构胶黏剂。目前作为结构胶的黏结材料主要有环氧树脂、不饱和树脂、丙烯酸酯、有机硅类、聚氨酯等。

近年来碳纤维加固用的建筑结构胶风行国内,并在建筑业形成了越来越热的趋势。碳纤维加固建筑结构胶是将连续纤维状的碳纤维结合在一起,并同时又与被黏物黏结成一整体的新型黏结材料。

11.3.1　胶黏剂的组成

虽然胶黏剂品种很多,但每种胶黏剂一般都含有以下几种成分。

主体材料又称黏结材料,多数是高分子化合物。它是胶黏剂的基本组分,其性质决定了胶黏剂的性能、用途和使用工艺。胶黏剂多数是用其名称来命名。

溶剂。根据主体材料的溶解性能,可能是乙醇、二氯乙烷等有机溶剂或水,其作用是溶解树脂、降低胶黏剂的黏度,提高胶黏剂的湿润性和流动性。但随着溶剂掺量的增加,黏结强度将下降。

固化剂。其作用是使某些线型分子通过交联作用形成网状或体型的结构,从而使胶黏剂硬化成坚固的胶层。固化剂是热固性胶黏剂的主要成分,其性质和用量对胶黏剂的性能起着重要作用。

填料。一般在胶黏剂中不发生化学反应,但加入填料可以改善胶黏剂的性能,如增加胶黏剂的黏度、强度及耐热性,减少收缩,同时降低其成本。如轻质碳酸钙、滑石粉、二氧化硅、陶土等。

其他添加剂。为了满足某些特殊要求而加入的增塑剂、防霉剂、稳定剂、阻燃剂等。

11.3.2　胶黏剂的分类

胶黏剂组成各异,可以从不同角度进行分类。按胶黏剂的主体材料即黏结料的化学成分进行分类见表 11.2。

表 11.2　胶黏剂的分类

类别	二级分类	代表性品种
天然物胶黏剂	动物胶黏剂	明胶、皮胶、骨胶、其他动物胶
	植物胶黏剂	淀粉胶黏剂、糯糊、糊精、天然橡胶制作的胶黏剂
	植物黏液胶	水溶性纤维素胶黏剂、其他碳水化合物胶黏剂
	植物朊质胶黏剂	果胶、黄耆胶、豆胶、藻类胶、其他植物胶树胶
有机胶黏剂	化学改性天然物胶黏剂	纤维素衍生物胶黏剂、烷基纤维素胶黏剂 羧甲基纤维素胶黏剂、纤维素酯类胶粘黏剂
	合成胶黏剂	合成树脂为原料的胶黏剂如:环氧树脂胶黏剂、聚醋酸乙烯酯乳胶(白乳胶)、α-氰基丙烯酸酯(502) 合成橡胶制的胶黏剂:氯丁胶黏合剂、有机硅密封胶
无机胶黏剂		硅酸盐型、磷酸盐型、硼酸盐型

11.3.3　建筑工程常用胶黏剂

胶黏剂在建筑工程中应用广泛,常用的有如下种类。

(1)环氧树脂胶黏剂

环氧胶黏剂是由环氧树脂、固化剂、促进剂、改性剂、稀释剂、填料等组成的液态或固态胶黏剂。

环氧胶黏剂具有以下优点:

①环氧树脂适用于与金属、玻璃、水泥、木材、塑料等多种极性材料的黏结,尤其对表面活性高的材料具有很强的黏结力,胶接强度很高。故有万能胶之称。

②环氧树脂固化时胶层的尺寸稳定性好。基本上无低分子挥发物产生。胶层的体积收缩率小,是热固性树脂中固化收缩率最小的品种之一,加入填料后更可降到 0.2% 以下。环氧固化物的线胀系数也很小。

③环氧树脂、固化剂及改性剂的品种很多,通过合理而巧妙的配方设计,使胶黏剂具有所需要的工艺性(如快速固化、室温固化、低温固化、水中固化、低黏度、高黏度等),并具有所要求的使用性能(如耐高温、耐低温、高强度、高柔性、耐老化、导电、导磁、导热等)。

④与多种有机物(单体、树脂、橡胶)和无机物(如填料等)具有很好的相容性和反应性,易于进行共聚、交联、共混、填充等改性,以提高胶层的性能。

⑤耐腐蚀性及介电性能好。能耐酸、碱、盐、溶剂等多种介质的腐蚀。

⑥通用型环氧树脂、固化剂及添加剂的产地多、产量大,配制简易,可接触压成型,能大规模应用。

建筑工程用环氧胶黏剂近年来发展迅速,正向着低毒、能在特殊条件下(如潮湿面、水下、油面、低温)固化、室温固化高温使用、高强度、高弹性等方向发展。已从单一的新旧水泥的黏合、建筑裂缝的修补发展到基础结构、地面、装潢、电气、给排水等施工工程中。

(2)聚氨酯胶黏剂

聚氨酯胶黏剂是指在分子链中含有氨基甲酸酯基团(—NHCOO—)或异氰酸酯基团(—NCO)的胶黏剂。聚氨酯胶黏剂,因含有极性很强、化学活泼性很高的异氰酸酯基(—NCO)和氨酯基(—NHCOO—),它与含有活泼氢的材料,如泡沫塑料、木材、皮革、织物、纸张、陶瓷等多孔材料和金属、玻璃、橡胶、塑料等表面光洁的材料都有着优良的化学黏结力。聚氨酯胶黏剂具有韧性可调节、黏结工艺简便、极佳的耐低温性能以及优良的稳定性等特性,近年来,成为国内外发展最快代替聚氯乙烯胶黏剂的品种。

聚氨酯胶黏剂分为多异氰酸酯胶黏剂、双组分聚氨酯胶黏剂和单组分聚氨酯胶黏剂等几种。端异氰酸酯基聚氨酯预聚体属于单组分聚氨酯胶黏剂,它可与潮气反应而交联固化,因此也称湿固化聚氨酯胶黏剂。湿固化型聚氨酯胶黏剂是木材、土木建筑及结构用的良好的胶黏剂,也常用做密封剂用于汽车、建筑及机械行业中。聚氨酯密封剂在建筑业中主要用于混凝土制板幕墙、钢筋混凝土和石板、薄板、玻璃纤维钢筋混凝土等施工缝的密封。

(3)聚乙烯醇缩甲醛胶黏剂

聚乙烯醇缩甲醛胶黏剂是以聚乙烯醇为主要原料,在一定条件下与甲醛缩聚而成的无色透明水溶性胶体。

聚乙烯醇缩甲醛胶黏剂商品名称为 801 建筑胶,它是一种经过改性的 107 胶。主要用于建筑装修。该胶黏剂因为含有损害人体健康的游离甲醛,已被限制使用,正在被淘汰。

水溶性聚乙烯醇(PVA)胶黏剂耐热性好、胶结强度高、施工方便、抗老化性好,在建筑中应用十分广泛,可用做胶结塑料壁纸、墙布、瓷砖等。在水泥砂浆中掺入少量的聚乙烯醇水溶液,能提高砂浆的黏结性、抗渗性、柔韧性,并可减少砂浆的收缩。

(4)聚醋酸乙烯乳液胶黏剂(PVA$_c$)

是由醋酸乙烯单体聚合而成的白色粘稠乳液,俗称白乳胶。该胶黏剂呈酸性,具有亲水性,流动性好。在胶粘时可以湿粘或干粘。主要用于承受力不太大的胶结中,如纸张、木材、纤维等的胶粘。可将其加入涂料中,作为主要成膜物质,也可加入水泥砂浆中组成聚合物水泥砂浆。

乙烯-醋酸乙烯共聚乳胶(VAE)是近年来推出的改性品种,它改变了 PVA$_c$ 内聚力低、耐水性差的缺点。

(5)酚醛树脂胶黏剂

酚醛树脂胶黏剂是最早工业化的胶黏剂之一。其胶结强度高,但必须在加压、加热条件下进行粘结。酚醛树脂可用松香、干性油或脂肪酸等改性,改性后的酚醛树脂可溶性增加,韧性提高。主要用于胶结纤维板、非金属材料及塑料等。

(6)氯丁胶黏剂

氯丁胶黏剂是以氯丁橡胶为主成分制成的溶剂型胶黏剂。其特点是:室温加压粘合,使用方便;综合性能好,无论胶黏力、胶膜韧性、弹性、挠曲性、还是耐热性、耐寒性、耐晒性、耐化学药品性较好。目前在合成橡胶胶黏剂中用途最广。其适用于皮革、橡胶、纤维材料间的粘合。在黏结强度要求不高时,也可用于玻璃、陶瓷的粘接。在建筑装饰中,大量用于层板等材料的粘合,但含苯的氯丁胶黏剂已禁止使用。

(7)硅酮胶黏剂(玻璃胶)

硅酮胶黏剂是缩合型硅酮密封胶,它以端羟基聚二甲基硅氧烷为基础聚合物,多官能硅烷或硅氧烷为交联剂,通过催化剂作用,室温下遇湿气即发生缩合反应,形成三维网络弹性体。根据产品形态,硅酮密封胶又分为单组分和双组分两种。硅酮密封胶按其性能和用途可分为硅酮建筑结构胶、硅酮玻璃胶(酸胶)和中性硅酮密封胶 3 大类。家庭、宾馆、办公楼及公共场所的装饰装修中大量使用中性硅酮密封胶。

复习思考题

1.举例说明常用的塑料原料有几类?

2.建筑塑料的优缺点有哪些?

3.何谓热塑性树脂和热固性树脂?

4.试述常用建筑塑料制品的性能及特点。

5.什么是胶黏剂? 其组成和分类怎样?

6.建筑上常用胶黏剂有哪几种? 其使用特点怎样?

7.从环保角度考虑,选用建筑塑料制品和胶黏剂时要注意些什么问题?

第 **12** 章
建筑装饰材料

12.1 装饰材料的基本要求

建筑装饰材料是建筑装饰工程的物质基础。随着经济的发展、科学技术的进步和人们生活水平的提高,人们对自己的生存环境和空间的要求越来越高,不断追求着高品位、个性化、多样化、人性化、美观、健康和舒适的室内外环境,这就意味着对装饰材料有更大的要求,主要有以下几个方面:

(1)适用、装饰效果显著

建筑装饰材料及相应的配套产品应具有色彩鲜明、规格多样、花纹图案繁多和不同的质感,以适用于不同场合的装饰需求。因为材料的花色品种、大小尺度、线型、纹理、质感及新颖程度等会直接在人生理和心理上产生奇妙的反应和感觉,能激发人的想象力和创造力,能取得或古朴、素雅、高贵、华丽或凝重的各种装饰气氛及达到赏心悦目的艺术装饰效果。

(2)功能性强、科技含量高

建筑装饰材料除起美化、装饰的作用外,还应起保护和其他附加功能的作用。例如:地面装饰材料还兼有保温、吸声、弹性、耐磨、防霉变、阻燃和抗污染等功能性;墙面装饰材料兼有的耐候性、防水、隔热、隔声及防结露等功能性。另外,采用国际先进的生产工艺和高新技术研发生产的装饰材料,往往质量有保证,既美观,又功能性强,具备了艺术与科技的完美结合。例如:用纳米技术生产的纳米复合镀膜玻璃和自洁玻璃;利用光电技术制成的配合智能建筑的智能调光玻璃。

(3)绿色、环保健康

绿色、环保健康材料是指对人体和环境无毒、低毒及无害的材料。即材料中的挥发性有机物、甲醛、二甲苯、甲苯、氨、氡、甲苯二异氰酸脂及放射性材料等有毒物含量低于国家标准的要求,材料应能再回收、再生利用或降解,生产材料过程中排出的有害气体及液体不污染环境,尽量用工业废渣、化学副产品生产材料,不浪费耕地,从而节能、节水、节源、节地及治污,以保护我们赖以生存的环境。

（4）耐久、使用寿命长

装饰材料在使用过程中同样受到各种外部因素的作用,如紫外线、冻融、酸雨、摩擦、涮洗等介质的侵蚀,这样会使其使用寿命受到严重影响,因此,力求装饰材料具有一定的抗侵蚀性,如不虫蛀、不霉变、不褪色,不剥落以及不变形,以维持原有的装饰性和功能性不变,满足使用要求。

（5）经济

除满足特高级的装饰装修外,大量的装饰材料应价格合理、适中,以满足大多数人的经济承受能力和使用要求,这就要求生产装饰材料时,在艺术、技术和质量有保证的条件下尽量节约能源、资源,降低成本。

12.2　玻　璃

12.2.1　玻璃的性质

玻璃是以石英、纯碱、长石和石灰石等为主要原料,经熔融、成型、冷却固化而成的非结晶无机材料。玻璃有以下性质:

（1）密度及表观密度

玻璃内几乎无孔隙,属于致密度材料。普通玻璃的密度为 $2.5 \sim 2.6 \ g/cm^3$,表观密度为 $2\ 450 \sim 2\ 550 \ kg/m^3$。

（2）光学性质

当光线入射玻璃时,表现有透射、反射和吸收 3 种性质。用于采光、照明的玻璃,要求透光率高;用于遮光和隔热的热反射玻璃,要求反射率高;用于隔热、防眩作用的玻璃,要求既能吸收大量红外线辐射能,同时又保持良好的透射性。

（3）热工性质

玻璃的比热容一般为 $0.33 \sim 1.05 \times 10^3 \ J/kg$,导热系数一般为 $0.75 \sim 0.92 \ W/m \cdot K$。玻璃传热慢,是热的不良导体。当急热急冷时,玻璃易破碎。

（4）力学性质

玻璃的抗压强度高,一般为 $600 \sim 1\ 200 \ MPa$,而抗拉强度很小,为 $40 \sim 80 \ MPa$。故玻璃在冲击力作用下易破碎,是典型的脆性材料。

（5）化学性质

玻璃具有较高的化学稳定性,在通常情况下,抗水、盐、酸、碱的能力强。

12.2.2　玻璃品种

（1）普通平板玻璃

普通平板玻璃,是指未经深加工的平板玻璃制品,也称净片玻璃。通常采用垂直引上法和浮法生产。垂直引上法是我国生产玻璃的传统方法。浮法生产平板玻璃是目前比较先进的生产方法,其玻璃质量好、表面平整、厚度公差小、无波筋,厚度为 $3 \sim 12 \ mm$。普通平板玻璃主要起采光、围护、分隔空间、挡风雨、保湿、隔音等作用。大部分用做建筑门、窗玻璃;一部分加工成钢化、夹层、镀膜、中空等深加工玻璃。一般建筑门、窗玻璃为 $3 \ mm$ 厚的平板玻璃;用于玻璃幕墙、采光屋面、橱窗、柜台等的玻璃，多用厚度为 5~6 mm 的钢化玻璃；公共建筑的大门玻璃，则用 8 mm 以上的钢化玻璃。

（2）安全玻璃

安全玻璃强度较高、热稳定性高、抗穿透性及防火性较好，破碎成碎片时，不致伤人。主要用于高层建筑的门窗、隔墙、幕墙、工业厂房天窗、防火门窗等有特殊安全要求的门窗。安全玻璃包括钢化玻璃、夹丝玻璃及夹层玻璃。

钢化玻璃又称强化玻璃，它是将普通玻璃加热到一定的温度后迅速冷却或用化学方法进行特殊钢化处理的玻璃。其强度、抗风压、抗冲击力都比原玻璃提高 4~6 倍，热稳定性大提高，能防止热炸裂。

夹丝玻璃是的经内部夹有金属丝（网）的玻璃，也称钢丝玻璃。是由普通玻璃熔融液与预热处理的金属丝网压合而成。当它受到冲击荷载作用或温度剧变时，玻璃裂而不散，不会飞溅伤人。它还具有防火能，可用于建筑防火门。其缺点是钢丝网易锈蚀。

夹层玻璃是在两片或多片玻璃（普通平板玻璃、磨光玻璃、夹丝磨光玻璃、钢化玻璃、浮法玻璃、彩色玻璃、吸热玻璃及热反射玻璃等）之间嵌夹透明、柔软而坚韧的塑料薄片，经加热、加压黏合而成的平面或曲面复合玻璃制品。它内层的塑料片而具有较高的抗冲击性。如选用适宜的原片玻璃，塑料胶膜和玻璃片的层数，可获得优良的抗穿透性或防弹性。它还具有较好的隔声、保温、耐热、耐寒、耐湿、耐光等性能。主要用于有防弹、防盗等特殊安全要求的门窗等。

（3）玻璃砖和玻璃马赛克

①玻璃砖

玻璃砖，也叫"特厚玻璃"，分实心和空心两种。实心玻璃砖是采用机械压制方法制成的；空心玻璃砖是将两块凹形玻璃，熔接或胶结成整块的具有一个或两个空腔的玻璃制品，空腔中充以干燥空气或玻璃棉，经退火，最后涂饰侧面而成。砖面可为光滑平面，也可具有花纹图案。空心玻璃砖绝、隔声、光线柔和优美，主要用于砌筑透光墙壁、隔墙，以及将门厅、通道、浴室等的隔断，特别适用于要求艺术装饰、防太阳眩光、控制透光、提高采光深度的高级建筑。如宾馆、展览厅馆、体育场馆等。

②玻璃马赛克

玻璃马赛克，又称"玻璃锦砖"。它是将边长不超过 45 mm 的各种颜色、形状的玻璃质小块，预先铺贴在纸上而构成的装修材料。玻璃马赛克具有色调柔和、朴实典雅、美观大方、不变色、不积尘，能雨天自涤、经久常新，与水泥黏结性好、便于施工等特点。广泛用于宾馆、舞厅、礼堂、商店的门面，它也适用于一般家庭住宅的厨房、卫生间和化验室等的内外墙，还可镶嵌成各种特色的大型壁画及醒目的标记。

（4）其他装饰玻璃

①彩色玻璃

彩色玻璃有透明和不透明的两种，其颜色有红、黄、蓝、黑、绿、灰等十多种。可用以镶拼成各种图案花纹，并有耐腐蚀、抗冲刷、易清洗等特点。主要用于建筑物的内外墙、门窗及对光线有特殊要求的部位。

②玻璃贴面砖

玻璃贴面砖是以一定尺寸的平板玻璃为主要基材，在玻璃的一面喷涂釉液，再在其表面均匀地撒上一层玻璃碎屑，以形成毛面，然后经 500~550 ℃ 的热处理，以使三者牢固地结合在一起而制成。它可用做内外墙的饰面材料。

③压花玻璃

压花玻璃分普通压花玻璃、真空冷膜压花玻璃和彩色膜压花玻璃等 3 种,一般规格为 800 mm×700 mm×3 mm。压花玻璃具有透光不透视的特点,从玻璃的一面看另一面物体时,物像模糊不清。压花玻璃表面有各种图案花纹,具有一定的艺术装饰效果。多用于办公室、会议室、浴室、卫生间,以及公共场所分离室的门窗和隔断等处。使用时,应将花纹朝向室内。

④磨砂玻璃

磨砂玻璃,又称"毛玻璃"。它是将平板玻璃的表面经机械喷砂或手工研磨或氢氟酸溶蚀等方法处理成均匀的毛面。其特点是透光不透视,且光线不刺目,用于要求透光而不透视的部位。安装时,应将磨砂玻璃的毛面朝向室内。此外,磨砂玻璃还可做黑板用。

⑤彩绘玻璃

彩绘玻璃又称彩印装饰玻璃,是通过特殊的工艺过程,将绘画、摄影、装饰图案等直接绘制(印制)在玻璃上,彩色逼真,图案花纹多样,广泛用于现代室内的天花板、隔断墙、屏风、落地门窗、玻璃走廊、楼梯等处装饰。

⑥激光玻璃

激光玻璃是以玻璃为基材,经特种工艺处理后,玻璃背面出现全息或其他光栅,在阳光、月光、灯光等光源照射下,形成物理衍射分光而出现艳丽的七色光,且在同一感光点或同一感光面上,会因光线入射角的不同而出现色彩变化,使被装饰物显得华贵高雅,富丽堂皇。激光玻璃的颜色有银白、蓝、灰、紫、红等多种。按其结构,有单层和夹层之分。激光玻璃适用于酒店、宾馆及各种商业、文化、娱乐设施的装饰。

⑦吸热玻璃

吸热玻璃能大量吸收红外线辐射,向室外、室内散发,减少直接进入室内的太阳光辐射能,从而明显降低夏季室内的温度,又具有良好的透光性。另外,该玻璃可使阳光变得柔和、舒适,还能吸收阳光中的紫外线,以减少紫外线对人体和室内物品的损害。主要用作高层建筑的幕墙、需要保存及收藏书画和、古董的图书馆、博物馆等建筑的门窗,以及车船的挡风玻璃,特别适于炎热地区的建筑物门窗。

⑧热反射玻璃

热反射玻璃也叫镀膜玻璃或镜面玻璃,它是用热解、蒸发、化学处理等方法将金、银、铜、镍、铬、铁等金属或金属氧化物薄膜喷涂在普通平板玻璃表面而成。它具有热反射能力高、节能效果显著、透光性能良好、膜层化学性能稳定、装饰性好、镜面效应和单向透视的特点,特别适用于炎热地区高层建筑的玻璃幕墙。

⑨中空玻璃

中空玻璃是把两片或多片平板玻璃(普通玻璃、吸热玻璃、热反射玻璃、钢化玻璃、夹丝玻璃等)用边框隔开,四周边缘用密封胶密封,玻璃当中充普通空气或氩气。其特性是保温绝热、高效节能、隔声性好,并有效防止结露。主要用于需要采暖、空调、防止噪声、防结露和柔和光或特殊光的建筑门窗。

12.3　建筑陶瓷

陶瓷按所用原料及坯体的致密程度的不同,可分为陶器、炻器和瓷器 3 类。

建筑上用的黏土砖、瓦即为粗陶一类;建筑陶瓷中的外墙砖、地砖、卫生洁具、等多属于精陶类。炻器是介于陶与瓷之间的制品,也称半瓷。建筑上用的釉面内墙砖、陶瓷锦砖即属于炻器。建筑陶瓷装饰材料按其组织结构,多属陶器至炻器的范畴。

建筑装饰陶瓷包括釉面砖、外墙面砖、地砖、陶瓷锦砖、琉璃制品和卫生陶瓷等。

12.3.1　釉面内墙砖

釉面内墙砖,简称釉面砖,习惯上又称为"瓷砖"。

(1)釉面砖的品种、形状及规格尺寸

按釉面颜色,釉面砖分为单色(含白色)、花色和图案砖 3 种;按正面形状,分为正方形、长方形和异形配件砖。釉面砖背面做有凹槽纹,背纹深度应不小于 0.2 mm。

釉面砖的厚度一般为 5 mm, 长与宽的规格有:297 mm×247 mm、297 mm×197 mm、197 mm×197 mm、197 mm×148 mm、148 mm×148 mm、148 mm×73 mm、108 mm×108 mm 等多种。异形配件砖的外形及规格尺寸更多,可按需要选配。

(2)釉面砖的特点和用途

釉面砖具有强度高、防潮、防火、耐酸碱、抗急冷急热、表面光滑及易清洗等许多优良的性能。主要用于厨房、浴室、卫生间、实验室、精密仪器车间及医院等室内墙面、台面的饰面材料,既清洁卫生,又美观耐用。釉面砖通常不宜用于室外,因为釉面砖是多孔的精陶坯体,在长期与空气中的水分接触过程中,会吸收大量水分而产生吸湿膨胀的现象。而釉的吸湿膨胀非常小,当坯体湿膨胀增长到使釉面处于张拉应力状态,特别是当应力超过釉的抗张拉强度时,釉面产生开裂,长期冻融,就会出现剥落掉皮现象。

12.3.2　墙地砖

(1)普通墙地砖

墙地砖包括建筑物外墙装饰贴面用砖和室内外地面装饰铺贴用砖,由于目前这类砖的发展趋向为产品可墙、地两用,故称为"墙地砖"。墙地砖按其表面是否施釉,分为彩色釉面陶瓷墙地砖(简称"彩釉砖")和无釉陶瓷墙地砖两类。

墙地砖的表面质感多种多样,通过配料和改善制作工艺,可制成平面、麻面、毛面、磨光面、抛光面、纹点面、仿花岗石面、压花浮雕面、无光釉面、有光釉面、金属光泽面、防滑面、耐磨面等。釉面墙地砖通过釉面着色可制成红、蓝、绿等各种颜色,通过丝网印刷可获得丰富的套花图案。无釉墙地砖通过坯体着色也可制得单色、多色等多种制品。

墙地砖质地较致密,强度高,吸水率小(小于 6%),热稳定性、耐磨性及抗冻性均较好。其中厚的一般用做铺地砖,薄的用于外墙饰面。

（2）新型墙地砖

①劈离砖

劈离砖由于成型时为双砖背联坯体,烧成后再劈离成两块砖,故称劈离砖。劈离砖的种类很多,色彩丰富,表面质感多样。

劈离砖坯体密实,强度高,其抗折强度不小于 20 MPa;吸水率小(小于 6%);表面硬度大、耐磨、防滑、耐腐、抗冻、冷热性能稳定,耐酸碱能力强。适用于各类建筑物的外墙装饰,也适用于办公楼、图书馆、商场、车站、候车室、餐厅等室内地面及楼梯的铺设。厚砖适于广场、公园、停车场、走廊、人行道等露天地面铺设,也可用做游泳池、浴池池底和池岸的贴面材料。

②彩胎砖

彩胎砖是一种本色无釉瓷质饰面砖,呈多彩细花纹的表面,富有天然花岗岩的纹点。

彩胎砖表面有平面和浮雕型两种,又有无光与磨光、抛光之分。吸水率小于 1%,抗折强度大于 27 MPa,其耐磨性很好。特别适用于人流大的商场、剧院、宾馆、酒楼等公共场所地面铺贴,也可用于住宅厅堂的墙地面装修,既美观又耐用。

③麻面砖

麻面砖是采用仿天然岩石色彩的配料,压制成表面凹凸不平的麻面坯体后,经一次烧成的炻质面砖。麻面砖吸水率小于 1%,抗折强度大于 20 MPa,防滑耐磨。薄型砖适用于建筑物外墙装饰,厚型砖适用于广场、停车场、码头、人行道等地面铺设。广场砖还有外形为梯形和三角形等多种形状,可用以拼贴成圆形图案,以增强广场地坪的艺术感。

另外,还有陶瓷艺术砖和金属光泽釉面砖等。这些新型墙地砖品种多、装饰性强,以及具有防滑耐磨等优良性能。

12.3.3　陶瓷锦砖

陶瓷锦砖是陶瓷什锦砖的简称,俗称"马赛克"。它是指由边长不大于 40 mm、具有多种色彩和不同形状的小块砖,镶拼组成各种花色图案,反贴在牛皮纸上的陶瓷制品。其表面有无釉和施釉的两种。它具有色泽明净、图案美观、质地坚实、抗压强度高、耐污染、耐腐、耐磨、耐水、抗火、抗冻、防滑、易清洗等特点。主要用于工业建筑的洁净车间、工作间、化验室以及民用建筑的门厅、走廊、餐厅、厨房、盥洗室、浴室等的地面铺装;也可用作高级建筑物的外墙饰面材料。彩色陶瓷锦砖还可用以镶拼成壁画,其装饰性和艺术性都较好。

12.3.4　琉璃制品

琉璃制品是一种带釉陶瓷,其坯体泥质细净坚实,烧成温度较高。琉璃制品主要有琉璃瓦类、脊类及装饰制件类。琉璃制品耐久性好,不易剥釉,不易褪色,表面光滑,不易玷污,色泽鲜艳,装饰建筑物富丽堂皇。雄伟壮观,富有我国传统的民族特色。主要用于具有民族色彩的宫殿式建筑的屋面,以及少数纪念性建筑物上,也常用来建造园林中的亭、台、楼、阁,以增加园林的景色。目前,还常用在屋檐上点缀建筑物立面,以美化建筑造型。

12.4 建筑涂料

12.4.1 建筑涂料的基本知识

建筑涂料,是指涂敷于建筑物表面,并能与建筑物表面材料很好地黏结,干后成完整而坚韧保护膜的材料。它具有色彩丰富、质感逼真、防护、防腐、防水、施工方便等特点。采用涂料来装饰和保护建筑,是最简便、最经济的方法。

涂料的基本组成组分为主要成膜物质、次要成膜物质和辅助成膜物质,如图12.1所示。

主要成膜物质又称为胶黏剂或固着剂。它的主要成分包括油脂、天然树脂、人造树脂和合成树脂,目前以合成树脂为主。如聚乙烯醇系缩聚物、丙烯酸酯及其共聚物等。它的作用是将涂料中的其他组分黏结在一起,并牢固地附着在基层材料表面,形成连续均匀和坚韧的保护膜。它是决定涂料性能的主要物质,因此它应具有较好的耐酸碱性、耐水性、耐候性、和耐冲击性,能在常温下固化成膜,以及具有原材料丰富、价格便宜的特点。

次要成膜物质也是构成涂料的重要组成部分,但它不能离开主要成膜物质单独构成涂膜,其主要成分是颜料。它赋予涂膜以色彩、质感,使涂膜具有一定的遮盖力,减少收缩,还能增加膜层的机械强度,防止紫外线的穿透,提高涂膜的抗老化性和耐候性。

辅助成膜物质包括溶剂和助剂(辅助材料)。溶剂能调节涂料的黏度,使涂料便于施工。还能提高涂料的渗透力,改善涂料与基层的黏结力,节约涂料的用量。助剂能改善涂膜的干燥时间、柔韧性、抗氧化性、抗紫外线及耐老化等性能。

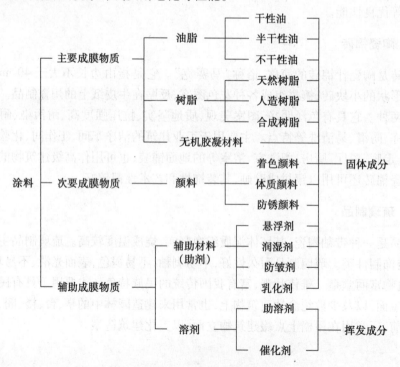

图12.1 涂料的组成

12.4.2　建筑涂料的分类、命名和型号

(1)涂料分类见表 12.1

表 12.1　建筑涂料分类

序号	分类方法	涂料类别					
		序号	代号	类别	序号	代号	类别
1	按主要成膜物质分	1	Y	油脂漆类	10	X	烯树脂漆类
		2	T	天然树脂漆类	11	B	丙烯酸漆类
		3	F	酚醛漆类	12	Z	聚酯漆类
		4	L	沥青漆类	13	H	环氧漆类
		5	C	醇酸漆类	14	S	聚氨酯漆类
		6	A	氨基漆类	15	W	元素有机漆类
		7	Q	硝基漆类	16	J	橡胶漆类
		8	M	纤维素漆类	17	E	其他漆类
		9	G	过氧乙烯漆类			
2	按建筑物使用部位分	1.外墙涂料　2.内墙涂料　3.地面涂料　4.天棚(顶棚)涂料 5.屋面涂料					
3	按特殊功能分	1.防火涂料　2.防水涂料　3.防霉涂料　4.防结露涂料 5.防虫涂料					
4	按涂料使用的分散介质分	1.溶剂型涂料　2.水性涂料(乳液型涂料、水溶型涂料)					
5	按主要成膜物质的化学成分	1.有机涂料　2.无机涂料　3.无机-有机复合涂料					
6	按涂料贮存组分数分	1.单组分涂料　2.双组分涂料　3.多组分涂料					
7	按涂膜层的状态分	1.薄质涂料　2.厚质涂料　3.砂壁状涂料					
8	按膜层外观分	1.皱皮漆　2.锤纹漆　3.桔纹漆　4.浮雕漆					
9	按涂膜的光泽分	1.有光漆(亮光漆)　2.亚光漆(半光漆、无光漆、柔光漆)					

(2)涂料的命名、型号
①涂料的命名
涂料的命名原则为：
$$涂料全名=颜色或颜料名称+成膜物质名称+基本名称$$
②涂料的型号
a.涂料型号
涂料的型号分 3 部分:第 1 部分是涂料主要成膜物质的类别代号,用汉语拼音字母表示,

见表 12.1;第 2 部分是基本名称,用两位数字表示,见表 12.2;第 3 部分是序号。例:

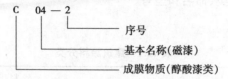

b.辅助材料型号

辅助材料的型号分两部分:第 1 部分是辅助材料种类;第 2 部分是序号。辅助材料种类,按用途划分:X——稀释剂,F——防潮剂,G——催干剂,T——脱漆剂,H——固化剂。例:

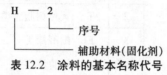

表 12.2 涂料的基本名称代号

00 清油	18 金属(效应)漆	37 电阻漆、电位	54 耐油漆	80 地板漆、地坪漆
01 清漆	闪光漆	器漆	55 耐水漆	82 锅炉漆
02 厚漆	20 铅笔漆	38 半导体漆	60 防火漆	83 烟囱漆
03 调合漆	22 木器漆	39 电缆漆、其他	61 耐热漆	84 黑板漆
04 磁漆	23 罐头漆	电工漆	62 示温漆	86 标志漆、路标
05 粉末涂料	24 家电用漆	40 防污漆	63 涂布漆	漆、马路划线漆
06 底漆	26 自行车漆	41 水线漆	64 可剥漆	87 汽车漆(车身)
07 泥子	27 玩具漆	42 甲板漆、甲板	65 卷材涂料	88 汽车漆(底盘)
09 大漆	28 塑料用漆	防滑漆	66 光固化涂料	89 其他汽车漆
11 电泳漆	30(浸渍)绝缘漆	43 船壳漆	67 隔热涂料	90 汽车修补漆
12 乳胶漆	31(覆盖)绝缘漆	44 船底漆	70 机床涂料	93 集装箱漆
13 水溶性漆	32 抗弧(磁)漆、	45 饮水舱漆	71 工程机械涂料	94 铁路车辆用漆
14 透明漆	互感器漆	46 油舱漆	72 农机用漆	95 桥梁漆、输电塔及
15 斑纹漆、裂	33(黏合)绝缘漆	47 车间(预涂)	73 发电、输配电	其他(大型露天)钢结
纹漆、桔纹漆	34 漆包线漆	底漆	设备用漆	构漆
16 锤纹漆	35 硅钢片漆	50 耐酸漆、耐碱	77 内墙涂料	96 航空航天用漆
17 皱纹漆	36 电容器漆	漆	78 外墙涂料	98 胶液
		52 防腐漆	79 屋面防水涂料	99 其他
		53 防锈漆		

12.4.3 内墙涂料

内墙涂料亦可用作顶棚涂料,它是指既起装饰作用,又能保护室内墙面或顶棚的那一类涂料。为达到良好的装饰效果,要求内墙涂料应色彩丰富,质地平滑细腻,并具有良好的透气性、耐碱、耐水、耐粉化、耐污染等性能。此外,还应便于涂刷、容易维修、价格合理等。

内墙涂料大致可分为以下几种类型:

$$\text{内墙涂料} \begin{cases} \text{刷浆材料} \begin{cases} \text{石灰浆} \\ \text{大白浆} \\ \text{可赛银（酪素胶）} \end{cases} \\ \text{油漆} \\ \text{溶剂型涂料} \\ \text{合成树脂乳液} \begin{cases} \text{聚醋酸乙烯乳液} \\ \text{乙丙乳液} \\ \text{苯丙乳液} \end{cases} \\ \text{水溶性涂料} \begin{cases} \text{改性聚乙烯醇系内墙涂料} \\ \text{聚乙烯醇水玻璃内墙涂料} \\ \text{聚乙烯醇缩甲醛内墙涂料} \end{cases} \\ \text{多彩花纹内墙涂料} \end{cases}$$

几种常用内墙涂料的品种、特点、技术性能及用途,见表 12.3。

表 12.3　几种内墙涂料的特点、技术性能及用途

品种及特点	用途	技术性能
1.106 内墙涂料（聚乙烯醇水玻璃内墙涂料） 是用聚乙烯醇树脂水溶液和水玻璃为基料,混合定量的填料、颜料和助剂,经过混合研磨、分散而成。 无毒无味,能在稍湿的墙面上施工,与墙面有一定的黏结力。涂层干燥快,表面光洁平滑,能形成一层类似无光泽的涂膜。有白、奶白、湖蓝、果绿、蛋青、天蓝等色	适用于住宅、商场、医院、宾馆、剧场、学校等建筑物的内墙装饰,现在应用较少	容器中状态:经搅拌无结块、沉淀和絮凝现象 黏度,s:35~75 细度,μm:不大于 90 白度,度:不大于 80 涂膜的外观:涂膜平整光滑,色泽均匀 附着力:规格试验无方格脱落 耐干擦性:不大于 1 级
2.聚乙烯醇缩甲醛(803 内墙涂料) 新型水溶性涂料,具有无毒、无味、干燥快、遮盖力强、涂层光洁、在冬季较低温度下不易结冻、涂刷方便、装饰性好、耐湿擦性好,对墙面有较好的附着力等优点,优于 106 涂料	可涂刷于混凝土、纸筋石灰、灰泥表面,适合大厦、住宅、剧院、医院、学校等室内墙面装饰,现在应用不多	表面干燥时间:35℃　30 min 附着力:100% 耐水性:浸 24 h 不起泡、不脱粉 耐热性:80 ℃6 h 无发黏开裂 耐洗刷性:50 次无变化、不脱粉 黏度:25 ℃　50~70 s
3.107 耐擦洗内墙涂料 系以改进型 107 胶为基料制成。具有干燥快、涂层光洁美观、防水、防污等突出特点	适用于各种民用、公用等建筑内墙的装饰	干燥时间:常温 1 d 耐水性:48 h 无变化 耐热性:80 ℃7 h 无变化 遮盖率:小于 250 g/m² 耐洗净性:大于 150 次 贮存稳定性:1~2 个月
4.聚醋酸乙烯乳液内墙涂料 是以聚醋酸乙烯为主要成膜物质的内墙涂料,无味、无毒、不燃、易于施工、透气性好、附着力强、耐水性好、颜色鲜艳、无结露现象	是一种中档内墙涂料,适用于一般民用建筑的内墙装饰	固体含量不低于 45% 耐热性:80 ℃6 h 无变化 干燥时间:常温实干不高于 2 d 耐水性:96 h 涂膜无变化

续表

品种及特点	用途	技术性能
5.乙丙内墙乳胶漆 是由醋酸乙烯和丙烯酸酯共聚制成 外观细腻,有良好的耐久性、耐水性和保色性	适用于高级的内墙面装饰,也可用于木质门窗	干燥时间:表干不大于 30 min 实干 24 h 光泽:不大于 20% 耐水性:浸水 96 h 破坏 5% 最低成膜温度:不小于 15 ℃ 遮盖力:不大于 170 g/m²
6.苯丙内墙乳胶漆 是由苯乙烯和丙烯酸酯共聚乳液为主要成膜物质,加入颜料、助剂等制成。是目前质量最好的内墙涂料之一	适用于高级的内墙面装饰,也可用于木质门窗	干燥时间:表干 2 h,实干 12 h 遮盖力(白色或浅色):小于 200 g/m² 耐洗刷性(0.5%皂液 1 000 次): 不露底 耐水性(96 h):不起泡、不脱落、 允许稍有变色 固体含量:45%

12.4.4 外墙涂料

外墙涂料的功能主要是装饰和保护建筑物的外墙面。它应具有色彩丰富、装饰效果好、耐水性和耐候性要好、耐污染性要强,易于清洗特点。其主要类型如下:

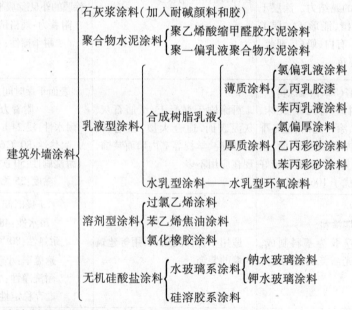

几种常用外墙涂料的品种、特点、技术性能及用途,见表 12.4。

表 12.4　外墙涂料品种、特点、性能及用途

品种与特点	用途	技术性能
1.104 外墙饰面涂料 由有机高分子胶黏剂和无机胶黏剂制成 无毒无味,涂层厚且呈片状,防水、防老化性能良好,涂层干燥快,黏结力强,色泽鲜艳,装饰效果好。品种有白、绿、蓝、灰、咖啡等各种颜色	适用于各种工业、民用建筑外墙粉刷之用	黏结力:0.8 MPa 耐水性:20 ℃浸 1 000 h 无变化 紫外线照射:520 h 无变化 人工老化:432 h 无变化 冻融循环:25 次无脱落
2.乙丙外墙乳胶漆 由乙丙乳液、颜料、填料及各种助剂制成 以水作稀释剂,安全无毒,施工方便,干燥迅速,耐候性、保光保色性较好	适用于住宅、商店、宾馆、工矿、企事业单位的建筑外墙饰面	黏度:不小于 17 Pa·s 固体含量:不小于 45% 干燥时间:表干不大于 30 min;实干不大于 24 h 遮盖力:不大于 170 g/m² 耐湿性:浸 96 h 破坏小于 5% 耐碱性:浸 48 h 破坏小于 5% 冻融稳定性:大于 3 个循环不破坏
3.过氯乙烯外墙涂料 以过氯乙烯树脂为主要成膜物质的溶剂型外墙涂料 光泽良好,有一定的耐老化性和防水性,工艺简单;施工方便,是应用较早的外墙涂料之一	适用于一般建筑物的外墙装饰面	黏度(B₄ 黏度计):72~90 s 遮盖力:111~223 g/m² 外观及色泽:光滑平整,无刷痕 表干时间:30 min 实干时间:70 min 人工老化:579 h
4.彩砂涂料 以丙烯酸酯乳液为胶黏剂、彩色石英砂为集料,加各种助剂制成。无毒、无溶剂污染、快干、不燃、耐强光、不褪色、耐污染性能好。 品种有单色和复色两种	用于板材及水泥砂浆抹面的外墙装饰	耐水性:浸水 1 000 h 无变化 耐碱性:浸碱溶液 1 000 h 无变化 耐冻融性:50 次循环无变化 耐洗净性:1 000 次无变化 黏结强度:1.5 MPa 耐污染性:高档小于 10%;一般 35%
5.新型无机外墙涂料 以碱金属硅酸盐为主要成膜物质,配以固化剂、分散剂、稳定剂及颜料和填料配制而成 具有良好的耐候、保色、耐水、耐洗刷、耐酸碱等特点	用于宾馆、办公室、商店、学校、住宅等建筑物的外墙装饰或门面装饰	固体含量:34%~40% 黏度:30~40 Pa·s 表面干燥时间:小于 1 h 遮盖力:小于 300 g/m² 附着力:100% 耐水性:25 ℃浸 24 h 变化 耐热性:80 ℃5 h 发黏开裂现象 紫外线照射:20 h 有脱粉 涂刷性能:无刷痕 沉淀分层情况:24 h 淀 5 mL

12.4.5 地面涂料

地面涂料的主要功能是装饰与保护室内地面,使其清洁美观。地面涂料应具有良好的黏结性能,耐碱、耐水、耐磨、耐玷污、弹性及抗冲击性能。

地面涂料可进行如下分类:

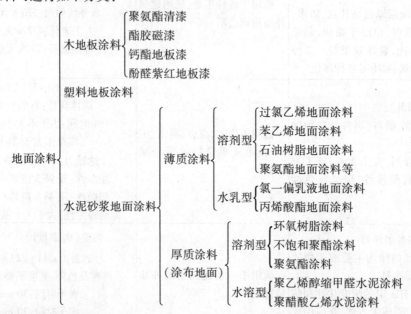

(1)木地板涂料(地板漆)

木地板涂料,又称"地板漆",它的品种较多,一般只用做木地板的保护,耐磨性较差。各种地板漆的性能和用途,见表12.5。

表12.5 地板漆的性能和用途

名称	性能及特点	适用范围
聚氨酯清漆	耐水、耐磨、耐酸碱、易清洗;漆膜美光、光亮,装饰性好	防酸碱、耐磨损的木板表面,运动场体育馆地板,混凝土面上
酯胶磁漆 (地板清漆 T80-1)	易干、涂膜光亮坚韧,对金属附着力好,有一定的耐水性	室内外不常曝晒的木材和金属
钙脂板漆	漆膜坚硬、平滑光亮、干燥较快、耐磨性较好,有一定的耐水性	适用于显露木质纹理的地板、楼梯、扶手、栏杆等面上
脂酸紫红地板漆	干燥迅速、遮盖力强、耐磨和耐水性好	适用于木质地板、楼梯、扶手、栏杆等
酚醛紫红地板漆	漆膜坚硬、光亮平滑,有良好的耐水性	适用于木质地板、楼梯、扶手、栏杆等

(2)过氯乙烯地面涂料

过氯乙烯地面涂料是以过氯乙烯树脂为主要成膜物质的溶剂型涂料。其特点是:耐老化和防水性能好,漆膜干燥快(2 h),有一定的硬度、附着力、耐磨性和抗冲击力,色彩丰富,漆膜干燥后无刺激气味。过氯乙烯地面涂料适用于住宅建筑、物理实验室等水泥地面的装饰。

（3）H80-环氧地面涂料

H80-环氧地面涂料是以环氧树脂为主要成膜物质的双组分常温固化型涂料。这一涂料可由甲、乙两组分组成,甲组分是以环氧树脂为主要成膜物质;乙组分是以胺类为主体固化剂组成的。

环氧地面涂料具有良好的耐腐蚀性能。涂层坚硬、耐磨,且有一定韧性。涂层与水泥基层黏结力强,耐油、耐水、耐热、不起尘,可以涂刷各式图案,装饰性良好。它适用于机场及工业与民用建筑中的耐磨、防尘、耐酸碱、耐有机溶剂、耐水等工程的地面涂料。

（4）聚氨酯地面涂料

聚氨酯是聚氨基甲酸酯的简称。聚氨酯地面涂料有薄质罩面涂料与厚质弹性地面涂料两类。前者,主要用于木质地板或其他地面的罩面上光;后者,则涂刷于水泥地面,能在地面形成无缝弹性的耐磨涂层。

聚氨酯弹性地面涂料固化后,具有较高的强度和弹性;对金属、水泥、木材、陶瓷等地面的黏结力强,能与地面形成一体,整体性及耐磨性都很好,并且耐油、耐水、耐酸、耐碱;色彩丰富,可涂成各种颜色,也可将地面做成各种图案;不起尘,易清扫,有良好的自熄性,使用中不变色,不需打蜡,可代替地毯使用。这种涂料价格较贵,施工复杂,原材料具有毒性,施工中应注意通风、防火及劳动保护。

聚氨酯弹性地面涂料,适用于会议室、放映厅、图书馆等人流较多的地面作弹性地面装饰,也适用于化工车间、精密机房的耐磨、耐油、耐腐蚀地面。

（5）氯-偏共聚乳液地面涂料

氯-偏共聚乳液地面涂料是氯乙烯-偏氯乙烯共聚乳液地面涂料的简称,又称"RT-170 地面涂料"。它是以氯乙烯、偏氯乙烯共聚乳液为基料而制成的水乳型涂料。

氯-偏共聚乳液地面涂料具有无味、快干、不燃、易施工等特点。涂层坚固光洁,有良好的防潮、防霉、耐酸、耐碱、耐磨和化学稳定性。主要适用于机关、学校、商店、宾馆、住宅、仓库、工厂企业及公共场所的地面涂层,可仿制木纹地板、花卉图案、大理石、瓷砖等彩色地面。

（6）聚乙烯醇缩甲醛水泥地面涂料

聚乙烯醇缩甲醛水泥地面涂料,又称"777 水性地面涂料",是以水溶性聚乙烯醇缩甲醛胶为基料,与普通水泥和一定量的氧化铁系颜料组成的一种厚质涂料。

聚乙烯酸缩甲醛水泥地面涂料无毒、不燃,涂层与水泥基层结合坚固、干燥快、耐磨、耐水、不起砂、不裂缝,可以在稍潮湿的水泥基层上涂刷,施工方便,光洁美观,色彩鲜艳,价格便宜,经久耐用。它适用于民用建筑、住宅建筑以及一般实验室、办公室水泥地面装饰,可仿制成方格、假木纹及各种几何图案的地面。

（7）聚醋酸乙烯酯水泥地面涂料

聚醋酸乙烯酯水泥地面涂料,又称"HC 地面涂料"。它是以聚醋酸乙烯酯为基料,加上无机颜料、各种助剂、石英粉和普通硅酸盐水泥组成,是一种水性聚合物水泥涂料。

聚醋酸乙烯酯水泥地面涂料的涂层无毒、不燃、干燥快、黏结力强、耐磨、耐冲击,有弹性,装饰效果好,操作工艺简单,施工方便,价格便宜。它适用于民用建筑及其他建筑地面,可以代替部分水磨石和塑料地面,特别适用于水泥旧地面的翻修。

12.5　装饰板材及卷材

12.5.1　装饰板材

（1）金属装饰板

金属饰面板易于成型，能制成各种形状，具有防火、防水、耐磨、金属质感强、图案色彩丰富的特点，而广泛应用于现代高层的建筑墙面及柱面中，属于中、高档装饰材料。具有感强烈的时代感。金属饰面板按材料类型分为铝合金饰面板、钢饰面板，以及铝塑、铝镁等复合装饰板。

①铝合金装饰板

铝合金装饰板是以防锈铝合金为坯料，用特殊的花纹辊轧制而成。它花纹美观大方，筋高适中，不易磨损，防滑性强，防腐性强，便于冲洗，色彩艳丽。花纹板板材平整，裁减尺寸精确，便于安装，广泛用于现代建筑的墙面装饰及楼梯等处。

②铝合金压型板

铝合金压型板是用辊压机在铝合金坯料上辊压而成。它有波形、V形、槽形等形状。铝合金压型板除了具有金属饰面板材的优点外，还有安装容易，施工方便的特点，应用于墙面、屋面。也可做复合外加板，用于工业与民用建筑的非承重外挂墙板。

③铝合金冲孔平板

铝合金冲孔板是用各种铝合金平板经机械冲孔而成。孔型有圆孔、方孔、三角孔、长方孔等。它具有降噪声、轻质、耐高温、耐高压、耐腐蚀、防火、防潮、防震和化学稳定性好的特点，且造型美观，色泽幽雅，立体感强，装饰效果好，组装简单。可用于宾馆、饭店、剧场、影院、播音室等公共建筑及民用建筑中，以改善音质条件，也可用于需要采取降噪声措施各类车间厂房、机房及地下室等。

④镜面及亚光不锈钢板

根据钢板表面对光的反射效果不同，分为镜面和亚光两种钢板。镜面不锈钢板光亮如镜，其反射率变形均与镜面相似，但与玻璃镜有不同的装饰效果。该板耐火、耐潮、耐腐蚀、不变形和破碎，安装施工方便。分为普通镜面不锈钢板和彩色镜面不锈钢板两种主要用于建筑的墙面、柱面、造型面，以及门面、门厅的装饰。

亚光不锈钢板的反射率在50%以下，按反射率不同，可分为多种级别。其光线不刺眼，在室内装饰中有一种很柔和的艺术效果。

⑤浮雕不锈钢板

浮雕不锈钢板不仅具有光泽，而且还有立体感的浮雕装饰。它是经辊压、特研特磨、腐蚀或雕刻而成。该板较费工，价格较高。

⑥彩色不锈钢板

彩色不锈钢板是在不锈钢板上再进行艺术和技术加工，使其成为色彩绚丽的装饰板。其颜色有蓝、灰、紫、红、青、绿、金黄、茶色等。并且彩色面层经久不褪色，色泽随光照度不同会产生色调变换，增加了装饰效果。

⑦彩色涂层钢板

彩色涂层钢板的涂层分为有机、无机和复合涂层 3 大类。以有机涂层为主,常用的有机涂层为聚氯乙烯。该板以热轧钢板或镀锌钢板为原板,用一定的工艺涂上不同颜色和花纹的有机涂层。它具有耐污染性强,洗涤后表面的光泽、色差不变,热稳定性好,装饰效果好,耐久、易加工及施工方便的优点,可用做外墙板、壁板和及屋面板。

⑧铝塑复合板

铝塑板是由三层料复合成,上下两层为高强度铝合金板,中间层为低密度聚氯乙烯(PVC)泡沫板或聚乙烯(PE)芯板,经高温、高压制成的一种新型装饰板材。其表面喷涂氟碳树脂(PVDF)。它具有质轻、强度高、刚性好、耐酸、隔热、阻燃、耐碱和耐紫外线等于性能。能使用于 $-50 \sim +85$ ℃的各种自然环境,隔声和减震性能好,抗冲击性强,加工性能优良,安装方便。色彩光泽持久,装饰效果好。

(2)塑料装饰板材

常用的有机材料类装饰板材有聚氯乙烯装饰板、塑料贴面板、覆塑装饰板、卡普隆板(或称阳光板、PC 板)、防火板、有机玻璃板及玻璃钢装饰板等。

聚氯乙烯以聚氯乙烯为基材料,加各种辅助材料,经一定工艺制成,分软、硬两种。它具有机械强度高,化学稳定性、绝缘性及耐老化性好,易熔接和黏结,色彩鲜艳,表面光滑,但具有使用温度低(60 ℃以下),线膨胀系数大,加工性差的缺点。适用于各种建筑物的室内墙面、柱面、吊顶、家具台面的装饰及防腐板材。

塑料贴面板是经酚醛树脂为胎基,表面用三聚氰胺浸渍过的花纹纸为面层,经热压而制成,有镜面型和柔光型两种。它具有图案色彩丰富、耐磨、耐烫、不易燃、表面平滑,易清洗的特点,可代替装饰木材。适用于室内、车船、飞机及家具的表面装饰。

卡普隆板是以高分子工程塑料——聚碳酸酯为主要原料制成。产品有中空板、实心板、波纹板 3 大系列。它具有透光性强、耐冲击、保温隔热好的特点,还具有防紫外线、红外线,不需加热即可弯曲,色彩多样,安装简便的特性。它适用于车站、机场等候厅及通道的透明顶棚;商业建筑、泳池、体育馆的透明顶棚;园林、游艺场所的奇异装饰;工业厂房、温室、车库的采光顶等。

防火板是以 3 层三聚氰胺浸渍纸和十层酚醛浸渍纸,经高温热压而成的。它是一种贴面的硬质薄板,它具有耐磨、耐热、耐寒、耐污染和耐腐蚀的特点,尤其具有理想的装饰效果,属中、高档饰右材料。可用于木墙裙、木格栅、木造型等木质基层的表面;餐桌、茶几、酒吧柜等各种家具的表面。

有机玻璃板是以甲基丙烯酸甲酯为基料,加入引发剂和增塑剂等聚合而成。如在基料中加入合成鱼鳞粉及各种颜料可制成珠光有机玻璃板。按透视效果,它分为透明有色、半透明有色和不透明有色 3 类。它具有透光性极好,耐热性、耐寒性较好,机械强度较高,便于加工和优点,具有质地脆,易溶于有机溶剂,表面硬度小、易于擦毛的缺点。主要用于室内隔断、壁板等高级装饰及装饰灯罩等。

玻璃钢饰板是以玻璃布为增强材料,不饱和聚酯为胶结剂,在固化剂、催化剂的作用下加工而成,其规格、色彩、图案多种多样,漆膜亮、硬度高、耐磨、耐酸碱、耐高温,适用于粘贴在各种基层、板材表面。

(3)装饰石膏板和嵌装式装饰石膏板

装饰石膏板是以建筑石膏为主要原料,加入适量纤维材料、外加剂和水制成料浆,注入带有花纹的硬质模具内成型,再经硬化干燥而成的无护面纸的板材。根据其功能分为高效防水吸声装饰石膏板、普通吸声装饰石膏板和吸声石膏板3种。其形状以正方形为主,规格多样。它具有轻质、强度较高、绝热吸声、防火阻燃、抗震、耐老化、变形小、调节室内温湿度、可加工性好、施工方便等特点,另外,它洁白细腻,花纹图案多及造型逼真,给人以赏心悦目感。适用于各种民用建筑及要求防水、吸声的建筑(如影院、人防工程等)的室内吊顶或平顶装饰板材以及作为四周墙壁的分隔线条。

嵌装式装饰石膏板的板材背面四边加厚并带有嵌装企口,板材的正面可为平面、带孔或浮雕图案。如面板带有一定数量穿透孔洞且背面复合吸声材料的板即为嵌装式吸声石膏板。该板材具有各种立体造型的图案和一定深度的浮雕花纹,以及绚丽的色彩,可获得大方、美观、新颖、别致的装饰效果,特别适用于影剧院、会议室、大礼堂及展览厅等人流比较集中的公共场所。嵌装式吸声石膏板除具装饰性外,还有独特的吸声作用,适用于对吸声有较高要求的建筑顶棚等装饰。

12.5.2 卷材类装饰材料

(1)卷材类地面装饰材料

①塑料卷材地板

塑料卷材地板按所用的树脂分为有聚氯乙烯塑料地板、氯乙烯—醋酸乙烯塑料地板、聚乙烯和聚丙烯塑料地板。在国际上,常分为带基材的 PVC 卷材地板、有弹性的卷材地板和无基材的卷材地板。塑料卷材地板生产效率高、成本低、整体性强,装饰效果好,还可做成发泡地板,从而保温、隔音、弹性更好,步感舒适。

②地毯

地毯常分为纯毛地毯、混纺地毯、化纤地毯和塑料地毯。

纯毛地毯分手工编织地毯和机织地毯两种。前者,为我国传统的手工工艺品之一;后者,则是近代发展起来的较高级的纯毛地毯制品。手工编织纯毛地毯具有图案优美,色泽鲜艳,富丽堂皇,质地厚实,保温隔热,防止滑倒,减轻碰撞,富有弹性,柔软舒适,经久耐用等特点。由于做工精细、产品名贵、售价高,所以常用于国际性、国家级重要建筑物的室内地面的铺装,也用于高级宾馆、饭店、住宅、会客厅、舞台等装饰性要求高的建筑及场所。纯毛机织地毯是介于化纤地毯和手工编织纯毛地毯之间的中档地面装饰材料。机织纯毛地毯特别适用于宾馆和饭店的客房、楼梯、宴会厅、酒吧间、会客室、会议室,以及体育场所、家庭等满铺使用。阻燃型的机织纯毛地毯,可用于防火要求较高的建筑地面。

化纤地毯以化学纤维为主要原料制成。按其织法不同,化纤地毯可分为簇绒地毯、针刺地毯、机织地毯、编织地毯、黏结地毯、静电植绒地毯等多种。其中,以簇绒地毯产销量最大。化纤地毯质轻耐磨、色彩鲜艳、脚感舒适、富有弹性、铺设简便、价格便宜、吸音隔声、保温性强,适用于宾馆、饭店、招待所、接待室、餐厅、住宅居室、船舶、车辆、飞机等地面装饰铺设。

塑料地毯是用 PVC 树脂或 PP(聚丙烯)树脂、增塑剂等多种辅助材料,经均匀混炼、塑制而成一种新型轻质地毯。它质地柔软、色彩鲜艳、自熄不燃、耐刷洗,经久耐用,适用于宾馆、商店、舞台、浴室等公共建筑和住宅地面的装饰。

（2）卷材类墙面装饰材料

①墙纸、墙布

墙纸（壁纸）、墙布是通过胶粘剂粘贴在墙面、顶棚上的薄质饰面材料。按其外表花纹图案及色泽分为有光、平光、印花、仿锦缎、静电植绒、发泡及浮雕的及各种布纹形式；按其功能分为装饰、吸湿、调湿、阻燃、消音的；按施工方法分为现场刷胶裱贴的、背面预涂压敏胶直接铺贴的；按墙纸所用的材料分为塑料的、纸基的、布基的、石棉纤维及玻璃纤维的等。常用的有塑料墙纸、纸基织物墙纸、麻草墙纸、无纺贴墙布、化纤装饰贴墙布等品种。

塑料墙纸是以一定材料为基材，表面进行涂塑后，再经印花、压花或发泡处理等多种工艺而制成的一种墙面装饰材料。目前，国内的塑料墙纸均为聚氯乙烯（PVC）墙纸。塑料墙纸有适合各种环境的花纹图案，装饰性好，具有难燃、隔热、吸音、防霉、耐水、耐酸碱等良好性能，施工方便，使用寿命长。广泛应用于室内墙面、顶棚、梁柱以及车辆、船舶、飞机的内表面的装饰。塑料墙纸分为普通墙纸、发泡墙纸及特种墙纸 3 类。

普通墙纸是以 $80\sim100~g/m^2$ 的纸作基材，涂塑 $100~g/m^2$ 左右的聚氯乙烯糊，经压花、印花而成的墙纸。这类墙纸又分为单色区花、印花压花和有光、无光印花几种，花色品种多，适用面广，价格低，是住宅和公共建筑墙面装饰应用最普遍的一种墙纸。

发泡墙纸是以 $100~g/m^2$ 的纸作基材，涂塑 $300\sim400~g/m^2$ 掺有发泡剂的 PVC 糊状料，印花后，再加热发泡而成的墙纸。这类墙纸有高发泡印花、低发泡印花、低发泡印花压花等品种。高发泡墙纸发泡倍数较大，表面呈富有弹性的凹凸花纹，是一种具有装饰、吸声等多功能的墙纸，常用于影剧院和住宅天花板等装饰。低发泡印花墙纸是在发泡平面印有图案的品种。低发泡印花压花墙纸是用油墨印花后再发泡，使表面形成具有不同色彩的凹凸花纹图案。它图案逼真、立体感强、装饰效果好，并有弹性，适用于室内墙裙、客厅和内走廊的装饰。

特种墙纸，是指具有耐水、防火和特殊装饰效果的墙纸品种。耐水墙纸是用玻璃纤维毡作基材，以适应卫生间、浴室等墙面的装饰。防火墙纸用 $100\sim200~g/m^2$ 的石棉纸作基材，并在 PVC 涂塑材料中掺加阻燃剂，使墙纸具有一定的阻燃防火性能，适用于防火要求较高的建筑和木板面装饰。所谓特殊装饰效果的墙纸，是指彩色砂粒墙纸。它是在基材上散布彩色砂粒，再喷涂黏结剂，使表面具有砂粒毛面，一般用作门厅、柱头、走廊等局部装饰。

②高级墙面装饰织物

高级墙面装饰织物包括锦缎、丝绒、粗毛呢料、仿毛化纤及麻类织物等。锦缎纹理细腻、柔软绚丽、高雅华贵，但易变形，不能擦洗，遇水或潮湿会产生斑迹。丝绒质感厚实温暖，格调高雅。粗毛呢料、仿毛化纤及麻类织物质感粗实厚重，主要用于高级宾馆、饭店、舞厅等的软隔断、窗帘或浮挂装饰等。

12.6 保温材料及吸声材料

12.6.1 保温材料

保温材料是指阻抗热流显著的材料或材料复合体,常为轻质、疏松或多孔状。该材料能阻止内、外界热流的散失和进入,从而降低调节室温的空调费用,高效节能。

选材时,通常要求保温材料的导热系数不大于 0.175 W/m · k,表观密度不宜大于 600 kg/m³,抗压强度应大于 0.3 MPa,同时耐火性、耐腐蚀性还应满足要求。

按其成分不同,保温材料分为无机材料和有机材料两类,无机保温材料的耐腐蚀性、耐高温高湿性较有机材料的好,但有机材料的保温性较无机材料的好。

(1)无机保温材料及其制品

①石棉及其制品

石棉是蕴藏在中性或酸性火成岩矿床中的一种非金属矿物。它具有耐火、耐热、耐酸、耐碱、隔音、绝缘、绝热的特点,松散的石棉很少单独使用,多制成石棉板、石棉纸、石棉毡或与胶结物混合制成石棉块材。

②矿棉、岩棉及其制品

矿棉是将冶金矿渣溶化,用高速离心法或喷吹法制成的一种棉丝状纤维材料。岩棉是以天然岩石为原料制成的。矿棉和岩棉统称为矿物棉,它具有轻质、导热系数小、不燃、耐蚀性好、防蛀等特点,将它与有机胶结剂结合,可以制成矿棉板、毡、筒等制品,也可制成丝状棉用做填充材料。

③玻璃棉及其制品

玻璃棉是玻璃纤维的一种。是将溶化的玻璃液经拉丝工艺制成的多孔结构保温材料。它具有导热系数小、表观密度小、耐高温的特点。玻璃棉除用做围护结构及管道绝热外,还可用于低温保冷工程。

④膨胀珍珠岩

珍珠岩是一种地下喷出的熔岩在地表急冷而成的酸性火山玻璃质岩石。天然珍珠岩经焙烧,体积骤然膨胀而呈蜂窝泡沫状的白色、灰白色颗粒,即为膨胀珍珠岩。它具有轻质、低温保温、无毒、不燃、无臭味的特点,主要用于建筑围护结构的填充物,也可以与水泥、水玻璃、沥青、黏土制成膨胀珍珠岩保温制品,作为围护结构保温层或热力管道、热力设备的保温隔热。

⑤膨胀蛭石

膨胀蛭石是由云母类风化而成的天然蛭石,经焙烧膨胀后具有表观密度小、导热系数小、不易变质、耐火防腐、不易被虫蛀等特点。除直接用作填充材料外,还可与水泥、水玻璃等胶结材料配制成膨胀蛭石制品,应用于楼面、平屋顶、墙壁的保温隔热。

⑥硅酸钙绝热制品

硅酸钙绝热制品常以硅藻土、石灰为基料,加入少量石棉、水玻璃和水拌和后制成砖、板、管瓦等,经烘干、蒸压而成的以水化硅酸钙为主要成分的微孔制品。其表观密度小于

$250\ kg/m^3$,导热系数为 $0.04\ W/m \cdot K$,最高使用温度为 $650\ ℃$,可用于围护结构及管道的保温。

⑦泡沫玻璃

泡沫玻璃是由碎玻璃和发泡剂经粉磨、混合、装模锻烧而成。它具有较好的强度及抗冻性,且易于机械加工,可制成块状或板状。其表观密度为 $150 \sim 220\ kg/m^3$,导热系数为 $0.04 \sim 0.045\ W/m \cdot K$,多用于冷库的绝热层、高层建筑框架填充料和热力装置的表面绝热材料。

(2)有机保温材料

①软木板

软木板是用栓皮栎或黄菠萝的树皮为原料,经碾碎后热压而成。由于其低温下长期使用不会引起性能的显著变化,故常用作保冷材料,适用于冷藏库及某些重要工程。

②木丝板

木丝板是由木丝和胶结料经拌和、压实、硬化后而制成。其表观密度为 $300 \sim 350\ kg/m^3$,导热系数为 $0.11 \sim 0.13\ W/m \cdot K$。主要用于墙体和吊顶。

③软质纤维板

用边角木材、稻草、甘蔗渣、麦秆、麻皮等植物纤维,经切碎、软化、打浆、加压成型及干燥制成。其表观密度为 $300 \sim 650\ kg/m^3$,导热系数为 $0.041 \sim 0.052\ W/m \cdot K$,在常温下使用,主要用于墙体、吊顶及屋顶的隔热。

④泡沫塑料

泡沫塑料是以各种树脂为基料,加入一定量的发泡剂、催化剂、稳定剂等辅助材料,经加热发泡而制成。它轻质、保温隔热性好、吸声、防震,可用于工业厂房的屋面、墙面,冷库及管道的保温隔热,防湿防潮,也可用作吸声材料。

12.6.2 吸声材料

(1)材料的吸声性

吸声材料在空气中有效地吸收声能的性质,用吸声系数表示。物体振动发出的声音,以声波的形式在空气中向四周传播,当声波遇到材料表面时,一部分被材料反射,一部分穿透材料,其余的部分被材料吸收,这些被吸收的能量 E 与到达材料表面的全部入射声能 E_0 之比即吸声系数,用公式表示如下:

$$\alpha = \frac{E}{E_0}$$

吸声系数越大,吸声性越好,反之越差。吸声性能还与声波的方向及声波的频率有关。同一材料,对于高、中、低不同频率声波的吸声系数不同。为全面反映材料的吸声性能,规定取 125、250、500、1 000、2 000 和 4 000 Hz 等 6 个频率的吸声系数平均值来表示材料吸声的频率特性。凡 6 个频率的平均吸声系数大于 0.2 的材料,称为吸声材料。

(2)吸声材料的基本要求

①吸声材料的气孔应开口并互相连通,气孔越多吸声效果越好。

②吸声材料应不易被腐朽、虫蛀、不燃烧。

③尽可能选用吸声系数高的材料,并尽量减少用量,以降低成本。

④吸声材料强度低,故应设在墙裙以上,以免碰撞破坏。

⑤吸声材料应安装在最容易接触声波和反射次数多的表面上,但不应集中在天花板或墙壁上,而应均匀地分布在各个表面上。

(3)常用吸声材料

常用吸声材料的分类、吸声性能和装置见表12.6。

表 12.6 常用材料的吸声系数

材料	厚度/cm	各频率下的吸声系数						装置情况
		125	250	500	1 000	2 000	4 000	
1.无机材料								
吸声砖	6.5	0.05	0.07	0.10	0.12	0.16	—	
石膏板(有花纹)	—	0.03	0.05	0.06	0.09	0.04	0.06	贴实
水泥蛭石板	4.0	—	0.14	0.46	0.78	0.50	0.60	贴实
石膏砂浆(掺水泥、玻璃纤维)	2.2	0.24	0.12	0.09	0.30	0.32	0.83	墙面粉刷
水泥膨胀珍珠岩板	5.0	0.16	0.46	0.64	0.48	0.56	0.56	贴实
水泥砂浆	1.7	0.21	0.16	0.25	0.40	0.42	0.48	
砖(清水墙面)	—	0.02	0.03	0.04	0.04	0.05	0.05	
2.木质材料								贴实钉在木龙骨上,后面
软木板	2.5	0.05	0.11	0.25	0.63	0.70	0.70	留 10 cm 空气层
木丝板	3.0	0.10	0.36	0.62	0.53	0.71	0.90	留 5 cm 空气层
三合板	0.3	0.21	0.73	0.21	0.19	0.08	0.12	留 5~15 cm 空气层
穿孔五合板	0.5	0.01	0.25	0.55	0.30	0.16	0.19	留 5 cm 空气层
木花板	0.8	0.03	0.02	0.03	0.03	0.04	—	留 5 cm 空气层
木质纤维板	1.1	0.06	0.15	0.28	0.30	0.33	0.31	
3.泡沫材料								
泡沫玻璃	4.4	0.11	0.32	0.52	0.44	0.52	0.33	贴实
脲醛泡沫塑料	5.0	0.22	0.29	0.40	0.68	0.95	0.94	贴实
泡沫水泥(外面粉刷)	2.0	0.18	0.05	0.22	0.48	0.22	0.32	紧贴墙面
吸声蜂窝板	—	0.27	0.12	0.42	0.86	0.48	0.30	
泡沫塑料	1.0	0.03	0.06	0.12	0.41	0.85	0.67	
4.纤维材料								
矿棉板	3.13	0.10	0.21	0.60	0.95	0.95	0.72	贴实
玻璃棉	5.0	0.06	0.08	0.18	0.44	0.72	0.82	贴实
酚醛玻璃纤维板	8.0	0.25	0.55	0.80	0.92	0.98	0.95	贴实
工业毛毡	3.0	0.10	0.28	0.55	0.60	0.60	0.56	紧贴墙面

复习思考题

1.什么是平板玻璃,其用途是什么?

2.吸热玻璃、热反射玻璃、中空玻璃各有何特点和用途?

3.釉面砖的特点和用途有哪些？釉面砖为何不宜用于室外？

4.墙地砖的特点和用途有哪些？

5.什么是建筑涂料？它由哪几部分组成？

6.建筑涂料按使用部位分为哪些类型？常用的品种有哪些？

7.铝合金装饰板主要有哪几种？它们分别用于何处？

8.不锈钢板有哪些品种,各有何特性？其用途如何？

9.有机涂层钢板、铝塑复合板有何特点,应用于何处？

10.有机材料类装饰板材分为哪些种类,其特性和用途如何？

11.塑料墙纸通常分为哪几种类型,其特点和用途是什么？

12.除塑料墙纸以外,还有那些墙纸、墙布？

13.地毯通常分别为哪几类？纯毛地毯与化纤地毯有何区别？

实　验

实验 1　建筑材料基本性质试验

一、密度试验

1.试验仪器

密度瓶(如下图所示,又名李氏瓶)、量筒、烘箱、干燥器、天平(500 g,感量 0.01 g)、温度计、漏斗和小勺等。

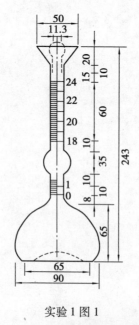

实验 1 图 1

2.试料试验

将试样研碎,通过 900 孔/cm² 筛,除去筛余物,放在 105～110 ℃ 的烘箱中,烘至恒重,再放入干燥器中冷却至室温。

3.试验步骤

(1)在密度瓶中注入与试样不起反应的液体至突颈下部刻度线零处,记下刻度数,将李氏瓶放在盛水的容器中,在试验过程中保持水温为 20 ℃。

(2)用天平称取 60~90 g 试样,用小勺和漏斗小心地将试样徐徐送入密度瓶中,要防止在密度瓶喉部发生堵塞,直至液面上升到 20 mL 刻度左右为止。再称剩余的试样质量,计算出装入瓶内的试样质量 m(g)。

(3)轻轻振动密度瓶,使液体中的气泡排出,记下液面刻度,根据前后两次液面读数,算出液面读数,算出液面上升的体积,即为瓶内试样所占的绝对体积 V(cm³)。

4.结果计算

按下式算出密度 ρ(精确至 0.01 g/cm³):

$$\rho = \frac{m}{V}$$

式中,ρ——实际密度,g/cm³;

  m——材料的质量,g;

  V——材料在绝对密实状态下的体积,cm³。

密度试验用两个试样平行进行,以其结果的算术平均值作为最后结果,但两个结果之差不应超过 0.02 g/cm³。

二、表观密度试验

1.仪器设备

游标卡尺(精度 0.1 mm)、天平(感量 0.1 g)、烘箱、干燥器、漏斗、直尺、搪瓷盘等。

2.试验步骤

(1)将欲测材料的形状规则的试件放入 105~110 ℃烘箱中烘至恒重,取出置入干燥器中,冷却至室温。

(2)用卡尺量出试件尺寸(每边测 3 次,取平均值),并计算出体积 V_0(cm³ 或 m³),再称试样质量 m,则表观密度 ρ_0 为:

$$\rho_0 = \frac{m}{V_0}$$

式中,ρ_0——表观密度,g/cm³;

  m——材料的质量,g;

  V_0——材料在自然状态下的体积,或称表观体积,cm³(或 m³)。

以 5 次试验结果的平均值为最后结果,精确至 10 kg/m。

三、堆积密度试验

1.仪器设备

标准容器、天平(感量 0.1 g)、烘箱、干燥器、漏斗、钢尺等。

2.试样准备

将试样放在 105~110 ℃的烘箱中,烘至恒重,再放入干燥器中冷却至室温。

3.试验步骤

（1）材料松堆积密度的测定

称标准容器的质量 m_1，将散粒材料（试样）经过标准漏斗（或标准斜面），徐徐地装入容器内，漏斗口（或斜面底）距容器口 5 cm，待容器顶上形成锥形，将多余的材料用钢尺沿容器口中心线向两个相反方向刮平，称容器和材料总质量 m_2。

（2）紧堆积密度的测定

称标准容器的质量 m_1。取另一份试样，分两层装入标准容器内。装完一层后，在筒底垫放一根 ϕ10 mm 钢筋，将筒按住，左右交替颠击地面各 25 下，再装第二层，把垫着的钢筋转 90°，再同法颠击。加料至试样超出容器口，用钢尺沿容器中心线向两个相反方向刮平，称其总质量 m_2。

（3）结果计算

堆积密度按下式计算：
$$\rho_0' = \frac{m_2 - m_1}{V_0'}$$

式中，ρ_0'——堆积密度，kg/m^3；

m_2——容器和试样总质量，kg；

m_1——容器的质量，kg；

V_0'——容器的容积，m^3。

以两次试验结果的算术平均值作为堆积密度测定的结果。

（4）容器容积的校正

以（20±5）℃的饮用水装满容器，用玻璃板沿容器口滑移，使其紧贴容器。擦干容器外壁上的水分，称其质量 m_1'。事先称得玻璃板与容器的总质量 m_2'，单位以 kg 计。

容器的容积按下式计算：
$$V = \frac{m_2' - m_1'}{1\,000m_3}$$

四、吸水率试验

1.主要仪器

天平（称量 1 000 g，感量 0.1 g）、水槽、烘箱等。

2.试验步骤

（1）将试件置于烘箱中，以不超过 110 ℃的温度烘至恒重，称其质量 m(g)。

（2）将试件放入水槽中，试件之间应留 1~2 cm 的间隙，试件底部应用玻璃棒垫起，避免与槽底直接接触。

（3）将水注入水槽中，使水面至试件高度的 1/4 处，2 h 后加水至试件高度的 1/2，隔 2 h 再加入水至试件高度的 3/4，又隔 2 h 加水至高出试件 1~2 cm，再经 1 d 后取出试件。这样逐次加水能使试件空隙中的空气逐渐逸出。

（4）取出试件后，用拧干的湿毛巾轻轻抹去试件表面的水分（不得来回擦拭）。称其质量，称量后仍放回槽中浸水。以后每隔 1 昼夜用同样方法称取试件质量，直至试件浸水后质量恒定为止（质量相差不超过 0.05 g），此时称得的试件质量为 m_1(g)。

3.结果计算

按下式计算质量吸水率 $W_质$ 及体积吸水 $W_体$：

$$W_质 = \frac{m_1 - m}{m} \times 100\%$$

$$W_体 = \frac{V_1}{V_0} = \frac{m_1 - m}{m} \times \frac{\rho_0}{\rho_{H_2O}} \times 100\% = W_质 \rho_0$$

式中，V_1——材料吸水饱和时水的体积，cm^3；

　　　V_2——干燥材料自然状态时的体积，cm^3；

　　　ρ_0——试样的表观密度，g/cm^3；

　　　ρ_{H_2O}——水的密度，常温时 $\rho_{H_2O} = 1 \ g/cm^3$。

最后取 3 个试件的吸水率计算平均值。

实验 2　水泥试验

一、水泥试验的一般规定

1.取样方法

以同一水泥厂按同品种、同标号、同期到达的水泥，不超过 400 t 为一个取样单位。取样应有代表性，可连续取，也可从 20 个以上不同部位各抽取约 1 kg 水泥，总数至少 10 kg。

2.养护条件

试验室温度应为 17~25 ℃，相对湿度应大于 50%。养护箱温度为（20±1）℃，相对湿度应大于 90%。

3.对试验材料的要求

（1）水泥试样应充分拌匀。

（2）试验用水必须是洁净的淡水。

（3）水泥试样、标准砂、拌和用水等的温度应与试验室温度相同。

二、水泥细度测定

1.试验步骤

（1）负压筛法（GB1345）

负压筛法测定水泥细度，采用负压筛析仪，如图实验 2 图 1 所示。

①筛析试验前，应把负压筛放在筛座上，盖上筛盖，接通电源，检查控制系统，调节负压至 4 000~6 000 Pa 范围内。

②称取试样 25 g，置于洁净的负压筛中，盖上筛盖，放在筛座上，开动筛析仪连续筛析 2 min，在此期间如有试样附着在筛盖上，可轻轻地敲击，使试样落下。筛毕，用天平称量筛余物。

③当工作负压小于 4 000 Pa 时，应清理吸尘器内水泥，使负压恢复正常。

（2）水筛法

水筛法测定水泥细度，采用实验 2 图 2 所示装置。

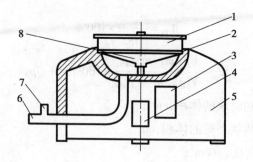

实验2图1 负压筛析仪示意图

1—0.045 mm方孔筛 2—橡胶垫圈 3—控制板 4—微电机 5—壳体
6—抽气口(接收尘器) 7—风门(调节负压) 8—喷气嘴

①筛析试验前检查水中应无泥沙,调整好水压及水压架的位置,使其能正常运转。喷头底面和筛网之间距离为35~75 mm。

②称取试样50 g,置于洁净的水筛中,立即用洁净淡水冲洗至大部分细粉通过后,再将筛调子置于水筛架上,用水压为0.05 MPa ± 0.02 MPa的喷头连续冲洗3 min。筛毕,用少量水把筛余物冲至蒸发器中,沉淀后小心倒出清水,烘干并用天平称其质量。

(3)干筛法

在没有负压筛析仪和水筛的情况下,允许用手工干筛法测定。

①称取水泥试样50 g倒入符合GB3350.7要求的干筛内。

②用一只手执筛往复摇动,另一只手轻轻拍打,拍打速度每分钟约120次,每40次向同一方向转动60°,使试样均匀分布在筛网上,直至每分钟通过的试样量不超过0.05 g为止。称量筛余物。

2.试验结果

水泥试样筛余百分数用下式计算:

$$F=\frac{R_s}{m}\times100\%$$

式中,F——水泥试样的筛余百分数,%;

　　R_s——水泥筛余物的质量,g;

　　m——水泥试样的质量,g。

(计算精确至0.1%)

负压法与水筛法或干筛法测定的结果发生争议时,以负压筛法为准。

三、水泥标准稠度用水量测定

1.主要仪器设备

(1)标准稠度与凝结时间测定仪(实验2图3)

滑动部分的总质量为(300±2)g,金属空心试锥锥底直径40 mm,高50 mm,装净浆用锥模上部内径60 mm,锥高75 mm。

(2)净浆搅拌机

水泥净浆搅拌机,属国际标准通用型,如图3.4所示,由搅拌锅、搅拌叶片、传动机构和控制系统组成。搅拌叶片在搅拌锅内做旋转方向相反的公转和自转,并可在竖直方向调节,搅拌

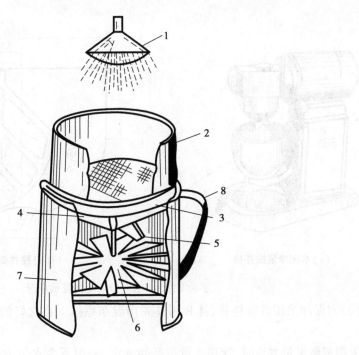

实验 2 图 2　水泥细度筛

1—喷头　2—标准筛　3—旋转托架　4—集水斗
5—出水口　6—叶轮　7—外筒　8—把手

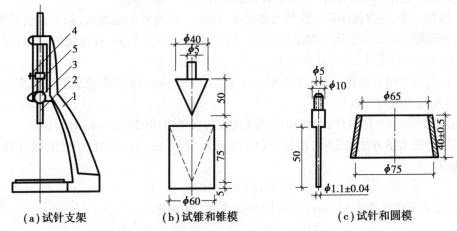

（a）试针支架　　　（b）试锥和锥模　　　（c）试针和圆模

实验 2 图 3　标准稠度与凝结时间测定仪

1—铁座　2—金属圆棒　3—松紧螺丝　4—指针　5—标尺

机可以升降,控制系统具有按程序自动控制与手动控制两种功能。

2.试验步骤

（1）标准稠度用水量可用调整水量和不变水量两种方法中的任意一种来测定。如发生矛盾时,以前者为准。

（2）试验前必须检查测定仪的金属棒能否自由滑动,试锥降至锥模顶面位置时,指针应对准标尺零点,搅拌机应运转正常。

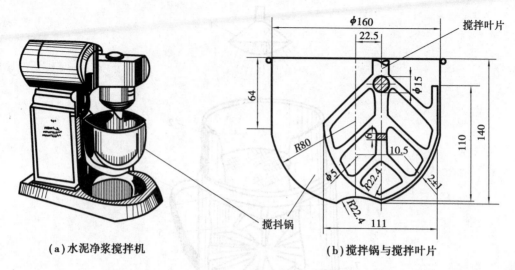

（a）水泥净浆搅拌机　　　　　　　（b）搅拌锅与搅拌叶片

实验2图4　水泥净浆搅拌机示意图

（3）水泥净浆用机械拌和，拌和用具先用湿布擦抹。将称好的 500 g 水泥试样倒入搅拌锅内。

采用调整水量方法时，拌和水量按经验确定；采用不变水量方法时，用水量为 142.5 mL，准确至 0.5 mL。

（4）拌和时，先将装有试样的锅放到搅拌机锅座上的搅拌位置，开动机器，同时徐徐加入拌和用水，慢速搅拌 120 s，停拌 15 s，接着快速搅拌 120 s 后停机。

（5）拌和完毕，立即将净浆一次装入锥模中，用小刀插捣并振动数次，刮去多余净浆，抹平后，迅速放到测定仪试锥下面的固定位置上。将试锥降至净浆表面，拧紧螺丝，然后突然放松螺丝，让试锥沉入净浆中，到停止下沉时，记录试锥下沉深度 S。

（6）用调整水量方法测定时，以试锥下沉深度（28±2）mm 时的拌和水量为标准稠度用水量（P），以水泥质量百分数计。

如超出范围，须另称试样，调整水量，重新试验，直至达到（28±2）mm 时为止。

（7）用不变水量方法测定时，根据测得的下沉深度 S（mm），可按以下经验式计算标准稠度用水量 P（%）：

$$P = 33.4 - 0.185S$$

当试锥下沉深度小于 13 mm 时，应用调整水量方法测定。

四、水泥净浆凝结时间的测定

1.主要仪器设备

（1）测定仪：与测定标准稠度用水量时的测定仪相同，只是将试锥换成试针，装净浆的锥模换成圆模，如实验2图3（c）所示。

（2）净浆搅拌机，如实验2图4所示。人工拌和圆形钵及拌和铲等。

2.试验步骤

（1）测定前，将圆模放在璃板上，并调整仪器使试针接触玻璃板时，指针对准标尺的零点。

（2）以标准稠度用水量，用 500 g 水泥按规定方法拌制标准稠度水泥净浆，并将净浆立即一次装入圆模,振动数次后刮平,然后放入养护箱内。

（3）测定时,从养护箱中取出圆模放到试针下,使试针与净浆表面接触,拧紧螺丝,然后突然放松,试针自由沉入净浆,观察指针读数。

在最初测定时应轻轻扶持试针的滑棒,使之徐徐下降,以防止试针撞弯。但初凝时间仍必须以自由降落的指针读数为准。

当临近初凝时,每隔 5 min 测定一次,临近终凝时,每隔 15 min 测定一次,每次测定不得让试针落入原针孔内,每次测定完毕,须将圆模放回养护箱内,并将试针擦净。

测定过程中,圆模不应振动。

（4）自加水时起,至试针沉入净浆中距底板 2~3 mm 时所需时间为初凝时间;至试针沉入净浆中离净浆表面不超过 l~0.5 mm 时,所需时间为终凝时间,如实验 2 图 5 所示。

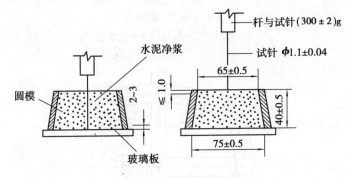

实验 2 图 5　凝结时间测定

五、水泥安定性检验

1.试验方法

检验水泥硬化后体积变化是否均匀,是否因体积变化而引起膨胀、裂缝或翘曲。

试饼法:观察水泥净浆试饼沸煮后的外形变化。

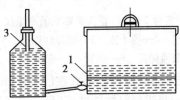

实验 2 图 6　沸煮箱
1—篦板　2—阀门　3—水位管

雷氏夹法:测定水泥净浆在雷氏夹中沸煮后的膨胀值。

两种方法均可用,有争议时以雷氏夹法为准。

2.主要仪器设备

水泥净浆搅拌机、沸煮箱(如实验 2 图 6)、雷氏夹(如实验 2 图 7)、雷氏夹膨胀值测量仪(如实验 2 图 8)。

3.试验步骤

（1）称取水泥试样 400 g,以标准稠度用水量,按标准稠度测定时拌和净浆的方法制成净浆,从其中取出净浆约150 g,分成两等分,使之成球形,放在涂过油的玻璃板上,轻轻振动玻璃板,并用湿布擦过的小刀由边缘向中央抹动,做成直径70~80 mm、中心厚约10 mm、边缘渐薄、表面光滑的试饼。接着将试饼放入湿气养护箱内,自成型时起,养护(24±2)h。

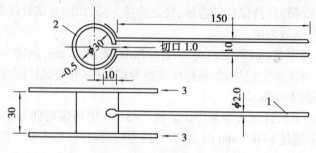

实验2图7　雷氏夹
1—指针　2—环模　3—玻璃板

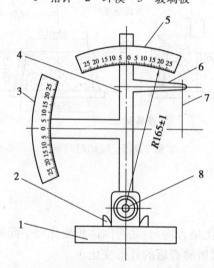

实验2图8　雷氏夹膨胀值测量仪
1—底座　2—模子座　3—测弹性标尺　4—立柱
5—测膨胀值标尺　6—悬臂　7—悬丝　8—弹簧顶扭

雷氏夹试件的制备是将预先准备好的雷氏夹放在已稍擦油的玻璃板上,并立刻将已制好的标准稠度净浆装满试模,装模时一只手轻轻扶持试模,另一只手用宽约10 mm的小刀插捣15次左右,然后抹平,盖上稍涂油的玻璃板,接着立刻将试模移至湿气养护箱内养护(24±2)h。

(2)脱去玻璃板取下试件。当采用试饼法时,先检查其是否完整,在试件无缺陷的情况下将试饼放在沸煮箱水中的篦板上,然后在(30±5)min内加热至沸,并恒沸3 h±5 min。当用雷氏夹法时,先测量试件指针尖端间的距离A,精确到0.5 mm,接着将试件放入水中篦板上,指针朝上,试件之间互不交叉,然后在(30±5)min内加热至沸,并恒沸3 h±5 min。

(3)沸煮结束,即放掉箱中的热水,待冷却至室温,取出试件目测试饼,若未发现裂缝,再用直尺检查,也没有弯曲时,为安定性合格,反之为不合格。当两个试饼判别结果有矛盾时,该水泥的安定性为不合格。若为雷氏夹法,测量试件指针尖端间的距离C,记录至小数点后1位,当两个试件煮后增加距离($C-A$)的平均值不大于5.0 mm时,即为安定性合格,当两个试件的(C-A)值相差超过 4 mm 时,应用同一样品立即重做一次试验。

六、水泥胶砂强度检验

1.主要仪器设备

(1)行星式搅拌机,是搅拌叶和搅拌锅做相反方向转动的搅拌设备,锅转速为 64 r/min。

(2)振实台为伸臂式振实台,振幅为(15±0.3)mm,振动频率为 60 次/(60±2)s。

(3)试模(如实验 2 图 9 所示),为可装卸的三联模。由隔板、端板、底座组成,组装后三板内壁各接触面应相互垂直。

(4)抗折试验机(如实验 2 图 10 所示)。

(5)抗压试验机及抗压夹具。抗压试验机为水泥专用伺服压力机,误差不得超过±1%。抗压夹具由硬质钢材制成,加压板长 40 mm±00.1 mm,宽不小于 40 mm,加压面必须磨平。

(6)刮平尺。

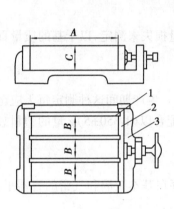

实验 2 图 9 试模

1—隔板 2—端板 3—底座

A—160 mm B、C—40 mm

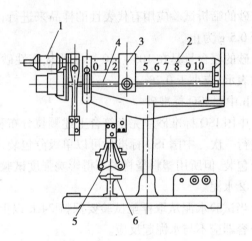

实验 2 图 10 水泥抗折试验机

1—平衡砣 2—大杠杆 3—游动砝码 4—丝杆

5—抗折夹具 6—手轮

2.试验方法

本方法为 40 mm×40 mm×160 mm 棱柱试体的水泥抗压强度和抗折强度测定。

试体是由按质量计的 1 份水泥、3 份中国 ISO 标准砂,用 0.5 的水灰比拌制的一组塑性胶砂制成。中国 ISO 标准砂的水泥抗压强度结果必须与 ISO 基准砂的相一致。

胶砂用行星搅拌机搅拌,在振实台上成型。

试体连模在养护箱(温度为(20±1)℃,相对湿度应大于 90%)中养护 24 h,然后脱模在水(水温(20±1)℃)中养护至强度试验开始为止。

到试验龄期时将试体从水中取出,先进行抗折强度试验,折断后每截再进行抗压强度试验。

(1)胶砂组成

①砂

a.ISO 基准砂

ISO 基准砂是由德国标准砂公司制备的 SiO_2 含量不低于 98% 的天然圆形硅质砂组成,其

217

颗粒分布在实验 2 表 1 规定的范围内。

实验 2 表 1 ISO 基准沙颗粒分布

方孔边长/mm	累计筛余/%
2.0	0
1.6	75±5
1.0	33±5
0.5	67±5
0.16	87±5
0.08	99±1

砂的筛析试验应用有代表性的样品来进行,每个筛子的筛析试验应进行至每分钟通过量小于 0.5 g 为止。

砂的湿含量是在 105～110 ℃下用代表性砂样烘 2 h 的质量损失来测定,以干基的质量百分数表示,应小于 0.2%。

b.中国 ISO 标准砂

中国 ISO 标准砂应完全符合上述颗粒分布和湿含量的规定。生产期间这种测定每天应至少进行一次。中国 ISO 标准砂可以单级分包装,也可以各级预配合以(1 350±5)g 量的塑料袋混合包装,但所用塑料袋材料不得影响强度试验结果。

②水泥

当试验水泥从取样至试验要保持 24 h 以上时,应把它贮存在基本装满和气密的容器里,这个容器应不与水泥起反应。

③水仲裁试验或其他重要试验用蒸馏水,其他试验可用饮用水。

(2)胶砂的制备

①配合比

胶砂的质量配合比应为 1 份水泥、3 份标准砂和 0.5 份水(水灰比为 0.5)。一锅胶砂成型 3 条试体,每锅材料需要量见实验 2 表 2。

实验 2 表 2 每锅胶砂的材料数量

材料量/g 水泥品种	水 泥	标准砂	水
硅酸盐水泥			
普通硅酸盐水泥			
矿渣硅酸盐水泥	450±2	1 350±5	225±1
粉煤灰硅酸盐水泥			
复合硅酸盐水泥			
石灰石硅酸盐水泥			

②配料

水泥、砂、水和试验用具的温度与试验室相同,称量用的天平精度应为±1 g。当用自动滴管加 225 mL 水时,滴管精度应达到±1 mL。

③搅拌

每锅胶砂用搅拌机进行机械搅拌。先使搅拌机处于待工作状态,然后按以下程序进行操作:

把水加入锅里,再加入水泥,把锅放在固定架上,上升至固定位置。

然后立即开动机器,低速搅拌 30 s 后,在第二个 30 s 开始的同时均匀地将沙子加入,不停搅拌 90 s,在第一个 15 s 内用一胶皮刮具将叶片和锅壁上的胶砂,刮入锅中间。在高速下继续搅拌 60 s。各个搅拌阶段,时间误差应在±1 s 以内。

(3)试件的制备

用振实台成型,胶砂制备后立即进行成型。将空试模和模套固定在振实台上,用一个适当勺子直接从搅拌锅里将胶砂分两层装入试模,装第一层时,每个槽里约放 300 g 胶砂,用大播料器垂直架在模套顶部,沿每个模槽来回一次将料层播平,接着振实 60 次。再装入第 2 层胶砂,用小播料器播平,再振实 60 次。移走模套,从振实台上取下试模,用一金属直尺以近似 90°的角度架在试模模顶的一端,然后沿试模长度方向以横向锯割动作慢慢向另一端移动,一次性将超过试模部分的胶砂刮去,并用同一直尺在近乎水平的情况下将试体表面抹平。

在试模上作出标记或加字条标明试件编号和试件相对于振实台的位置。

(4)试件的养护

①脱模前的处理和养护

去掉留在模子四周的胶砂。立即将做好标记的试模放入雾化室或湿箱的水平架子上养护,湿空气应能与试模各边接触。养护时不应将试模放在其他试模上,一直养护到规定的脱模时间时取出脱模。脱模前,用防水墨汁或颜料笔对试体进行编号和做其他标记。两个龄期以上的试体,在编号时应将同一试模中的 3 条试体分在两个以上龄期内。

②脱模

脱模应非常小心,脱模时可用塑料锤或橡皮榔头或专门的脱模器。对于 24 h 以下龄期的,应在破型试验前 20 min 内脱模。对于 24 h 以上龄期的,应在成型后 20~24 h 之间脱模。如经 24 h 养护,会因脱模对强度造成损害时,可以延迟至 24 h 以后脱模,但在试验报告中应予以说明。

已确定作为 24 h 龄期试验(或其他不下水直接做试验)的已脱模试体,应用湿布覆盖至做试验时为止。

③水中养护

将做好标记的试件立即水平或竖直放在(20±1)℃水中养护,水平放置时刮平面应朝上。

试件放在不易腐烂的篦子上(不宜用木篦子),并彼此间保持一定间距,以让水与试件的 6 个面接触。养护期间试件之间间隔或试体上表面的水深不得小于 5 mm。

每个养护池只养护同类型的水泥试件。

最初用自来水装满养护池(或容器),随后随时加水保持适当的恒定水位,不允许在养护期间完全换水。

除 24 h 龄期或延迟至 48 h 脱模的试体外,任何到龄期的试体应在试验(破型)前 15 min 从水中取出。揩去试体表面沉积物,并用湿布覆盖至试验时为止。

④强度试验试体的龄期

试体龄期是从水泥加水搅拌开始试验时算起。不同龄期强度在下列时间里进行：

——24 h±215 min；

——48 h±230 min；

——72 h±245 min；

——7 d±22 h；

——>（28±28）h。

（5）强度试验

①总则

用标准规定的设备以中心加荷法测定抗折强度。

在折断后的棱柱体上进行抗压试验，受压面是试体成型时的两个侧面，面积为40 mm×40 mm。

当不需要抗折强度数值时，抗折强度试验可以省去，但抗压强度试验应在不使试件受有害应力情况下折断的两截棱柱体上进行。

②抗折强度测定

将试体一个侧面放在试验机支撑圆柱上，试体长轴垂直于支撑圆柱，通过加荷，圆柱以（50±210）N/s的速度均匀将荷载垂直地加在棱柱体相对侧面上，直至折断。

保持两个半截棱柱体处于潮湿状态直至抗压试验。

抗折强度 R_f 以牛顿每平方毫米（MPa）为单位，按下式进行计算：

$$R_f = \frac{105F_f}{b^3}L$$

式中，R_f——折断时施加于棱柱体中部的荷载，N；

L——支撑圆柱之间的距离，mm；

b——棱柱体正方形截面的边长，mm。

以一组3个棱柱体抗折强度的平均值作为试验结果。当3个强度值中有超出平均值±10%时，应剔除后再取平均值作为抗折强度试验结果。

③抗压强度测定

抗压强度试验通过标准规定的仪器，在半截棱柱体的侧面上进行。

半截棱柱体中心与压力机压板受压中心差应在±20.5 mm内，棱柱体露在压板外的部分约有10 mm。

在整个加荷过程中以（2 400±2 200）N/s的速率均匀地加荷，直至破坏。

抗压强度 R_c 以牛顿每平方毫米（MPa）为单位，按下式进行计算：

$$R_c = \frac{F_c}{A}$$

式中，F_c——破坏时的最大荷载，N；

A——受压部分面积，mm²，40×40～1 600。

以一组三个棱柱体上得到的6个抗压强度测定值的算术平均值为试验结果。

如6个测定值中有1个超出6个平均值的±10%，就应剔除这个结果，而以剩下5个的平均数为结果。如果5个测定值中再有超过它们平均数±10%的值，则此组结果作废。

实验3　普通混凝土试验

采用标准 GB/T50080—2002《普通混凝土合物性能试验方法》,GB/T50081—2002《普通混凝土力学性能试验方法》。

一、拌合物取样和拌制方法

1.取样方法

(1)混凝土拌合物试验用料应根据不同要求,从同一盘混凝土或同一车运送的混凝土中取样。取样量应多于试验所需量的 1.5 倍,且宜不小于 20 L。

(2)混凝土拌合物的取样应具有代表性,宜采用多次采样的方法。一般在同一盘混凝土或同一车混凝土中的约 1/4 处、1/2 处和 3/4 处之间分别取样,从第一次到最后一次取样不宜超过 15 min,然后人工搅拌均匀。

(3)从取样完毕到开始做各项试验不宜超过 5 min。

2.试样的制备

(1)在试验室制备混凝土拌合物时,拌和时试验室的温度应保持(20±5)℃,所用材料的温度应与试验室温度保持一致或与施工现场保持一致。

(2)材料用量以质量计。称量精度:骨料为±1%,水、水泥、掺和料、外加剂均为±0.5%。

(3)混凝土拌合物的制备应符合 JGJ55《普通混凝土配合比设计规程》中的有关规定。

(4)从试样制备完毕到开始做各项性能试验不宜超过 5 min。

3.主要仪器设备

(1)搅拌机:容量 30~75 L,转速为 18~22 r/min。

(2)磅秤:称量 50 kg,感量 50 g。

(3)天平(称量 5 kg,感量 5 g)、量筒(200 mL,1 000 mL)、拌铲、拌板(1.5 m×2 m 左右)、盛器等。

4.拌和方法

(1)人工拌和

①按配合比称量各材料。

②将拌板和拌铲用湿布润湿后,将砂、水泥倒在拌板上,用拌铲自拌板的一端翻拌至另一端,如此重复直至颜色均匀,再加上石子,翻拌至均匀。

③将干混合料堆成堆,在中间做一凹坑,倒入部分拌和用水,然后仔细翻拌,逐步加入全部用水,继续翻拌直至均匀为止。

④拌和时间从加水时算起,在 10 min 内完毕。

(2)机械搅拌

①按配合比称量各材料。

②按配合比先预拌适量混凝土进行挂浆,以免正式拌和时浆体的损失。

③开动搅拌机,向搅拌机内依次加入石子、沙子和水泥,干拌均匀,再将水徐徐加入,全部加料时间不超过 2 min,水全部加入后,继续拌和 2 min。

④将拌合物自搅拌机中卸出,倾倒在拌板上,再人工拌和 1~2 min,使其均匀,即可做坍落度测定或试件成型。从开始加水时算起,全部操作须在 30 min 内完毕。

二、混凝土拌合物稠度试验

1.坍落度法

本方法适用于骨料最大粒径不大于 40 mm、坍落度值不小于 10 mm 的混凝土拌合物的稠度测定。稠度测定时需拌合物约 15 L。

(1)试验目的

①掌握测定混凝土的坍落度的方法。

②检验塑性混凝土的工作性能。

(2)主要仪器设备

①坍落度筒 坍落度筒是由薄钢板或其他金属制成的圆台形筒(见实验 3 图 1)。底面和顶面应互相平行并与锥体的轴线垂直。在筒外 2/3 高度处安两个把手,下端应焊脚踏板。筒的内部尺寸为:底部直径(200±2)mm,顶部直径(100±2)mm,高度(300±2)mm。

②捣棒(直径 16 mm,长 600 mm 钢棒,端部应磨圆)、小铁铲、直尺、拌板、撮刀等。

(3)试验步骤

①润湿坍落度筒及其他用具,在坍落度筒壁和底板上应无明水。并把筒放在不吸水的刚性水平底板上,然后用脚踩住两边的脚踏板,使坍落度筒在装料时保持位置固定。

②把按要求拌好的混凝土拌合物、用小铲分 3 层均匀地装入筒内,使捣实后每层高度为筒高的 1/3 左右。每层用捣棒插捣 25 次。插捣应沿螺旋方向由外向中心进行,各次插捣应在截面上均匀分布。插捣筒边混凝土时,捣棒可以稍稍倾斜。插捣底层时,捣棒应贯穿整个深度,插捣第 2 层和顶层时,捣棒应插透本层至下一层的表面。浇灌顶层时,混凝土应灌到高出筒口。在插捣过程中,如混凝土沉落到低于筒口,则应随时添加。顶层插捣完后,刮去多余混凝土并用抹刀抹平。

③清除筒边底板上的混凝土后,垂直平稳地提起坍落度筒。坍落度筒的提离过程应在 5~10 s 完成;从开始装料到提起坍落度筒的整个进程应不间断地进行,并应在 150 s 内完成。

④提起坍落度筒后,测量筒高与坍落后的混凝土试体最高点之间的高度差。即为该混凝土拌合物的坍落度值(以 mm 为单位,结果精确至 5 mm)。

⑤坍落度筒提离后,如试件发生崩坍或一边剪坏现象,则应重新取样进行测定。如第 2 次仍出现这种现象,则表示该拌合物的和易性不好,应予记录备查。

⑥测定坍落度后,观察拌合物的下述性质,并做记录:

a.黏聚性 用捣棒在已坍落的拌合物锥体侧面轻轻击打,如果锥体逐渐下沉,表示黏聚性良好,如果锥体倒坍、部分崩裂或出现离析,即为黏聚性不好。

b.保水性 提起坍落度筒后如有较多的稀浆从底部析出,锥体部分的拌合物也因失浆而骨料外露,则表明保水性不好。如无这种现象,则表明保水性良好。

2.维勃稠度法

本方法适用于骨料最大粒径不大于 40 mm,维勃稠度为5~30 s 的混凝土拌合物稠度测定。测定时需配制拌合物约 15 L。

（1）试验目的

①掌握测定混凝土的维勃稠度方法。

②检测干硬性混凝土的工作性能。

（2）主要仪器设备

①维勃稠度仪（见实验3图2）由以下部分组成：

a.振动台：台面长 380 mm，宽 260 mm。振动频率为（50±3）Hz。装有空容器时台面的振幅应为（0.5±0.1）mm。

b.容器：由钢板制成，内径（240±5）mm，高为（200±2）mm。

c.旋转架与测杆及喂料斗相连。测杆下部安装有透明且水平的圆盘。透明圆盘直径为（230±2）mm，厚度为（10±2）mm。由测杆、圆盘及荷重块组成的滑动部分总重量应为（2 750±50）g。

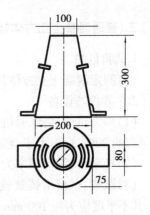

实验3图1　坍落度筒及捣棒

d.坍落度筒及捣棒同坍落度试验，但筒没有脚踏板。

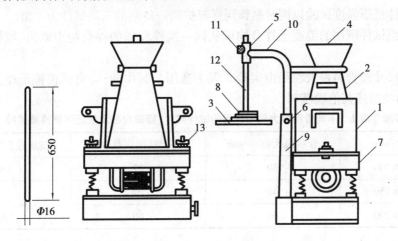

实验 3 图 2　维勃稠度仪

1—容器　2—坍落度筒　3—透明圆盘　4—喂料斗　5—套筒　6—定位螺丝

7—振动台　8—荷重　9—支柱　10—旋转架　11—测杆螺丝　12—测杆　13—固定螺丝

e.其他用具与坍落度试验相同。

（3）测定步骤

①将维勃稠度仪放置在坚实水平的地面上，用湿布把容器、坍落度筒、喂料斗内壁及其他用具润湿。将喂料斗提到坍落度筒上方扣紧，校正容器位置，使其中心与喂料斗中心重合，然后拧紧固定螺丝。

②把拌好的拌合物用小铲分 3 层经喂料斗均匀地装入坍落度筒内，装料及插捣的方法同坍落度试验。

③把喂料斗转离，垂直地提起坍落度筒，此时应注意不使混凝土试体产生横向的扭动。

④把透明圆盘转到混凝土圆台体顶面，放松测杆螺丝，降下圆盘，使其轻轻地接触到混凝土顶面。拧紧定位螺丝并检查测杆螺丝是否已完全放松。

⑤在开启振动台的同时用秒表计时，当振动到透明圆盘的底面被水泥浆布满的瞬间停表计时，并关闭振动台。由秒表读出的时间（s）即为该混凝土拌合物的维勃稠度值。

三、普通混凝土立方体抗压强度试验

1.试验目的

(1)测定混凝土立方体抗压强度,作为评定混凝土强度等级的依据。

2.主要仪器设备

(1)压力试验机:试验机的精度不应低于±2%,其量程应能使试件的预期破坏荷载值小于全量程的20%,也不大于全量程的80%。

(2)振动台:振动频率为(50±3)Hz,空载振幅约为0.5 mm。

(3)试摸:试模由铸铁或钢制成,应具有足够的刚度并拆装方便。试模内表面应机械加工,其不平度应为每100 mm不超过0.5 mm,组装后各相邻面不垂直度应不超过±0.5°。

(4)其他用具:捣棒、小铁铲、金属直尺、镘刀等。

3.试件的制作

(1)立方体抗压强度试验以同时制作同样养护同一龄期的三块试件为一组。

(2)每一组试件所用的混凝土拌合物应从同一次拌和成的拌合物中取出,取样后应立即制作试件。

(3)试件尺寸按骨料最大粒径由实验3表1选用。制作前,应将试模擦干净并在其内壁涂上一层矿物油脂或其他脱模剂。

实验3表1　不同骨料最大粒径选用的试件尺寸、插捣次数及抗压强度换算系数

试件尺寸/mm	骨料最大粒径/mm	每层插捣次数/次	抗压强度换算系数
100×100×100	30	12	0.95
150×150×150	40	27	1
200×200×200	60	50	1.05

(4)坍落度不大于70 mm的混凝土宜用振动台振实。将拌合物一次装入试模,装料时应用抹刀沿试模内壁略加插捣并使混凝土拌合物高出试模上口。振动时应防止试模在振动台上自由跳动。开动振动台至拌合物表面出现水泥浆时为止,记录振动时间。振动结束后刮去多余的混凝土,并用抹刀抹平。坍落度大于70 mm的混凝土宜用捣棒人工捣实。将混凝土拌合物分两层装入试模,每层厚度大致相等。插捣应按螺旋方向从边缘向中心均匀进行。插捣底层时,捣棒应达到试模底面,插捣上层时,捣棒应穿入下层深度20~30 mm,插捣时捣棒应保持垂直,不得倾斜。同时还应用抹刀沿试模内壁插入数次。每层的插捣次数应根据试件的截面而定,一般每100 cm² 截面积不应少于12次。插捣完后,刮除多余的混凝土,并用抹刀抹平。插捣后应用橡皮锤轻轻敲击试模四周,直至插捣棒留下的空洞消失为止。

4.试件的养护

(1)试件成型后应立即用不透水的薄膜覆盖其表面。

(2)采用标准养护的试件应在温度为(20±5)℃的环境中静置一至两昼夜,然后编号拆模。拆模后的试件应立即放在温度为(20±2)℃、相对湿度为95%以上的标准养护室中养护。或温度为(20±2)℃的不流动的Ca(OH)₂饱和溶液中养护。标准养护室内试件应放在支架上,彼此间隔为10~20 mm,并应避免用水直接冲淋试件。

(3)同条件养护试件的拆模时间可与实际构件的拆模时间相同,拆模后,试件仍需保持同条件养护。

5.抗压强度测定

(1)试件自养护地点取出后,应尽快进行试验,以免试件内部的温度发生显著变化。先将试件擦拭干净,测量尺寸(精确至 1 mm),据此计算试件的承压面积,并检查其外观。如实测尺寸与公称尺寸之差不超过 1 mm,可按公称尺寸计算承压面积。试件承压面的不平度应为每 100 mm 不超过 0.05 mm,承压面与相邻面的不垂直度不应超过±1 ℃。

(2)将试件安放在下承压板上,试件的承压面应与成型时的顶面垂直。试件的中心应与试验机下压板中心对准。开动试验机,当上压板与试件接近时,调整球座,使接触均衡。

(3)在试验过程中应连续而均匀地加荷,混凝土强度等级低于 C30 时,加荷速度取每秒钟 0.3~0.5 MPa;当混凝土强度等级不低于 C30 且低于 C60 时,取每秒钟 0.5~0.8 MPa;混凝土强度等级不低于 C60 时,取每秒钟 0.8~1.2 MPa。

(4)当试件接近破坏而开始急剧变形时,直至试件破坏。然后记录破坏荷载。

6.结果计算

(1)混凝土立方体试件抗压强度 f_{cc} 应按下式计算(精确至 0.1 MPa):

$$f_{cc} = \frac{F}{A}$$

式中 f_{cc}——混凝土立方体试件抗压强度,MPa;

F——破坏荷载,N;

A——受压面积,mm^2。

(2)以 3 个试件的算术平均值作为该组试件的抗压强度值(精确至 0.1 MPa)。3 个测定值的最大值或最小值中如有一个与中间值的差超过中间值的 15%时,则把最大及最小值一并舍除,取中间值作为该组试件的抗压强度值。如最大值与最小值与中间值的差均超过中间值的 15%,则该组试件的试验结果无效。

(3)混凝土抗压强度等级低于 C60 时,用非标准试件测得强度值均应乘以尺寸换算系数,其值为对 200 mm×200 mm×200 mm 试件为 1.05;对 100 mm×100 mm×100 mm 试件为 0.95。当混凝土强度等级不低于 C60 时,宜采用标准试件;使用非标准试件时,尺寸换算系数应由试验确定。

实验 4　建筑砂浆试验

一、试验目的及试样制备

1.试验目的

确定砂浆性能特征值、强度等级,检验或控制现场拌制砂浆的质量。

2.主要仪器设备

砂浆搅拌机、拌和铁板(约 1.5 m×2 m,厚约 3 mm)、磅秤(称量 50 kg,感量 50 g)、台秤(量程 10 kg,感量 5 g)、拌铲、抹刀、量筒、盛器等。

3.试样制备

（1）一般规定

①拌制砂浆所用的原材料,应符合质量标准,并要求提前运入试验室内,拌和时试验室的温度应保持在(20±5)℃。

②水泥如有结块应充分混合均匀,以0.9 mm筛过筛,砂也应以4.75 mm筛过筛。

③拌制砂浆时,材料称量计量的精度:水泥、外加剂等为±0.5%;砂、石灰膏、黏土膏等为±1%。

④拌制前应将搅拌机、拌和铁板、拌铲、抹刀等工具表面用水润湿,注意拌和板上不得有积水。

（2）人工拌和

按设计配合比(质量比),称取各项材料用量,先把水泥和砂放在拌板上干拌均匀,然后将混合物堆成堆,在中间做一凹坑,将称好的石灰膏(或黏土膏)倒入凹坑中,再倒入一部分水,将石灰膏或黏土膏稀释,然后充分拌和,并逐渐加水,直至观察混合料色泽一致、和易性符合要求为止,一般需拌和5 min。可用量筒盛定量水,拌好以后,减去筒中剩余水量,即为用水量。

（3）机械拌和

①先拌和适量砂浆(应与正式拌和的砂浆配合比相同),使搅拌机内壁黏附一薄层砂浆,使正式拌和时的砂浆配合比成分准确。

②先称出各材料用量,再将砂、水泥装入搅拌机内。

③开动搅拌机,将水徐徐加入(混合砂浆须将石灰膏或黏土膏用水稀释至浆状),搅拌约3 min(搅拌的用量不宜少于搅拌容量的20%,搅拌时间不宜少于2 min)。

④将砂浆拌合物倒至拌和铁板上,用拌铲翻拌两次,使之均匀,拌好的砂浆应立即进行有关的试验。

二、砂浆的稠度试验

1.试验目的

通过稠度试验,可以测得达到设计稠度时的加水量,或在现场对要求的稠度进行控制,以保证施工质量。

2.主要仪器

砂浆稠度仪(实验4图1)、捣棒(直径10 mm,长350 mm,一端呈半球形钢棒)、台秤、拌锅、拌板、量筒、秒表等。

3.试验步骤

（1）将拌好的砂浆一次装入砂浆筒内,装至距筒口约10 mm为止,用捣棒插捣25次,并将筒体振动5~6次,使表面平坦,然后移置于稠度仪底座上。

（2）放松圆锥体滑杆的制动螺丝,使圆锥尖端与砂浆表面接触,拧紧制动螺丝,使齿条测杆下端刚好接触滑杆上端,并将指针对准零点。

（3）拧开制动螺丝,使圆锥体自动沉入砂浆中,同时计时间,到10 s,立即固定螺丝。从刻度盘上读出下沉深度(精确至1 mm)。

（4）圆锥筒内的砂浆只允许测定一次稠度,重复测定时,应重新取样测定。

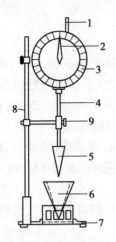

实验4图1　砂浆稠度测定仪

1—齿条测杆　2—指针　3—刻度盘　4—滑杆　5—圆锥体

6—圆锥筒　7—底座　8—支架　9—制动螺丝

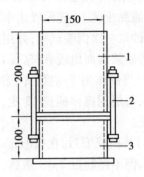

实验4图2　砂浆分层度测定仪(单位:mm)

1—无底圆筒　2—连续螺栓　3—有底圆筒

4.结果评定

以两次测定结果的平均值作为砂浆稠度测定结果,如两次测定值之差大于20 mm,应重新配料测定。

三、建筑砂浆分层度试验

1.试验目的

测定建筑砂浆在运输及停放时的保水能力及砂浆内部各组分之间的相对稳定性,以评定其和易性。

2.主要仪器

分层度测定仪(实验4图2),其他同砂浆稠度试验仪器。

3.试验步骤

(1)将拌和好的砂浆经稠度试验后重新拌和均匀,一次注满分层度测定仪内。用木槌在容器周围距离大致相等的4个不同地方轻敲1~2次,并随时添加,然后用抹刀抹平。

(2)静置30 min,去掉上层200 mm砂浆,然后取出底层100 mm砂浆重新拌和均匀,再测定砂浆稠度。

(3)取两次砂浆稠度的差值,即为砂浆的分层度(以mm计)。

4.结果评定

(1)应取两次试验结果的算术平均值作为该砂浆的分层度值。

(2)两次分层度试验值之差,大于20 mm应重做试验。

四、建筑砂浆抗压强度试验

1.试验目的

检验砂浆配合比及强度等级能否满足设计和施工要求。

2.主要仪器设备

压力试验机、试模(7.07 cm×7.07 cm×7.07 cm,分无底试模与有底试模两种)、捣棒(直径

10 mm、长 350 mm,一端呈半圆形)、垫板等。

3.试件制作及养护

(1)当制作用于多孔吸水基面的砂浆试件时,将无底试模放在预先铺上吸水性较好的湿纸的普通黏土砖上,砖的吸水率不小于 10%,含水率小于 2%。试模内壁应事先涂以机油,将拌好的砂浆一次倒满试模,并用捣棒均匀地由外向内按螺旋方向插捣 25 次,使砂浆略高于试模口,待砂浆表面出现麻斑后(15~30 min),用刮刀齐模口刮平抹光。

(2)当制作用于密实(不吸水)基底的砂浆试件时,用有底试模,涂油后,将拌好的砂浆分两层装,每层用捣棒插捣 12 次,然后用刮刀沿试模壁插捣数次,静停 15~30 min,刮去多余部分,抹光。

(3)装模成型后,在(20±5)℃环境下经(24±2)h 养护,即可脱模,气温较低时,可适当延长时间,但不得超过 2 d。然后,按下列规定进行养护。

①自然养护。放在室内空气中养护,混合砂浆在相对湿度 60%~80%,常温条件下养护;水泥砂浆在常温并保持试件表面湿润的状态下(如湿砂堆中)养护。

②标准养护。混合砂浆应在(20±3)℃,相对湿度为 60%~80% 条件下养护;水泥砂浆应在温度(20±3)℃,相对湿度为 90% 以上的潮湿条件下养护。试件间隔不少于 10 mm。

4.抗压强度测定步骤

(1)经 28 d 养护后的试件从养护地点取出后,应尽快进行试验,以免试件内部的温、湿度发生显著变化。先将试件擦干净,测量尺寸,并检查其外观。试件尺寸测量精确至 1 mm,并据此计算试件的承压面积。若实测尺寸与公称尺寸之差不超过 1 mm,可按公称尺寸进行计算。

(2)将试件置于压力机的下压板上,试件的承压面应与成型时的顶面垂直,试件中心应与下压板中心对准。

(3)开动压力机,当上压板与试件接近时,调整球座,使接触面均衡受压。加荷应均匀而连续,加荷速度应为 0.5~1.5 kN/s(砂浆强度不大于 5 MPa 时,取下限为宜;大于 5 MPa 时,取上限为宜),当试件接近破坏而开始迅速变形时,停止调整压力机油门,直至试件破坏,记录破坏荷载 F。

5.结果计算

单个试件的抗压强度按下式计算(精确至 0.1 MPa):

$$f_{m,cu} = F/A$$

式中 $f_{m,cu}$——砂浆立方体抗压强度,MPa;

F——立方体破坏荷载,N;

A——试件承压面积,mm^2。

每组试件为 6 个,取 6 个试件测值的算术平均值作为该组试件的抗压强度值,平均值计算精确至 0.1 MPa。

当 6 个试件的最大值或最小值与平均值的差超过 20% 时,以中间 4 个试件的平均值作为该组试件的抗压强度值。

实验5 烧结普通砖试验

根据 GB5101—93《烧结普通砖》标准规定,烧结普通砖检验项目分出厂检验(包括尺寸偏差、外观质量和强度等级)和型式检验(包括出厂检验项目、抗风化性能、石灰爆裂和泛霜)两种。本试验主要做出厂检验项目。

一、取样方法

烧结普通砖以 3.5~15 万块为一检验批,不足 3.5 万块也按一批计;采用随用抽样法取样,外观质量检验的砖样在每一检验批的产品堆垛中抽取,数量为 50 块;尺寸偏差检验的砖样从外观质量检验后的样品中抽取,数量为 20 块;其他项目的砖样从外观质量和尺寸偏差检验后的样品中抽取。抽样数量为强度等级 10 块;泛霜、石灰爆裂、冻融及吸水率与饱和系数各 5 块。当只进行单项检验时,可直接从检验批中随机抽取。

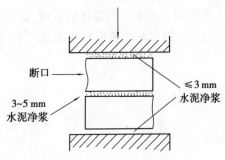

实验5图1　砖的抗压强度试验

二、抗压强度试验

1.主要仪器设备

压力试验机(300~500 kN)。锯砖机或切砖器、钢直尺等。

2.试验步骤

(1)试件制备。将砖样切断或锯成两个半截砖,断开的半截砖边长不得小于 100 mm,否则,应另取备用砖样补足。将已切断的半截砖放入净水中浸 10~20 min 后取出,并以断口相反方向叠放,两者中间用 325 或 425 号水泥调制成稠度适宜的水泥净浆黏结,其厚度不超过 5 mm,上下两表面用厚度不超过 3 mm 的同种水泥浆抹平,制成的试件上下两个面需相互平行,并垂直于侧面(见实验5图1)。

(2)制成的试件置于不通风的室内养护 3 d,室温不低于 10 ℃。

(3)测量每个试件连接面长(a)、宽(b)尺寸各两个,精确至 1 mm,取其平均值计算受力面积。

(4)将试件平放在压力试验机加压板中央,以 5±0.5 kN/s 的速度均匀加荷,直至试件破坏,记录破坏荷载 $P(\mathrm{N})$。

3.结果计算

烧结普通砖抗压强度试验结果按下列公式计算(精确至 0.1 MPa):

单块砖样抗压强度测定值　　　$f_{ci}=\dfrac{P}{a \cdot b}$

10 块砖样抗压强度平均值　　　$\overline{R_c}=\dfrac{1}{10}\sum_{i=1}^{10} f_{ci}$

砖抗压强度标准值　　　$f_k=\overline{R_c}-2.1\,S$

$$S = \sqrt{\frac{1}{9} \sum_{i=1}^{10} (f_{ci} - \overline{R_c})^2}$$

三、尺寸偏差与外观质量检验

1.主要仪器

砖用卡尺(如实验 5 图 2),分度值为 0.5 mm。钢直尺,分度值为 1 mm。

2.尺寸偏差检验

(1)用专用卡尺测量砖的长度、宽度和高度。长、宽、高均应在砖的各相应面的中间处测量,每一方向以两个测量尺寸的算术平均值表示,精确至 0.5 mm。

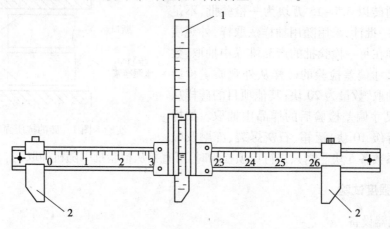

实验 5 图 2
1—垂直尺 2—支脚

(2)计算样本平均偏差和样本极差。样本平均偏差是 20 块砖样规格尺寸的算术平均值减去其公称尺寸的差值;样本极差是抽检的 20 块砖样中最大测定值与最小测定值之差值。

3.外观质量检验

国家标准 GB5101—93 规定,烧结普通砖的外观质量检验取砖样 50 块,其检验内容包括缺损、裂纹、弯曲、杂质凸出高度、两条面高度差以及颜色等。

(1)缺损检验

缺棱掉角在砖上造成的破损程度,以破损部分对长、宽、高 3 个棱边的投影尺寸来度量,称为破损尺寸。用钢直尺进行测量。缺棱掉角的 3 个破损尺寸不得同时大于 15 mm(优等品)或 30 mm(合格品)。

(2)裂纹检验

裂纹分为长度方向、宽度方向和水平方向 3 种,以被测方向的投影长度表示。如果裂纹从一个面延伸至其他面上时,则累计其延伸的投影长度。用钢直尺测量,精确至 1 mm。裂纹以在 3 个方向上分别测得的最长裂纹作为测量结果。规定大面上宽度方向及其延伸至条面的长度不大于 70 mm(优等品)或 110 mm(合格品);大面上长度方向及其延伸至顶面的长度或条顶面上水平裂纹的长度不大于 100 mm(优等品)或 150 mm(合格品)。

(3)弯曲检验

弯曲分别在大面和条面上测量,将砖用卡尺的两只脚沿棱边两端放置,择其弯曲最大处将垂直尺推至砖面,测出弯曲值,规定弯曲不大于 2 mm(优等品)或 5 mm(合格品)。

（4）杂质凸出高度检验

以杂质距砖面的最大距离表示。测量时将砖用卡尺的两只脚置于凸出两边的砖平面上,以垂直尺测量出杂质凸出高度。规定砖的杂质凸出高度不大于 2 mm(优等品)或 5 mm(合格品)。

（5）两条面高度差检验

用砖用卡尺在两个条面中间处分别测量两个尺寸,求其差值。规定两条面高度差不大于 2 mm(优等品)或 5 mm(合格品)。

（6）颜色检验

抽砖样 20 块,条面朝上随机分两排并列,在自然光下距离砖面 2 m 处目测外露的条顶面。规定优等品颜色应基本一致,而合格品无要求。

四、结果评定

根据 GB5101—93 判定规则,尺寸偏差符合上述试验要求者,判尺寸偏差为优等品或合格品;强度等级符合本书第 7 章表 7.1 的规定,判为强度等级合格,否则判不合格,或者根据其抗压强度的平均值与标准值确定其相应的强度等级。

根据 JC466—92 外观质量抽样方案与判定,抽取的 50 块砖样,检查出不合格品数 $d_1 \leqslant 7$ 时,外观质量合格;$d_1 \geqslant 11$ 时,外观质量不合格;若 $d_1 > 7$ 且小于 11 时,需复检。再抽 50 块砖,检查出不合格品数为 d_2,若 $(d_1+d_2) \leqslant 18$ 时,外观质量合格;若 $(d_1+d_2) \geqslant 19$ 时,外观质量判为不合格。

实验 6　钢筋试验

一、一般规定

（1）同一截面尺寸和同一炉罐号组成的钢筋分批验收时,每批重量不大于 60 t。如炉罐号不同时,应按《钢筋混凝土用钢筋》的规定验收。

（2）钢筋应有出厂证明书或试验报告单。验收时应抽样做机械性能试验,包括拉力试验和冷弯试验两个项目。两个项目中如有一个项目不合格,该批钢筋即为不合格品。

（3）钢筋在使用中如有脆断、焊接性能不良或机械性能显著不正常时,尚应进行化学成分分析。

（4）取样方法和结果评定规定。自每批钢筋中任意抽取两根,于每根距端部 50 cm 处各取一套试样(两根试件),在每套试样中取一根做拉力试验,另一根做冷弯试验。在拉力试验的两根试件中,如其中一根试件的屈服点、抗拉强度和伸长率 3 个指标中有一个指标达不到钢筋标准中规定的数值,应再抽取双倍(4 根)钢筋,制取双倍(4 根)试件重做试验,如仍有一根试件的一个指标达不到标准要求,则不论这个指标在第一次试件中是否达到标准要求,拉力试验项目也判为不合格。在冷弯试验中,如有一根试件不符合标准要求,应同样抽取双倍钢筋,制成双倍试件重新试验,如仍有一根试件不符合标准要求,冷弯试验项目即为不合格。

（5）试验应在（20±10）℃的温度下进行,如试验温度超出这一范围,应在试验记录和报告中注明。

二、拉伸试验

1. 主要仪器设备

（1）万能试验机　为保证机器安全和试验准确,其吨位选择最好是使试件达到最大荷载时,指针位于指示刻度盘第3象限内。试验机的测力示值误差不大于1%。

（2）量爪游标卡尺（精确度为0.1 mm）

2. 试件制作和准备

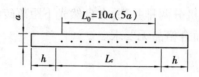

实验6图1　钢筋拉伸试验

a—试件原始尺寸　L_0—标距长度

h—夹头长度　L_c—试件平行长度（$\geqslant L_0+a$）

抗拉试验用钢筋试件不得进行车削加工,可以用两个或一系列等分小冲点或细划线标出原始标距（标记不应影响试样断裂）,测量标距长度（精确至0.1 mm）,如实验6图1所示。计算钢筋强度用横截面积采用实验6表1所列公称横截面积。

实验6表1　钢筋的公称横截面积

公称直径/mm	公称横截面积/mm²	公称直径/mm	公称横截面积/mm²
8	50.27	22	380.1
10	78.54	25	490.9
12	113.1	28	615.8
14	153.9	32	804.2
16	201.1	36	1 018
18	254.5	40	1 257
20	314.2	50	1 964

3. 屈服强度和抗拉强度的测定

（1）调整试验机测力度盘的指针,使之对准零点,并拨动副指针,使之与主指针重叠。

（2）将试件固定在试验机夹头内。开动试验机进行拉伸,拉伸速度为:屈服前,应力增加速率按实验6表2规定,并保持试验机控制器固定于这一速率位置上,直至该性能测出为止;屈服后或只需测定抗拉强度时,试验机活动夹头在荷载下的移动速度不大于0.5 L_c/min。

实验 6 表 2　屈服前的加荷速率

金属材料的弹性模量 /MPa	应力速率/[N·(mm²·s)⁻¹]	
	最小	最大
<150 000	1	10
≥150 000	3	30

（3）拉伸中，测力度盘的指针停止转动时的恒定荷载，或第一次回转时的最小荷载，即为所求的屈服点荷载 F_s(N)。按下式计算试件的屈服点：

$$\sigma_s = F_s / A$$

式中，σ_s——屈服点应力，MPa；

　　F_s——屈服点荷载，N；

　　A——试件的公称横截面积，mm²。

当 $\sigma_s > 1\,000$ MPa 时，应计算至 10 MPa；σ_s 为 200~1 000 MPa 时，计算至 5 MPa；$\sigma_s \leqslant 200$ MPa时，计算至 1 MPa。小数点数字按"四舍六入五成双法"处理。

（4）向试件连续施荷直至拉断，由测力度盘读出最大荷载 F_b(N)。按下式计算试件的抗拉强度：

$$\sigma_b = F_b / A$$

式中，σ_b——抗拉强度，MPa；

　　F_b——最大荷载，N；

　　A——试件的公称横截面积，mm。

σ_b 计算精度的要求同 σ_s。

4.伸长率测定

（1）将已拉断试件的两段在断裂处对齐，尽量使其轴线位于一条直线上。如拉断处由于各种原因形成缝隙，则此缝隙应计入试件拉断后的标距部分长度内。

（2）如拉断处到邻近的标距点的距离大于 $1/3(L_0)$ 时，可用卡尺直接量出已被拉长的标距长度 L_1(mm)。

（3）如拉断处到邻近的标距端点的距离小于或等于 $1/3(L_0)$，可按下述移位法确定 L_1：

在长段上，从拉断处 O 取基本等于短段格数，得 B 点，接着取等于长段所余格数［偶数，实验 6 图 2(a)］之半，得 C 点；或者取所余格数［奇数，实验 6 图 2(b)］减 1 与加 1 之半，得 C 与 C_1 点。移位后的 L_1 分别为 $AO+OB+2BC$ 或者 $AO+OB+BC+BC_1$。

如果直接量测所求得的伸长率能达到技术条件的规定值，则可不采用移位法。

（4）伸长率按下式计算（精确至 1%）：

$$\delta_{10}(\text{或 } \delta_5) = \frac{L_1 - L_0}{L_0} \times 100\%$$

式中，δ_{10}、δ_5——分别表示 $L_0 = 10\,d$ 或 $L_0 = 5\,d$ 时的伸长率；

　　L_0——原标距长度 $10\,d(5\,d)$，mm；

　　L_1——试件拉断后直接量出或按移位法确定的标距部分长度，mm（测量精确至 0.1 mm）。

（5）如试件在标距端点上或标距处断裂，则试验结果无效，应重做试验。

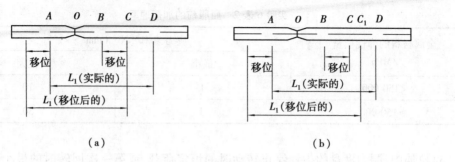

实验6图2　用位移法计算标距

三、冷弯试验

1.主要仪器设备

压力机或万能试验机,具有不同直径的弯芯。

2.试验方法和步骤

a.钢筋冷弯试件不得进行车削加工,试样长度通常按下式确定:

$$L \approx 5a + 150 \text{（mm）（为试件原始直径）}$$

b.选择弯芯直径:弯芯直径按建筑钢材一章中相应的技术要求表选用。

c.将两支辊间距离调整为 $d + 2.1\ d_a$（如实验6图3）

d.试样放置于两个支点上,将一定直径的弯芯在试样两个支点中间施加压力,使试样弯曲到规定的角度[如实验6图3(b)]或出现裂纹、裂缝、断裂为止。

当试样需要弯曲至两臂接触时,首先将试样弯曲到实验6图3(b)所示的状态,然后放置在两平板间继续施加压力,直至两臂接触[如实验6图3(d)]。

试验应在平稳压力作用下,缓慢施加试验压力。两支辊间距离在试验过程中不允许有变化。

试验应在 10~35 ℃或控制条件下(23±5)℃进行。

3.结果评定

弯曲后,按有关标准规定检查试样弯曲外表面,进行结果评定。若无裂纹、裂缝或裂断,则评定试样合格。

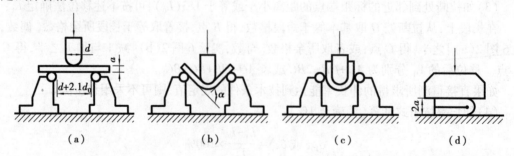

实验6图3　弯曲试验示意图

实验 7　木材试验

一、木材物理力学试验的一般规定

1.木材试材锯解及试样截取按 GB1929《木材物理力学试验用材锯解及试样截取方法》的规定进行。

2.试样制作要求和检查

试样各面应平整,端部相对的两个边棱应与试样端面的年轮大致平行,并与另一相对的边棱相垂直。试样上不允许有明显的可见缺陷,每个试样必须写上编号。

试样制作精度,除在各项试验方法中有具体要求外,试样各相邻面均应成准确的直角。试样长度允许误差为±1 mm,宽度和厚度允许误差为±0.5 mm,但在试样全长上,宽度和厚度的相对偏差应不大于 0.2 mm。

试样相邻面直角的准确性,用钢直角尺检查。

3.试样含水率的调整

经气干或干燥室处理后的试条或试样毛坯所制成的试样,应置于相当于木材平衡含水率为 12%的环境条件中,调整试样含水率达到平衡。为满足木材平衡含水率 12%的环境条件要求,当室温为(20±2)℃时,相对湿度应保持在(65±5)%;当室温低于或高于(20±2)℃时,须相应降低或升高相对湿度,以保证达到木材平衡含水率 12%的环境条件。

4.试验室要求

试验室应保持温度(20±2)℃,相对湿度(65±5)%。如试验室不能保持这一条件时,已调整含水率后的试样,送试验室时应先放入密闭容器中,试验时才取出。

二、木材含水率测定方法

1.主要仪器设备

天平(精确至 0.001 g)、烘箱[保持在(103±2)℃]、玻璃干燥器和称量瓶。

2.试样制作

通常在需要测定含水率的试材、试条上,或在物理力学试验后的试样上,按该项试验方法的规定部分截取试样。试样尺寸约为 20 mm×20 mm×20 mm。附在试样上的木屑、碎片等必须清除干净。

3.试验步骤

(1)试样截取后应立即称量,精确至 0.001 g。

(2)将同批试验取得的含水率试样,一并放入烘箱内,在(103±2)℃的温度下烘 10 h 后,从中选定 2～3 个试样进行第一次试称,以后每隔 2 h 试称一次,至最后两次称量之差不超过 0.002 g时,即认为试样达到全干。

(3)将试样从烘箱中取出,放于装有干燥剂的玻璃干燥器内的称量瓶中,盖好称量瓶和干燥器盖。

(4)试样冷却至室温后,自称量瓶中取出称量。

4.结果计算

试样的含水率,按下式计算(精确至 0.1%):

$$W=\frac{m_1-m_0}{m_0}\times100\%$$

式中,W——试样含水率,%;

m_1——试样烘干前的质量,g;

m——试样全干后的质量,g。

三、木材抗弯强度试验

1.主要仪器设备

(1)试验机　示值误差不得超过±1.0%,试验机的支座及压头端部的曲率半径为 30 mm,两支座间的距离 L 为 240 mm。

(2)测试量具(测量尺寸应能精确至 0.1 mm)等。

2.试样

试样尺寸为 20 mm×20 mm×300 mm,长度为顺纹方向。试样制作要求和检查、试样含水率的调整应按规定进行。

3.试验步骤

(1)抗弯强度只做弦向试验。在试样长度中央,测量径向尺寸为宽度 b(mm),弦向为高度 h(mm),精确至 0.1 mm。

(2)将试样放在试验装置的两支座上,采用三等分受力。以均匀速度加荷,在 1~2 min 内使试样破坏,记录破坏荷载 F_{max}(N),精确 10 N。

(3)试验后,立即在试样靠近破坏处,截取约 20 mm 长的木块(1 个)测定试样含水率。

4.结果计算

(1)试样含水率为 W(%)时的抗弯强度,应按下式计算(精确至 0.1 MPa)

$$\sigma_{bw}=\frac{F_{max}L}{bh^2}$$

(2)应按下式换算成标准含水率(12%)时的抗弯强度(精确至 0.1 MPa):

$$\sigma_{b12}=\sigma_{bw}\left[1+\alpha(W-12)\right]$$

式中,σ_{b12}——试样含水率为 12%时的抗弯强度,MPa;

W——试样含水率,%;

c——含水率修正系数,按受力性质而定,参见本书 10.2 节。

当木材含水率在 9%~15%范围内时,上式计算有效。

四、木材顺纹抗压强度试验

1.主要仪器设备

试验机(应具有球面滑动支座)、测试量具等。

2.试样

试样尺寸为 30 mm×20 mm×20 mm,长度为顺纹方向。

3.试验步骤

(1)在试样长度中央,测量宽度 b(mm)及长度 a(mm),精确至 0.1 mm。

(2)将试样放在试验机球面活动支座的中心位置,以均匀速度加荷,在 1.5~2.0 min 内使试样破坏,即试验机的指针明显地退回为止。记录破坏荷载 F_{max}(N),精确至 100 N。

(3)试样破坏后测定试样含水率。

4.结果计算

(1)试样含水率为 W(%)时的顺纹抗压强度,应按下式计算(精确至 0.1 MPa):

$$\sigma_{cw} = \frac{F_{max}}{ba}$$

(2)应按下式换算成标准含水率(12%)时的抗压强度(精确至 0.1 MPa)

$$\sigma_{c12} = \sigma_{cw}[1 + \alpha(W-12)]$$

式中,α ——含水率修正系数,按受力性质而定。

当木材含水率在 9%~15% 范围内时,上式计算有效。

五、木材顺纹抗拉强度试验

1.主要仪器设备

(1)试验机　试验机的十字头行程不小于 400 mm,夹钳的钳口尺寸为 10~20 mm,并具有球面活动接头,以保证试样沿纵轴受拉,防止纵向扭曲。

(2)测试量具等。

2.试样

试样的形状和尺寸如实验 7 图 1 所示。试样纹理必须通直,年轮的切线方向应垂直于试样有效部分(指中部 60 mm 一段)的宽面。试样有效部分与两端夹持部分之间的过渡弧表面应平滑,并与试样中心线相对称。软质木材试样,必须在夹持部分的窄面,附以 90 mm×14 mm×8 mm 的硬木夹垫,用胶黏剂固定在试样上。硬质木材试样,可不用木夹垫。试样制作要求和检查、试样含水率的调整应按规定进行。

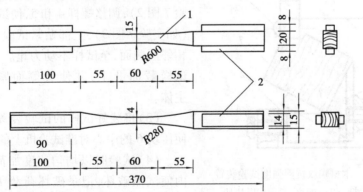

实验 7 图 1　木材顺纹抗拉强度试样(单位:mm)

1—试样　2—木夹垫

3.试验步骤

(1)在试样有效部分中央,测量厚度 t(mm)和宽度 b(mm),精确至 0.1 mm。

（2）将试样两端夹紧在试验机的钳口中，使试样宽面与钳口相接触，两端靠近弧形部分露出 20~25 mm，竖直地安装在试验机上。

（3）试验时以均匀速度加荷，在 1.5~2 min 内使试样破坏。记录破坏荷载 F_{max}（N），精确至 100 N。

（4）如拉断处不在试样有效部分，试验结果应予以舍弃。

（5）试验后，立即在试样有效部分选取一段测定含水率。

4.结果计算

（1）试样含水率为 W（%）时的顺纹抗拉强度，应按下式计算（精确至 0.1 MPa）：

$$\sigma_{tw} = \frac{F_{max}}{bt}$$

（2）应按下式换算成标准含水率（12%）时的抗拉强度（精确至 0.1 MPa）：

$$\sigma_{t12} = \sigma_{tw}[1 + \alpha(W - 12)]$$

式中，α——含水率的修正系数，按受力性质而定。

当木材含水率在 9%~15% 范围内，上式计算有效。

六、木材顺纹抗剪强度试验

1.主要仪器设备

试验机（具有球面活动压头）、木材顺纹抗剪试验装置（如实验 7 图 2 所示）、测试量具等。

2.试样

试样形状、尺寸如实验 7 图 2 所示，试样受剪面应为径面或弦面，长度为顺纹方向。试样缺角的部分角度应为 106°40′，应采用角规检查，允许误差为 ±20′。试样制作要求和检查、试样含水率的调整应按规定进行。

3.试验步骤

（1）测量试样受剪面的宽度（mm）和长度（mm），精确至 0.1 mm。

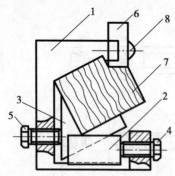

实验 7 图 2　木材顺纹抗剪强度试验装置
1—附件主杆　2—楔块　3—L 形垫块
4、5—螺杆　6—压块　7—试样　8—圆头螺钉

（2）将试样装于试验装置的垫块 3 上（如实验 7 图 2），调整螺杆 4 和 5，使试样的顶端和 I 面（如实验 7 图 3），上部贴紧试验装置上部凹角的相邻两侧面，至试样不动为止。再将压块 6 置于试样截面 II 上，并使其侧面紧靠试验装置的主体。

（3）将装好试样的试验装置放在试验机上，使压块 6 的中心对准试验机上的中心位置。

（4）试验时以均匀速度加荷，在 1.5~2 min 内使试样破坏，记录破坏荷载 F_{max}（N），精确至 10 N。

（5）将试样破坏后的小块部分，立即称量，按前述试验方法测定含水率。

4.结果计算

（1）试样含水率为 W（%）时的弦面或径面的顺纹抗剪强度，应按下式计算（精确至 0.1 MPa）：

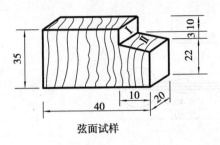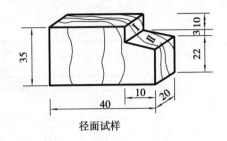

弦面试样　　　　　　　　　　　径面试样

实验 7 图 3　木材顺纹抗剪强度试样(单位:mm)

$$\sigma_{sw} = \frac{0.957\,8F_{max}}{bl}$$

(2)应按下式换算成标准含水率(12%)时的抗剪强度(精确至 0.1 MPa):

$$\sigma_{s12} = \sigma_{sw}\left[1 + \alpha(W - 12)\right]$$

式中,α ——含水率修正系数,按受力性质而定。

当木材含水率在 9%~15% 范围内时,上式计算有效。

实验 8　石油沥青试验

一、取样

按 SY2001—84《固体和半固体石油产品取样法》进行,从每个取样单位的 5 个不同部位,取数量大致相同的试样,共 1.5~2 kg,作为检验和留样用。

二、针入度测定

石油沥青的针入度,是以标准针在一定荷载、时间及温度条件下,垂直穿入沥青试样的深度来表示,单位为 1/10 mm。非经另行规定,标准针、针连杆与附加砝码的质量合计为 (100±0.1) g,温度为 25 ℃,时间为 5 s。

1.仪器

(1)针入度计:保证针连杆在无明显摩擦下垂直运动,能指示的穿入深度准确至 0.1 mm。针和针连杆组合件的质量为 (2.55±0.05) g,并附带 (50±0.05) g 和 (100±0.05) g 砝码各一个。仪器上设有放置平底玻璃皿的平台,并有可调水平的机构,针连杆应与平台相垂直。仪器上设有针连杆制动按钮,紧压按钮,针连杆可自由下落。

(2)标准针:由硬化回火的不锈钢制成,洛氏硬度为 54~60。针端对称地逐渐磨细成圆锥体,并与直体同轴。圆锥表面与直体表面交界线的轴向最大偏差,应不大于 0.2 mm。切平的圆锥端与针轴成 (90±2)°角,应锐利没有毛刺。针的表面光洁度不低于花 9。针应牢固地装在规定尺寸的金属箍上,针尖及针的任何部分,均不得偏离箍轴 1 mm 以上。针与箍部的总质量为 (2.5±0.05) g。各部的规定尺寸,如实验 8 图 1。

(3)试样皿:针入度小于 200 时,用内径 55 mm、深 35 mm 的皿;针入度在 200~350 时,用内径 70 mm、深 45 mm 的皿。

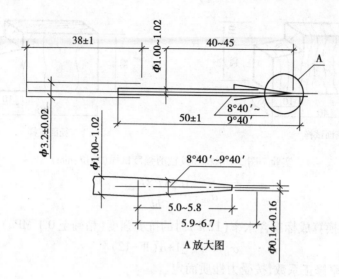

实验 8 图 1　针入度标准针

2.准备工作

（1）将预先除去水分的试样在砂浴上加热,不断搅拌,加热温度不得超过预计软化点100 ℃,时间不得超过30 min。用0.3~0.5 mm 的金属网滤去试样的杂质。

（2）将试样倒入规定大小的试样皿中,试样深度应大于预计穿入深度10 mm。在15~30 ℃的空气中静放,并防止落入灰尘。放置时间为,大试样皿时为1.5~2 h;小试样皿为1~1.5 h。

（3）将放置到时的试样皿浸入保持试验温度的水浴中,浸放时间,小试样皿为1~1.5 h,大试样皿为1.5~2 h。恒温的水,应控制在试验温度的±0.1 ℃范围内,在某些条件不具备场合,可允许放宽到±0.5 ℃。

3.试验步骤

（1）调整针入度计水平,检查针连杆的滑动。用溶剂清洗针,再用干净布擦干,按在针连杆上固紧。按试验条件放好砝码。

（2）取出恒温养护到时的试样皿,放入装有试验温度水的平底玻璃皿中的支架上,水面应高出试样表面10 mm 以上。将玻璃皿放于针入度计的平台上。

（3）放下针连杆,使针尖刚好与试样表面接触。拉下连动指针的活杆,使与针连杆的顶端相接触,调节指针在刻度盘的零点。

（4）用手紧压针连杆的控制按钮,同时计时,至试验时间,停压按钮,使测针停止下掼。拉下活杆,与针连杆顶端接触,刻度盘指针的读数,即为试样的针入度。

（5）同一试样重复测定至少三次,各测点之间及测点距试样皿边缘,均不应小于10 mm。每次测定前,应将平底玻璃皿放入恒温水浴。每次测定,应换一根干净的标准针。

（6）测量针入度大于200 的沥青试样时,至少用3 根针,每次测后将针留在试样中,直到测完,再取出所用的针。

4.精密度

（1）取3 次测得针入度的平均值,取至整数,作为试验结果。3 次测值相差,不应大于实验8 表1 中的数值,不应大于下列规定,否则试验应重做。

实验 8 表 1　石油沥青针入度测定值的最大允许差值

针入度	0~49	50~109	150~249	250~350
最大差值/mm	2	4	6	10

（2）关于重复性与再现性的要求,见实验 8 表 2。

实验 8 表 2　针入度测定值的要求

试样针入度（25℃）	重复性	再现性
小于 50	不超过 2 单位	不超过 4 单位
50 及大于 50	不超过平均值的 4%	不超过平均值的 8%

三、软化点测定

将规定质量的钢球,放在装有沥青试样的环铜中心,在规定的加热速度和环境下,试样软化坠落达一定高度时的温度,为软化点。

1.仪器

（1）钢球:直径 9.53 mm,质量为（3.50±0.5）g,钢制。

（2）铜环:黄铜制成的锥环或肩环,其形状及尺寸要求,见实验 8 图 2。

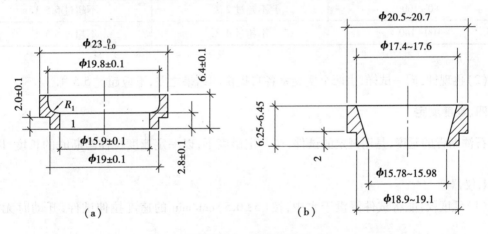

（a）　　　　　　　　　　　　　（b）

实验 8 图 2　软化点铜环

（3）支架:由上、中、下承板定位套组成。铜环可以水平地安放在中承板上的圆孔中,环的下边缘距下承板应为 25.4 mm,其距离由定位套保证。3 块承板用长螺栓固定起来。

2.准备工作

（1）将铜环放在涂有甘油-滑石粉隔离剂的金属板或玻璃板上。

（2）沥青试样的加热和过滤要求,与针入度试验相同。将试样注入铜环内,至略高出环面为止。若估计软化点在 120 ℃以上时,应将铜环与金属板预热至 80~100 ℃。

（3）试样在 15~30 ℃的空气中冷却 30 min,用热刀刮去高出环面的试样,使与环面齐平。

（4）将装好试样的铜环及板放入装水或甘油的保温槽中,保持恒温 15 min。当估计试样的软化点小于 80 ℃时,槽内装（5±0.5）℃的水;大于 80 ℃时,装（32±1）℃的甘油。也可以将试件放在环架的中承板孔内,在装有上述规定温度的水或甘油的烧杯中保温。

(5)在烧杯内注入新煮沸并冷却至 5 ℃的蒸馏水,或 32 ℃的甘油,因估计软化点不同,按(4)款要求而定。水面或甘油面应达环架连杆上的深度标记。

3.试验步骤

(1)从保温槽中取出装有试样的铜环,放在环架中承板的圆孔中,套上钢球定位器,把环架放入烧杯内。环架的各部位均不得有气泡,将温度计由上承板中心孔垂直插入,温度计的水银球底部与铜环底面齐平。

(2)将烧杯移到加热器上,将钢球放在试样上,立即加热,使烧杯内的水或甘油,在 3 min 后保持每分钟上升(5±0.5)℃的升温速度。在加热过程中,每个铜环的平面,始终要保持水平。升温速度超出规定时,试验应重做。

(3)试样受热软化,下坠至与下承板面接触时的温度,即为试样的软化点。取平行测定的两个结果的算术平均值,作为测定结果。

4.精密度(95%置信水平)

(1)关于重复性与再现性的要求,不得大于实验 8 表 3 中的数值。

实验 8 表 3   软化点测定值的要求

软化点/℃	重复性(容许差数)	再现性(容许差数)
<80	不超过 1 ℃	不超过 5.5 ℃
80~100	不超过 2 ℃	不超过 5.5 ℃
100~140	不超过 4 ℃	不超过 5.5 ℃

(2)再现性:同一试样,由两个实验室各自提供的结果之差,不应超过 5.5 ℃。

四、延度测定

石油沥青的延度,是用规定的试件,在一定温度下,以一定速度拉伸至断时的长度,以 cm 表示。

1.仪器

(1)延度仪:能将试件浸没于水中,按(5±0.5)cm/min 的速度拉伸试件,开动时无明显振动。

(2)试件模具:由两个端模和两个侧模组成,具体尺寸规定如实验 8 图 3 所示。

2.准备工作

(1)在磨光的金属板上和两块侧模的内表面涂上隔离剂,将模具组装在金属上。

(2)将除去水分的沥青试样,在砂浴上加热,要求同针入度试验。将试样呈细流从模子的另一端至它端往返倒入,使试样略高出模具止。

(3)试件在 15~30 ℃的空气中冷却 30 min,然后放入(25±0.1)℃的水浴中,保持 30 min 后取出,用热刀将高出模具的沥青刮去,使沥青面与模口齐平。沥青的刮法应自模的中间刮向两边,表面应刮得十分光滑。将试件连同金属板再浸入(25±0.1)℃的水浴中 1~1.5 h。

(4)检查延度仪拉伸速度是否符合要求,然后移动滑板使其指针正对标尺的零点。

(5)保持水槽中水温为(25±0.5)℃。

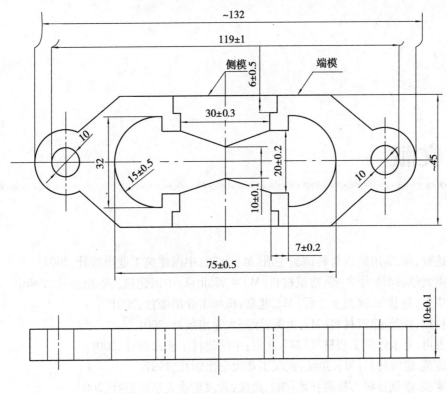

实验 8 图 3　延度试件模具

3.试验步骤

（1）将试件移至延度仪水槽中,将模具两端的孔分别套在滑板及槽端的金属柱上,水面距试件表面应不小于 25 mm,然后去掉侧模。

（2）确认延度仪水槽中的水温为(25±0.5)℃时,开动延度仪,此时仪器不得有振动。观察沥青的延伸情况,如发现沥青细丝浮于水面或沉入槽底时,则应在水中事先加入乙醇或食盐水调整。

（3）试件拉断时,指针所指标尺上的读数,即为试件的延度,以 cm 表示。在正常情况下,应将试样拉伸成锥尖状,在拉断时的横截面为零,否则按无测定结果论。

（4）取平行测定 3 个延度值的平均值作为结果。若三次测定值不在其平均值的 5% 以内,但其中两个较高值在平均值 5% 之内时,则弃去最低测定值,取两个较高值的平均值作为结果。

4.精密度

两次试验结果之差,重复性不应超过平均值的 10%;再现性不应超过平均值的 20%。

五、试验结果评定

1.石油沥青按针入度划分牌号,而每个牌号应保证相应的延度和软化点。若后者某个指标不满足要求,应予以注明。

2.石油沥青按照标准规定的各技术要求的指标(第 9 章表 9.1)确定其牌号与类别。

参考文献

[1] 赵述智,等.实用建筑材料试验手册[M].北京:中国建筑工业出版社,2002.

[2] 湖南大学,同济大学,等.建筑材料[M].4版.北京:中国建筑工业出版社,1996.

[3] 王华生,赵慧如.混凝土工程[M].北京:机械工业出版社,2001.

[4] 吴科如,张雄.建筑材料[M].上海:同济大学出版社,2001.

[5] 赵方冉.土木建筑工程材料[M].北京:中国建材工业出版社,2001.

[6] 高琼英.建筑材料[M].武汉:武汉工业大学出版社,1997.

[7] 黄家骏.建筑材料与检测技术[M].武汉:武汉工业大学出版社,2000.

[8] 刘祥顺.建筑材料[M].北京:中国建筑工业出版社,1997.